U0143548

Access 数据库实用教程

陈宏朝　主编

张兰芳　刘红翼　副主编

清华大学出版社

北　京

内 容 简 介

本书根据越来越多的 Access 用户的发展需要，按照教育部高等学校非计算机专业计算机基础教学——“数据库基础及其应用”的基本要求，以 Access 2003 关系型数据库为平台，介绍了数据库管理系统的基本理论及系统开发技术。主要内容包括 Access 数据库基础知识、基本表、查询、窗体设计、报表、数据访问页、宏、模块与 VBA、数据安全以及数据库系统实例等内容。全书涵盖了教育部考试中心制订的《全国计算机等级考试二级考试大纲（Access 数据库程序设计）》的基本内容。

本书以案例为引导，以应用为目的，通过深入浅出的讲解、大量实例的实践和分析，从易到难，用一个完整的实例向用户全面介绍了 Access 2003 的使用方法，以及如何使用 Access 开发数据库应用程序。

本书可作为普通高校各专业计算机公共课的教材，也可作为全国计算机等级考试（Access）的培训教材。

图书在版编目（CIP）数据

Access 数据库实用教程/陈宏朝主编．—北京：清华大学出版社，2010.7

ISBN 978-7-302-23055-7

I. ①A…　II. ①陈…　III. ①关系数据库-数据库管理系统，Access-教材　IV. TP311.138

中国版本图书馆 CIP 数据核字（2010）第 113391 号

责任编辑：许存权　朱　俊
封面设计：刘　超
版式设计：牛瑞瑞
责任校对：柴　燕
责任印制：何　芊
出版发行：清华大学出版社　　**地　　址**：北京清华大学学研大厦 A 座
http://www.tup.com.cn　　**邮　　编**：100084
社　总　机：010-62770175　　**邮　　购**：010-62786544
投稿与读者服务：010-62776969，c-service@tup.tsinghua.edu.cn
质　量　反　馈：010-62772015，zhiliang@tup.tsinghua.edu.cn
印 刷 者：北京嘉实印刷有限公司
装 订 者：北京国马印刷厂
经　　销：全国新华书店
开　　本：185×260　**印　张**：14.75　**字　数**：339 千字
版　　次：2010 年 7 月第 1 版　　**印　次**：2010 年 7 月第 1 次印刷
印　　数：1～4000
定　　价：26.00 元

产品编号：035212-01

前　言

数据库系统产生于20世纪60年代末。40多年来，随着计算机与网络技术的飞速发展，作为计算机应用的一个重要领域，数据库技术迅速发展，并广泛应用于工农业、商业、金融、行政管理、科学研究和工程技术等领域。数据库基础也已成为高等院校非计算机专业的一门公共计算机应用基础课程。

Access是办公软件Office套件中的一个重要成员，是一个功能强大、简单易学、可视化操作的关系型数据库管理系统，同时具有强大的数据处理功能。随着Office办公软件的普及，很多非计算机专业数据库应用课程逐步由传统FoxPro转到了Access数据库平台上。

本书是根据教育部高等教育司制订的《高等学校文科类专业大学计算机教学基本要求》中有关数据库的教学基本要求，针对文科学生的特点，组织编写的面向普通高等学校文科学生的《Access数据库实用教程》。在编写过程中，一是注重基础性，以使学生在专业发展上具有潜力，更适应社会发展的需求；二是注重实用性，既要适应教学的要求，使学生掌握数据库技术的基础理论、数据库的设计与管理、数据的应用与程序设计方法，又要理论与实践相结合，使学生可以通过学习设计一个简单的数据库应用系统掌握数据库实用技术。

全书共分为10章。

第1章　介绍Access数据库基础知识，包括Access数据库的基本操作。

第2章　介绍基本表，包括基本表的创建、表结构的修改、表记录的编辑、表与表间关系的创建等。

第3章　介绍Access处理和分析数据的工具——查询。

第4章　介绍窗体设计，使用窗体创建简单的应用系统。

第5章　介绍报表设计，利用报表将数据库中需要的数据提取出来进行分析、整理和计算，并将它们打印出来。

第6章　介绍数据访问页，即在Access系统中设计Web页。

第7章　介绍宏，宏能实现自动化的任务执行，可以有效地提高工作效率。

第8章　介绍模块与VBA，即在Access系统中编写程序，解决实际问题。

第9章　介绍数据安全，通过数据备份、设置数据库密码、建立用户级管理安全机制等手段达到保护数据的目的。

第10章　通过一个完整的综合应用实例，介绍利用Access数据库系统开发应用软件的方法。

本书由陈宏朝任主编，张兰芳、刘红翼任副主编；参加本书编写的还有朱新华、覃章荣、邓福欣、王利娥，其中1名教授、3名副教授和3名讲师，他们长期从事计算机基础教学，积累了丰富的教学经验并取得多项科研成果。本书在笔法上力求通俗易懂，在讲解上以案例为引导，注重实际操作技能，培养学生解决实际问题的能力。

由于编者水平有限，在编写过程中难免存在不足之处，敬请广大读者批评指正。

编　者

目 录

第 1 章　Access 数据库基础知识

数据库技术产生于 60 年代末 70 年代初，原本是针对事务处理中的大量数据管理而发展起来的，这种技术适应于人类社会向信息社会转变的需求。如今，任何一个企业的成功都离不开能够准确、及时地获取有关日常业务运行的数据。随着数据库技术应用得越来越广泛，人们每天或多或少都要与数据库发生联系。例如，检索图书馆的图书目录、去银行存款取款、预订飞机票、到超市购物等，所有这些活动都涉及对数据库中数据的查询、存取和更新操作。由于计算机的数据库技术能够有效地存储和组织大量的数据，因此基于数据库技术的计算机系统就被称为数据库系统。随着作为信息系统核心和基础的数据库技术得到越来越广泛的应用，它不仅成为管理信息系统（MIS）、办公自动化系统（OAS）、医院信息系统（HIS）、计算机辅助设计与计算机辅助制造（CAD/CAM）的核心，而且已经和通信技术紧密地结合起来，成为电子商务、电子政务及其他各种现代信息处理系统的核心。

本章介绍数据管理技术的发展、数据库的基本概念和术语、关系数据库的基本理论及数据库管理系统软件 Access 2003 的一些基本知识。

1.1　数据库系统基本概念

作为本课程学习的开始，我们首先要了解一些与数据库技术密切相关的几个基本概念：信息、数据、数据库、数据库管理系统、数据库系统。

1.1.1　数据与信息

1. 数据

数据（Data）是数据库的基本组成内容，是对客观世界存在事物的一种表征。数据的概念在数据处理领域不仅仅是指传统意义的由 0～9 组成的数字，而是所有可以输入到计算机中并能被计算机处理的符号的总称。除了数字以外，文字、图形、图像、声音都可以通过扫描仪、数码摄像机和数字化仪等具有模/数转换功能的设备进行数字化，所以这些都是数据。

2. 信息

所谓信息，是以数据为载体的对客观世界实际存在的事物、事件和概念的抽象反映。具体说就是一种被加工为特定形式的数据，是通过人的感官或仪器等感知出来并经过加工而形成的反映现实世界中事物的数据。例如，气象部门发布“桂林×月×日天气预报：白天最高气温为 32℃”的数据，人们由此得出“天气炎热”的信息。

数据和信息是两个互相联系、互相依赖但又互相区别的概念。数据是用来记录信息的可识别的符号，是信息的具体表现形式。数据是信息的符号表示或载体，信息则是数据的内涵，是对数据的语义解释。

1.1.2 数据处理技术的产生和发展

数据处理技术是因数据管理任务的需要而产生的。例如，学校教学管理部门要对学生、教师、课程和成绩等信息进行收集和管理，商店要对货物的买卖进行记账、开发票等。为妥善地存储、科学地管理和充分利用这些资源，产生了计算机，计算机的产生与发展，使得应用计算机处理数据技术应运而生。伴随着计算机硬件技术、软件技术的发展以及计算机应用的不断扩充，计算机处理数据技术的发展经历了人工管理、文件管理和数据库管理阶段。

1. 人工管理阶段

人工管理阶段出现在 20 世纪 50 年代中期以前，当时的计算机主要用于科学计算，对数据的处理是由程序员考虑和安排的。数据是被纳入程序设计过程中的，是程序的组成部分，没有专门管理数据的软件。在这一管理方式下，用户的应用程序与数据相互结合不可分割，当数据有所变动时程序则随之改变，程序与数据之间不具有独立性；另外，各程序之间的数据不能相互传递，缺少共享性，各应用程序之间存在大量的重复数据，我们称为数据冗余。因而，这种管理方式既不灵活，也不安全，编程效率很低。在人工管理阶段，应用程序与数据之间是一一对应的关系，如图 1.1 所示。

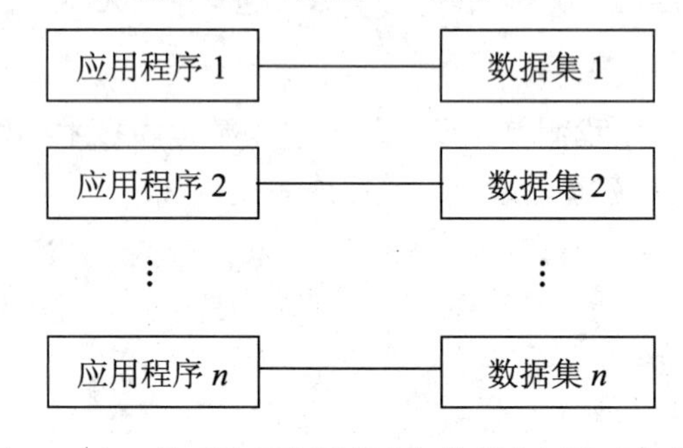

图 1.1　人工管理阶段应用程序与数据之间的对应关系

2. 文件管理阶段

文件管理阶段出现在 20 世纪 50 年代后期至 20 世纪 60 年代后期，出现了大容量存储设备和操作系统。操作系统的文件管理功能使得数据可按其内容和用途组成一种文件存储于磁盘上，通过高级语言中的数据文件语句调用操作系统的文件管理功能来实现数据的存取操作。

在该管理方式下，应用程序通过文件管理系统对数据文件中的数据进行加工处理，应用程序和数据之间具有了一定的独立性。但是，一旦数据的结构改变，就必须修改应用程序；反之，一旦应用程序的结构改变，也必然引起数据结构的改变。因此，应用程序和数据之间的独立性是相当差的。另外，数据文件仍高度依赖于其对应的应用程序，不能被多个程序所通用，数据文件之间不能建立任何联系，因而数据的共享性仍然较差，冗余量大。在文件管理阶段，应用程序与数据之间的对应关系如图 1.2 所示。

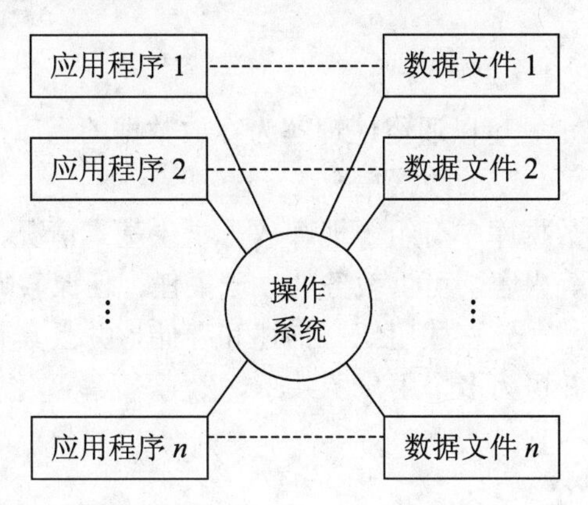

图 1.2 文件管理阶段应用程序与数据之间的对应关系

3．数据库管理阶段

数据库管理阶段出现在 20 世纪 60 年代后期，计算机数据处理的应用范围越来越广，计算机需要处理的数据量急剧增长，数据共享的要求越来越高。为了克服文件系统的弊病，数据库管理技术应运而生。数据库管理技术的主要目的是有效地管理和存取大量的数据资源，它可以对所有的数据实行统一规划管理，形成一个数据中心，构成一个数据仓库，使数据库中的数据能够满足所有用户的不同要求，供不同用户共享。在该管理方式下，应用程序不再只与一个孤立的数据文件相对应，而是通过数据库管理系统实现逻辑文件与物理数据之间的映射，这样不但应用程序对数据的管理和访问灵活方便，而且应用程序与数据之间完全独立，使程序的编制质量和效率都有所提高；另外，由于数据文件间可以建立关联关系，所以数据的冗余大大减少，数据共享性显著增强。

根据数据存放地点的不同，又将数据库管理阶段分为集中式数据库管理阶段和分布式数据库管理阶段。20 世纪 70 年代以前，数据库多数是集中式的，随着计算机网络技术的发展，使数据库从集中式发展到了分布式。分布式数据库把数据库分散存储在网络的多个结点上，彼此间用通信线路连接。在数据库管理阶段，应用程序与数据之间的对应关系如图 1.3 所示。

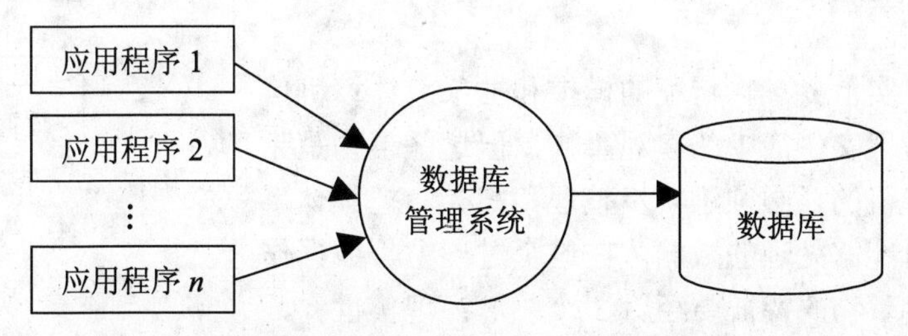

图 1.3 数据库管理阶段应用程序与数据之间的对应关系

1.1.3 数据库知识

本节将介绍数据库、数据库管理系统和数据库系统 3 个既相互联系又相互区别的基本概念。

1．数据库

数据库（DataBase，DB）可以通俗地理解为存放数据的仓库，是长期存储在计算机内的、有结构的、大量的、可共享的数据集合。

例如，学校学籍管理数据库中有组织地存放了学生基本情况、课程情况、学生选课情况、开课情况和教师情况等内容，可供教务处、班主任、任课教师和学生等共同使用。

数据库技术使数据能按一定格式组织、描述和存储，并且具有较小的冗余度、较高的数据独立性和易扩展性，并可为多个用户所共享。

2．数据库管理系统

数据库管理系统（DataBase Management System，DBMS）是位于用户与操作系统之间的帮助用户建立、使用和管理数据库的数据管理软件。用户使用的各种数据库命令以及应用程序的执行，都要通过数据库管理系统来统一管理和控制。数据库管理系统还承担着数据库的维护工作，按照数据库管理员所规定的要求，保证数据库的安全性和完整性。数据库管理系统通常有以下几个方面的功能：数据定义功能、数据存取功能、数据库运行管理功能、数据库的建立和维护以及数据通信功能。数据库管理系统是整个数据库系统的核心。

3．数据库系统

数据库系统（DataBase System，DBS）是引入数据库技术后的计算机系统。数据库系统主要由以下 5 部分组成：

- 操作系统。
- 数据库管理系统。
- 数据库系统开发工具。
- 数据库应用软件。
- 用户。

它们之间的关系如图 1.4 所示。

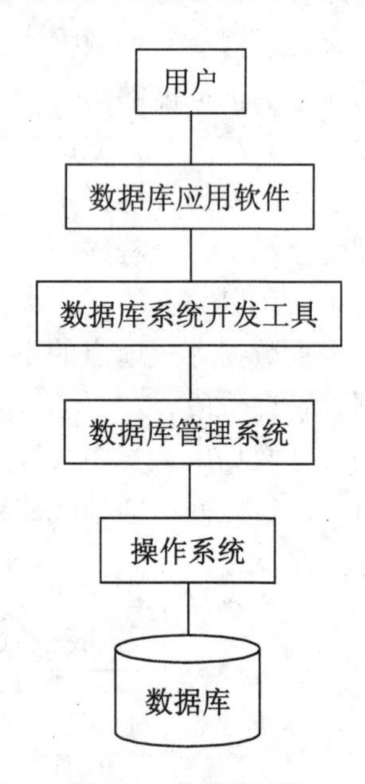

图 1.4　数据库系统

1.1.4 数据模型

模型是对现实世界事物特征的模拟和抽象。计算机信息管理的对象是现实生活中的客观事物，但这些事物是无法直接送入计算机的，必须进一步整理和归类，把具体事物转换成计算机能够处理的数据。在这个过程中，数据作为描述现实世界事物的特征要经历 3 个领域：现实世界、概念世界（信息世界）和计算机世界（数据世界）。因此，现实世界、信息世界和数据世界之间有如图1.5所示的关系。

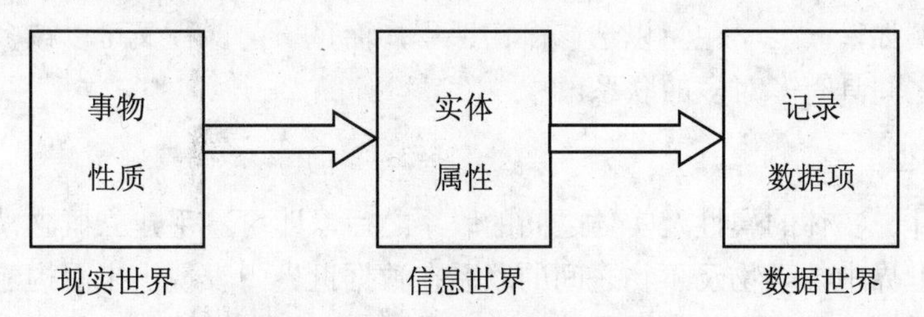

图1.5　3个世界之间的关系

在数据世界中，相关数据总是按照一定的组织关系排列，从而构成一定的结构，对这种结构的描述就是数据模型。所以说，数据模型就是一种模型，它是现实世界数据特征的抽象。正是由于数据模型是用来描述现实世界中事物与事物之间联系的，所以在介绍数据模型之前，先来了解事物（实体）和事物（实体）之间的联系。

1. 实体和实体之间的联系

（1）实体

客观存在并且相互区别的事物称为实体。实体可以是具体的人、事或物，如一个学生、一个部门等；实体也可以是抽象的概念或联系，如一场比赛、学生与班级的关系等。

（2）实体集

具有相同类型及相同性质（或属性）的实体集合称为实体集。例如，某所学校的所有学生信息的集合可以被称为学生实体集。

（3）属性

描述实体的特性称为属性。一个实体往往要多个属性来描述其特征，如学生实体可以由学号、姓名、性别、年龄、政治面貌、家庭住址和所属院系等属性描述。

（4）实体与实体的联系

现实世界中事物是相互有联系的，这些联系在信息世界中被称为实体之间的联系。实体之间的联系可以归纳为一对一的联系、一对多的联系和多对多的联系3种类型。

① 一对一的联系（1:1）

如果实体集A中的每一个实体，在实体集B中至多有一个实体与之联系，反之，对于实体集B中的每一个实体，在实体集A中也至多有一个实体与之联系，则称实体集A与实体集B具有一对一的联系。例如，一个班级只能有一名班主任，而每一名班主任只能管理一个班级，则班主任与班级两个实体之间具有一对一的联系。

② 一对多的联系（$1:n$）

如果实体集A中的每一个实体，在实体集B中有一个或多个实体与之联系，而实体集B中的每个实体在实体集A中至多有一个实体与之联系，则称实体集A与实体集B具有一对多的联系。例如，一个班级有多名学生，而每一名学生只能属于一个班级，则学生与班级之间具有一对多的联系。

③ 多对多的联系（$m:n$）

如果实体集A中的每一个实体，在实体集B中有多个实体与之联系，反之，实体集B

中的每一个实体，在实体集 A 中也有多个实体与之联系，则称实体集 A 与实体集 B 具有多对多的联系。例如，一名学生可以选修多门课程，而每一门课程又可以被多名学生选修，则学生与课程之间具有多对多的联系。

2. 概念模型

了解了实体、实体的属性及实体之间的联系之后，即可着手建立概念模型。概念模型是为了将现实世界中的事物及事物之间的联系在数据世界中表现出来而构建的一个中间层次，是数据库设计人员用于信息世界建模的工具。表示概念模型的工具很多，最常用的工具是实体-联系图（简称 E-R 图），它用图解方式描述实体、实体的属性及实体之间的联系，与计算机系统无关。

E-R 图的图例说明如下。

- 实体：用矩形框表示，框内写实体名称。
- 属性：用椭圆形表示，并用连线将其与实体连接起来。
- 联系：用菱形框表示，菱形框内写联系名，并用连线分别与有关实体连接起来，同时，在连线旁标上联系的类型（1:1、1:n、m:n）。以上 3 种联系如图 1.6 所示。

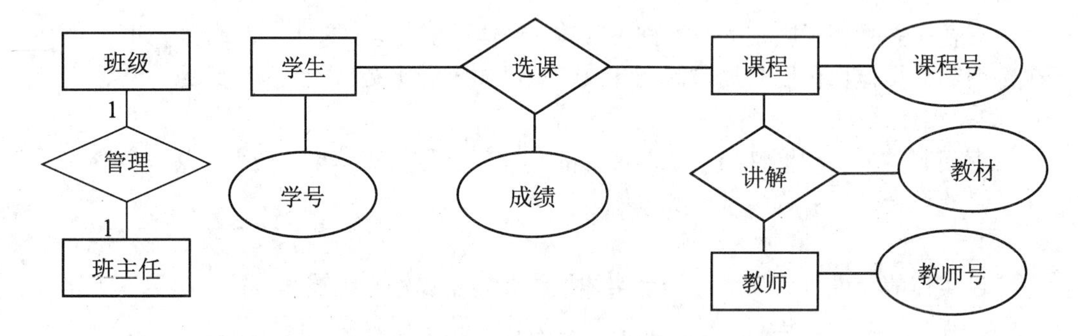

图 1.6　表示实体与实体之间联系的 E-R 图

3. 数据模型

数据模型是现实世界中数据特征的抽象结果，反映事物与事物之间联系的数据组织结构和形式。任何一个数据库管理系统都是基于某种数据模型的。目前常用的数据模型有 3 种：层次模型、网状模型和关系模型。与之相对应，数据库也分为 3 种基本类型：层次数据库、网状数据库和关系数据库。

（1）层次模型

层次模型是用树形结构来表示实体与实体之间的联系的。在这种模型中，记录类型为结点，由根结点、父结点和子结点构成。层次模型像一棵倒置的树，根结点在上，层次最高，子结点在下，逐层排列。层次模型表示的是一个父结点对应多个子结点，而一个子结点只能对应一个父结点的一对多的联系，它不能表示较复杂的数据结构，但简单、直观、处理方便、算法规范。

（2）网状模型

网状模型是用网状结构表示实体与实体之间的联系的。在这种模型中，记录类型为结点，由结点与结点之间的相互关联构成，网状模型是层次模型的扩展，表示多个从属关系的层次结构，呈现一种交叉关系的网络结构。网状模型在概念上、结构上都比较复杂，实现的算法也难以规范化，但这种数据模型可以表示较复杂的数据结构。

（3）关系模型

关系模型是以关系理论为基础发展起来的数据模型。它用二维表结构来表示实体与实体之间的联系。在这种模型中，一个二维表就是一个关系，二维表中存放两类数据：表示实体本身的数据和实体之间的联系。其主要特征是：关系中每一个数据项（二维表中的数据）不可再分，是最基本的单位；每一列是同属性的，列数根据需要设置，且各列的顺序是任意的；每一行由一个事物的诸多属性构成，且各行的顺序是任意的。

关系模型有很强的数据表达能力，结构单一，数据操作方便，最易被用户接受，是目前应用最广泛的数据模型，也是最重要的数据模型。如表1.1所示是“学生基本情况”关系模型。

表1.1 “学生基本情况”关系模型

学号	姓名	性别	专业	出生日期	政治面貌	联系电话	入学成绩
2001300001	王革	男	计算机应用	1985-12-2	团员	010-65478904	654
2001300002	王端庆	男	计算机应用	1979-4-13	团员	0551-2400674	713
2001300003	洪宝全	男	计算机应用	1978-10-16	团员	0812-3333470	363
2001300006	赵文华	女	计算机应用	1983-12-5	群众	021-62451642	723
2001300009	张选民	男	计算机应用	1981-8-28	团员	021-62225917	611
2001300011	时伟	女	计算机应用	1978-2-5	党员	021-64322893	600
2001300012	祈晓梅	女	计算机应用	1980-3-10	团员	027-68853996	721
2001300013	栾开政	男	计算机应用	1982-10-22	党员	0531-8564095	523
2001300014	罗海欧	男	计算机应用	1980-4-21	团员	020-85213145	712
2001300017	姜文华	男	计算机应用	1980-2-18	团员	027-88031800	634
2001300018	李祖超	男	计算机应用	1981-12-16	群众	027-87870414	657
2001300019	彭宁	女	计算机应用	1979-2-15	团员	0771-3908659	598

以关系模型建立的关系数据库是目前应用最为广泛的数据库，本书所介绍的Access 2003就是一种基于关系模型的关系数据库管理系统。

1.2 关系数据库

关系数据库建立在严格的关系理论基础上，简单灵活、数据独立性高。人们从理论和实践上进行了大量深入的研究工作，使关系数据库取得了很大发展，涌现出许多性能良好的关系型数据库管理系统，如大中型数据库管理系统Oracle、Sybase、SQL Server和小型桌面式数据库管理系统Visual FoxPro和Access等。本节将结合Access 2003集中介绍关系数据库管理系统的基本概念。

1.2.1 关系型数据库术语

1. 关系与表

一个关系的逻辑结构就是一张二维表。在 Access 2003 中，一个表对象就是一个关系，每个表对象有一个表名。

2. 属性与字段

一个二维表中垂直方向的列称为属性，每一个属性都有一个名字称为属性名，表中第一行给出属性名。在 Access 2003 中，表的列称为字段，每一个字段的名字称为字段名。一个关系有多少个字段可根据需要在创建表时规定。例如，在表 1.1 的二维表中有学号、姓名、性别、专业、出生日期、政治面貌、联系电话和入学成绩 8 个字段。

3. 元组与记录

一个二维表中水平方向的行称为元组。一个元组由一组具体的属性值构成，表示一个实体。在 Access 2003 中，表的行称为记录。例如，在表 1.1 的二维表中有 12 条记录。

4. 分量

元组中的一个属性值称为元组的一个分量。

5. 域

属性的取值范围称为域，不同的属性具有不同的取值范围。例如，对于表 1.1 来说，“性别”这个属性的取值范围只能是“男”和“女”两个汉字，“入学成绩”的取值范围只能在 0～750 之间。

6. 关键字

表中可以唯一地标识一个元组的属性或属性的组合，称为关键字。在 Access 2003 中，主关键字对应的是一个字段或多个字段的组合。例如，表 1.1 的 “学号”字段就可以作为关键字，其值可以唯一地标识一个记录，而“性别”字段值不能唯一标识一个记录，因此不能作为主关键字。

7. 外关键字

当一张二维表（如表 A）的主关键字被包含在另一张二维表（如表 B）中时，A 表中的主关键字便成为 B 表的外关键字。由此可见，外关键字表示了两个关系之间的联系。以另一个关系的外关键字做主关键字的表被称为主表，具有此外关键字的表被称为主表的从表。

8. 关系模式

关系模式是对关系的描述，包括关系名、组成该关系的属性名和属性到域的映像。通常简记为：

关系名（属性名 1，属性名 2，…，属性名 n）

例如，学生基本情况表的关系模式可记为：

学生基本情况（学号，姓名，性别，专业，出生日期，政治面貌，联系电话，入学成绩）

1.2.2 关系数据库特点与关系模型的规范化

1. 关系数据库特点

在关系数据库中，每一个关系都必须满足一定的条件，即关系必须规范化。一个规范化的关系必须具备以下几个特点：

- 关系中的每一个属性必须是不可分割的数据项。
- 在同一个关系中，不允许有完全相同的属性名。
- 在同一个关系中，不允许有完全相同的元组。
- 在同一个关系中，属性名和元组与次序无关，即任意交换两行或两列的位置不影响数据的实际含义。

2. 关系模型的规范化

通常一个关系数据库由多个关系组成，一个关系有多个属性，关系数据库设计就是如何把已给定的相互关联的一组属性名分组，并把每一组属性名组织成关系。不同的设计人员可能会设计出不同的关系模型集，如何判定设计的好坏呢？数据库理论中的规范化理论给出了判断关系模式优劣的理论标准，帮助设计者对设计出来的关系模式集进行预测并改进和完善，以提高数据库应用系统的性能和效率。

3. 规范化理论要点

关系数据库规范化理论认为：一个关系数据库中的每一个关系必须满足一定的约束条件，称为范式，即关系模式的规范化。范式分为 6 个等级，一级比一级严格，一个较低级的范式关系，可以通过关系的无损分解转换为若干较高级范式关系的集合。在实际应用中，通常对于一般数据库应用系统，只要将数据表规范到第三范式的标准即可满足用户需求。

（1）第一范式（1NF）

在一个关系（二维表）中，各字段都是不可再分的基本数据项，且不存在重复字段，则称该关系满足第一范式。不满足第一范式的数据库不能称为关系数据库。

1NF 的关系是从关系的基本性质而来的，任何关系都必须遵守。然而 1NF 的关系存在许多缺点。下面以表 1.2 所示的“学生选课表”为例讨论规范化过程（此处要求每个教师只能教一门课，同一门课可以由多个教师承担）。

表 1.2 学生选课表

学　号	姓　名	学　院	院　长	课程名	成　绩	任课教师
200812311	赵芳	软件学院	张三	高等数学	86	王杰
200812321	张珊玲	软件学院	张三	高等数学	84	马一鸣
200812331	王子林	软件学院	张三	高等数学	67	王杰
200812421	赵明明	经管学院	王五	英语	89	林玲
200812321	张珊玲	软件学院	张三	英语	84	白天明
200812311	赵芳	软件学院	张三	计算机基础	75	陈风

续表

学　　号	姓　　名	学　　院	院　　长	课　程　名	成　　绩	任课教师
200812514	黄玲	土木学院	赵六	计算机基础	65	张明子
200812514	黄玲	土木学院	赵六	英语	65	林玲
200812515	贺林林	土木学院	赵六	高等数学	79	王杰

可以看出，表中存在以下严重的问题：

① 数据冗余大。每当有学生选一门课程时，表中重复出现该学生全部信息和所在学院信息。多次重复存储，占用过多存储空间。

② 修改麻烦。数据冗余大必然造成修改麻烦，例如，赵芳改换了学院，从软件学院转到土木学院，则需从整个关系中逐一找到其对应的元组进行修改，若漏改一处则造成数据矛盾。

③ 插入异常。本表的关键字是由学号和课程名组合而成的，两者取值都不允许是空值。这样，若有一新学生刚来还没选课，会由于他没有选修任何一门课程而无法将其信息插入表中，这样就形成了插入异常。

④ 删除异常。在表中，若删除赵明明，则整个元组不复存在，连同经管学院的院长是王五这一信息也会一并删掉，这样会引起信息丢失。

所以，仅满足 1NF 不是一个好的关系，其原因就是表不够规范，即限制太少，造成表中存放的信息太杂。其数据依赖关系如下。

- 完全函数依赖：（学号，课程名）—成绩。
- 部分函数依赖：学号—姓名，学院。
- 传递函数依赖：学号—学院—院长。
- 非关键字为决定因素：任课教师—课程名。

改进的方法是消除同时存在于一个关系中属性间不同的依赖情况，也就是使一个关系表示的信息单纯一些。

（2）第二范式（2NF）

若关系满足第一范式，且关系中每一个非关键字都完全依赖于关键字段，则称该关系满足第二范式（2NF）。

将 1NF 转化为 2NF，其实质是采用投影分解法，将一个 1NF 的关系无损分解为几个 2NF 的关系。分解方式为：将部分函数依赖（学号—姓名，学院）单独提取出来，把表分解为“学生信息表”和“学生成绩表”，如表 1.3 和表 1.4 所示。

表 1.3　学生信息表

学　　号	姓　　名	学　　院	院　　长	学　　号	姓　　名	学　　院	院　　长
200812311	赵芳	软件学院	张三	200812311	赵芳	软件学院	张三
200812321	张珊玲	软件学院	张三	200812514	黄玲	土木学院	赵六
200812331	王子林	软件学院	张三	200812514	黄玲	土木学院	赵六
200812421	赵明明	经管学院	王五	200812515	贺林林	土木学院	赵六
200812321	张珊玲	软件学院	张三				

表 1.4 学生成绩表

学　号	课程名	成　绩	任课教师	学　号	课程名	成　绩	任课教师
200812311	高等数学	86	王杰	200812311	计算机基础	75	陈风
200812321	高等数学	84	马一鸣	200812514	计算机基础	65	张明子
200812331	高等数学	67	王杰	200812514	英语	65	林玲
200812421	英语	89	林玲	200812515	高等数学	79	王杰
200812321	英语	84	白天明				

然而，分析一下学生信息表，其中仍然存在以下问题：

① 数据冗余大。软件学院院长重复了多次。

② 修改麻烦。若软件学院更换院长，则必须重复修改软件学院每个学生对应的院长的名字，若漏改一处则造成数据矛盾。

③ 插入异常。如果新开设一个学院，会因为没有招生而不能插入相应的信息。

④ 删除异常。若删除赵明明，则整个元组不复存在，连同经管学院方面的信息一并删掉，这样会引起信息丢失。存在以上问题的原因就是“学生信息表”中存在传递函数依赖“学号—学院—院长”。

（3）第三范式（3NF）

若关系满足第二范式，且关系中每一个非主关键字段都直接依赖于主关键字段，则称该关系满足第三范式。要想使学生信息表满足第三范式，就要去掉表中的传递函数依赖。方法仍是表的无损分解。分解方式为：将传递函数依赖单独提取出来，把表 1.3 分解为“学生信息表”和“学院信息表”，如表 1.5 和表 1.6 所示。

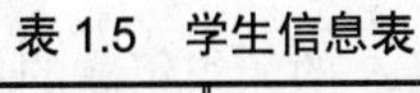

表 1.5 学生信息表

学　号	姓　名	学　院	学　号	姓　名	学　院
200812311	赵芳	软件学院	200812311	赵芳	软件学院
200812321	张珊玲	软件学院	200812514	黄玲	土木学院
200812331	王子林	软件学院	200812514	黄玲	土木学院
200812421	赵明明	经管学院	200812515	贺林林	土木学院
200812321	张珊玲	软件学院			

表 1.6 学院信息表

学　院	院　长	学　院	院　长
软件学院	张三	软件学院	张三
软件学院	张三	土木学院	赵六
软件学院	张三	土木学院	赵六
经管学院	王五	土木学院	赵六
软件学院	张三		

4．关系规范化的原则

关系模式在分解时要受到数据间的相互制约，不可任意分解。在规范化的分解过程中，不仅要着眼于提高范式的等级，还要注意以下两条原则：

（1）无损分解原则。在分解过程中既不能丢失数据，也不能增加数据，同时还要保持原有的数据依赖。

（2）相互独立原则。所谓独立就是分解后的新关系相互独立，对一个关系内容的修改不影响到另一个关系。

总之，关系分解时要考虑到实际需要，不是范式等级越高越好，如果把关系分解得过于细致，在进行检索时就要进行连接，会使检索效率降低。这一点，对于更新程度不是很高但查询程度很高的数据库系统而言尤为重要。

1.2.3　关系运算

关系模型提供一组关系运算，以支持对关系数据库的检索。一类是传统的集合运算（并、差、交等），另一类是专门的关系运算（选择、投影、连接等），在数据库中进行查询时，用户需要找到满足要求的数据，并且需要关系运算来描述操作条件和要求。有些查询需要几个基本运算的组合，要经过若干步骤才能完成。

1．传统的集合运算

（1）并

设有两个关系 R 和 S，它们具有相同的结构。R 和 S 的并是由属于 R 或属于 S 的元组组成的集合，运算符为“∪”。记为 $T=R\cup S$。

（2）差

R 和 S 的差是由属于 R 但不属于 S 的元组组成的集合，运算符为“−”。记为 $T=R-S$。

（3）交

R 和 S 的交是由既属于 R 又属于 S 的元组组成的集合，运算符为“∩”。记为 $T=R\cap S$，$R\cap S=R-(R-S)$。

2．专门的关系运算

（1）选择

选择是指从一个关系中选取满足给定条件的所有元组。选择的条件以逻辑表达式给出，使得逻辑表达式为真的元组被选取。选择是从行的角度进行的运算，经过选择运算可以得到一个新的关系，其关系模式不变，但其中的元组是原关系的一个子集。例如，从表 1.1 中选择满足“政治面貌为团员”这一条件的结果如表 1.7 所示。

表 1.7　选择运算

学　号	姓　名	性　别	专　业	出生日期	政治面貌	联系电话	入学成绩
2001300001	王革	男	计算机应用	1985-12-2	团员	010-65478904	654
2001300002	王端庆	男	计算机应用	1979-4-13	团员	0551-2400674	713

续表

学　号	姓　名	性　别	专　业	出生日期	政治面貌	联系电话	入学成绩
2001300003	洪宝全	男	计算机应用	1978-10-16	团员	0812-3333470	363
2001300009	张选民	男	计算机应用	1981-8-28	团员	021-62225917	611
2001300012	祈晓梅	女	计算机应用	1980-3-10	团员	027-68853996	721
2001300014	罗海欧	男	计算机应用	1980-4-21	团员	020-85213145	712
2001300017	姜文华	男	计算机应用	1980-2-18	团员	027-88031800	634
2001300019	彭宁	女	计算机应用	1979-2-15	团员	0771-3908659	598

（2）投影

所谓投影，就是从关系中取出若干个属性，消除重复元组后组成的新的关系。投影所得到的新关系模式所包含的属性个数往往比原关系少或者属性排列顺序不同，但其中的属性是原关系的一个子集。例如，从表 1.1 中选取“学号”、“姓名”、“性别”、“出生日期”和“入学成绩”这 5 个属性字段的投影结果如表 1.8 所示。

表 1.8　投影运算

学　号	姓　名	性　别	出 生 日 期	入 学 成 绩
2001300001	王革	男	1985-12-2	654
2001300002	王端庆	男	1979-4-13	713
2001300003	洪宝全	男	1978-10-16	363
2001300009	张选民	男	1981-8-28	611
2001300012	祈晓梅	女	1980-3-10	721
2001300014	罗海欧	男	1980-4-21	712
2001300017	姜文华	男	1980-2-18	634
2001300019	彭宁	女	1979-2-15	598

（3）连接

连接是指从两个关系中选取满足连接条件的元组组成新的关系。连接运算将两个关系模式的属性名拼接成一个更宽的关系模式，生成的新关系中包含满足条件的元组。连接过程通过连接条件来控制，连接条件中会出现两个关系中的公共属性名或者具有相同语义的属性。

在对关系数据库进行操作时，利用关系运算，可以方便地在一个或多个关系中抽取所需的各种数据，建立或重组新的关系。

1.2.4　数据库完整性

数据库完整性是指数据库中数据的正确性和相容性。数据库完整性由各种各样的完整性约束来保证，防止数据库中存在不符合语义的数据，限制错误的或不合法的数据输入到数据库中。完整性约束条件是对数据模型中数据及其联系规定的约束条件的集合。数据库完整性可以分为实体完整性、参照完整性、域完整性和用户定义的完整性 4 种。

1. 实体完整性

实体完整性规定表的每一行在表中是唯一的实体。实体完整性由实体完整性约束条件定义，规定表中的每一行在主关键字的列上不能有空值或重复值，从而起到唯一标识行的作用。例如，在表 1.1 中，“学号”字段是唯一标识每个学生的主关键字，它不可以取空值或重复值。

2. 参照完整性

参照完整性是指两个表的主关键字和外关键字的数据应一致，保证表之间的数据的一致性。参照完整性由参照完整性约束条件定义，规定一个数据库表的外部关键字必须与另一个数据库表的主关键字相对应，利用这种约束条件可以维护数据的一致性和相容性，便于对数据库进行正确的维护和管理。

3. 域完整性

域完整性是指表中的列必须满足某种特定的数据类型约束，其中约束又包括取值范围、精度等规定。域完整性是针对不同的关系数据库系统的不同应用环境而设置的一些特殊的约束条件，它反映了某一具体的应用所涉及的数据必须满足的语义要求。例如，在表 1.1 中，“性别”字段只有“男”和“女”两种取值。

4. 用户定义的完整性

不同的关系数据库系统根据其应用环境的不同，往往还需要一些特殊的约束条件。用户定义的完整性即是针对某个特定关系数据库的约束条件，它反映某一具体应用必须满足的语义要求。

1.3 Access 基础知识

Access 2003 是微软公司推出的基于 Windows 的桌面关系数据库管理系统（RDBMS），是一个方便灵活、面向应用的关系型数据库管理系统，是 Office 办公套件中的一个组件。通过微软公司将其版本功能不断地更新，使用也变得越来越容易。不管是处理公司的客户订单数据、管理自己的个人通讯录，还是科研数据的记录和处理，人们都可以利用它来解决大量数据的管理工作。现在它已成为世界上最流行的桌面数据库管理系统。Access 2003 作为一个小型数据库管理系统，最多能为由 25～30 台计算机组成的小型网络服务。

1.3.1 Access 2003 的特点

Access 2003 提供了表、查询、窗体、报表、页、宏和模块 7 种用来建立数据库系统的对象；提供了多种向导、生成器、模板，把数据存储、数据查询、界面设计和报表生成等操作规范化；为建立功能完善的数据库管理系统提供了方便，也使得普通用户不必编写代码就可以完成大部分数据管理的任务。下面介绍 Access 2003 的主要特点。

1．存储方式单一

Access 2003管理的对象有表、查询、窗体、报表、页、宏和模块，以上对象都存放在后缀为.mdb的数据库文件中，便于用户的操作和管理。

2．面向对象的集成开发环境

Access 2003是一个面向对象的开发工具，利用面向对象的方式将数据库系统中的各种功能对象化，将数据库管理的各种功能封装在各类对象中。它将一个应用系统当作是由一系列对象组成的，对每个对象都定义一组方法和属性，用户通过对象的方法、属性完成数据库的操作和管理，极大地简化了用户的开发工作。

3．界面友好、易操作

Access 2003是一个可视化工具，风格与Windows完全一样，非常直观方便。

4．集成环境、处理多种数据信息

Access 2003基于Windows操作系统下的集成开发环境，该环境集成了各种向导和生成器工具，极大地提高了开发人员的工作效率，使得建立数据库、创建表、设计用户界面、设计数据查询和报表打印等操作可以方便、有序地进行。

5．Access 2003支持ODBC（开发数据库互连）

利用Access强大的DDE（动态数据交换）和OLE（对象的连接和嵌入）特性，可以在一个数据表中嵌入位图、声音、Excel表格和Word文档，还可以建立动态的数据库报表和窗体等。Access还可以将程序应用于网络，并与网络上的动态数据相连接。利用数据库访问页对象生成HTML文件，可以轻松构建Internet/Intranet的应用。

1.3.2 Access 2003的功能

1．基本功能

Access 2003主要具有以下功能：

- 定义数据表，利用表存储相应的信息。
- 定义表之间的关系，从而方便地将各个表中相关的数据有机地结合起来。
- 方式多样的数据处理能力。可以创建查询来检索数据；可以创建窗体来直接查看、输入及更改表中的数据；可以创建报表来分析数据并将数据以特定的方式打印出来。
- 创建数据访问页，建立对Internet的支持。
- 开发应用程序。可以利用宏和模块功能编写简单的代码，建立一个数据库应用系统。

2．新增功能

- 访问和使用来自不同资源的信息，在熟悉的界面下可以使用不同格式的、来自程序的信息。

- 合并大量数据资源。Access 2003 支持多种数据格式，包括扩展标记语言（XML）、OLE 和开放式数据库连接（ODBC）等。
- 赋予窗体新的外观。Access 2003 支持 Microsoft Windows XP 的主题模式，使窗体拥有更协调的外观设计。
- 强大的工具设计 Web 页面。可以在 Web 上发布窗体和报表，或将信息绑定在一个记录资源上，用来显示、更新和操作数据库中的数据。

1.3.3 Access 2003 的内部结构

进入 Access 2003，打开一个示例数据库，可以看到如图 1.7 所示的界面，在这个界面的“对象”栏中包含 Access 2003 的 7 个对象。其中，表是数据库的核心与基础，它存放着数据库中的全部数据信息。报表、查询和窗体都从数据表中获得数据信息，以实现用户某一特定的需要，如对数据库的查找、计算、统计、打印和编辑修改等。窗体可以提供一种良好的用户操作界面，通过它们可以直接或间接地调用宏或模块，并执行查询、打印、预览和计算等功能，甚至还可以对数据表进行编辑修改。

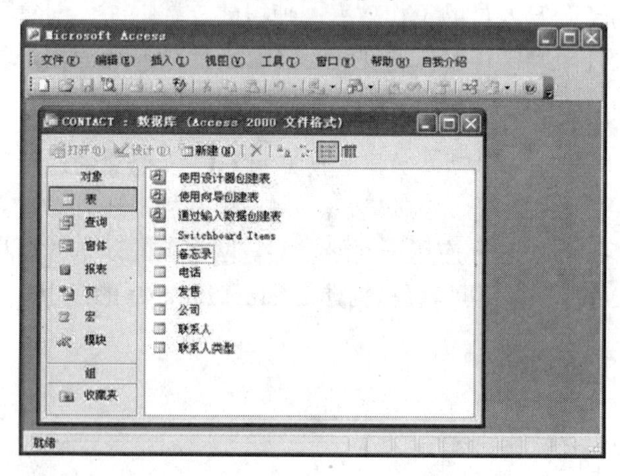

图 1.7 Access 2003 数据库窗口

Access 2003 所提供的对象均存放在同一个数据库文件（.mdb）中。Access 2003 中各对象的关系如图 1.8 所示。

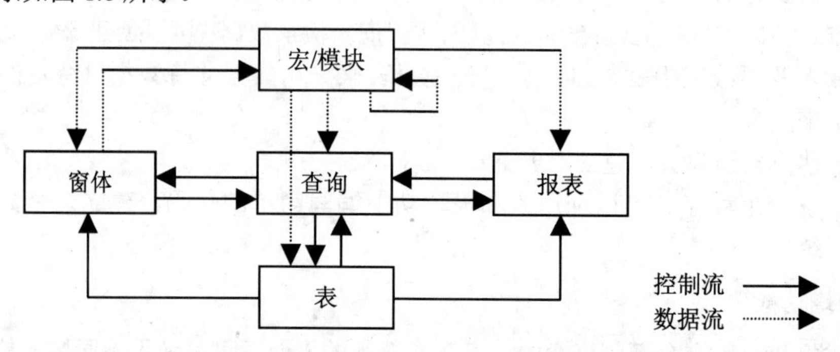

图 1.8 Access 2003 中各对象的关系图

下面对 Access 2003 的每一类对象进行简单介绍。

1．表

表是 Access 2003 中所有其他对象的基础，存储了其他对象用来在 Access 2003 中执行任务和活动的数据。每个表由若干记录组成，每条记录对应一个实体，每个字段对应实体的不同属性。注意，Access 数据库只是数据库各个部分（表、查询、报表、模块、宏和指向 Web HTML 文档的数据访问页面）的一个完整的容器，而表是存储相关数据的实际容器。

2．查询

数据库的主要目的是存储和提取信息，在输入数据后，通过查询操作，信息可以立即从数据库中获取，也可以在以后再获取这些信息。查询是数据库操作的一个重要内容。

3．窗体

窗体向用户提供一个交互式的图形界面，用于进行数据的输入、显示及应用程序的执行控制。在窗体中可以运行宏和模块，以实现更加复杂的功能。在窗体中也可以进行打印。

4．报表

报表用来将选定的数据信息进行格式化显示和打印。报表可以基于某一数据表，也可以基于某一查询结果，这个查询结果可以是在多个表之间的关系查询结果集。在报表中可以进行计算，如求和、求平均值等，还可以加入图表。

5．宏

宏是若干个操作的集合，用来简化一些经常性的操作。用户可以设计一个宏来控制一系列的操作，当执行这个宏时，就会按宏的定义依次执行相应的操作。

6．模块

模块是用 Access 2003 所提供的 VBA 语言编写的程序段。在一般情况下，用户不需要创建模块，除非是要建立应用程序来完成宏无法完成的复杂功能。模块可以与报表、窗体等对象结合使用，以建立完整的应用程序。

7．Web 页

Web 页是 Access 2003 提供的新功能，它使得 Access 2003 与 Internet 紧密结合起来。在 Access 2003 中，用户可以直接建立 Web 页，通过 Web 页，用户可以方便、快捷地将所有文件作为 Web 发布程序存储到指定的文件夹中，或将其复制到 Web 服务器上，以便在网络上发布信息。

1.3.4 Access 2003 数据库的启动与关闭

1．启动 Access 2003

启动 Access 2003 与启动其他 Windows 应用程序类似，可以用以下 3 种方法：

（1）选择【开始】→【所有程序】→【Microsoft Access 2003】命令。

（2）如果桌面上有 Access 2003 快捷方式图标，可双击图标启动。

（3）Access 2003 文档启动的同时打开数据库。

Access 2003 启动后，屏幕显示的窗口就是其主窗口，是操作的基本环境，如图 1.9 所示。窗口右侧显示“开始工作”任务窗格，可帮助初学者完成打开和新建数据库、管理剪贴板及搜索文件等常用功能。

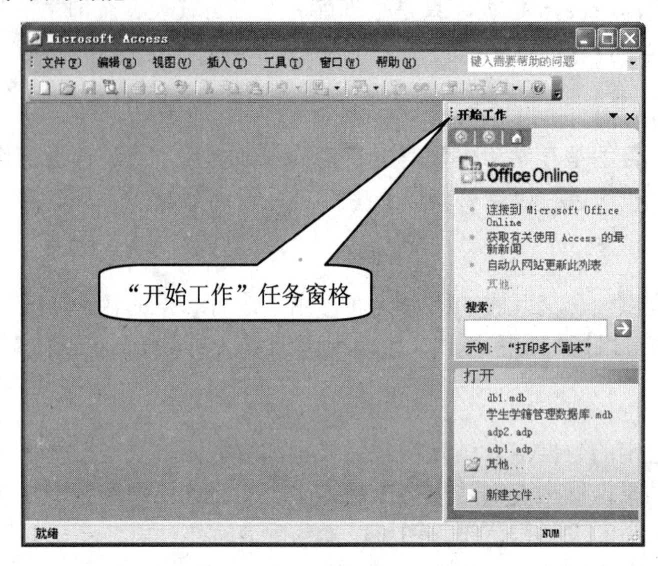

图 1.9　Access 2003 主窗口

Access 2003 主窗口与一般的 Windows 窗口非常相似，也是由标题栏、菜单栏、各种按钮、工具栏及状态栏等组成。当然，Access 2003 窗口也有它自己特有的组件，如其中的数据库窗口以及通过数据库窗口打开的设计窗口等都是 Access 2003 特有的。

2. 关闭 Access 2003

关闭 Access 2003 程序可通过直接单击 Access 2003 窗口右上角的“关闭”按钮，或选择【文件】→【退出】命令。

1.3.5　创建 Access 2003 数据库

1. 数据库设计

在建立 Access 数据库之前，进行数据库设计是非常重要的。合理的设计是新建一个能够有效、准确、及时完成所需功能的数据库的基础。没有好的设计，用户将会面临经常修改表格，甚至可能无法从数据库中抽取出准确信息的问题。设计数据库的基本步骤如下：

（1）确定新建数据库所要完成的任务，即总体设计。

在设计数据库之前，必须首先明确需要应用数据库管理哪些信息、如何管理这些信息，从而确定需要用什么主题来保存有关事件（对应于数据库中的表）和需要用什么事件来保存每一个主题（对应于数据库中的字段）。这需要数据库设计者和数据库用户进行充分交流确定。

（2）规划数据库中需要建立的表。

在整个数据库中需要划分哪些表、表和表之间有哪些联系，这些问题在规划表时要考虑周到，否则会影响到数据库系统的性能。在设计表时，应按以下设计原则对信息进行分类：

- 表中不应该包含重复信息，并且信息不应该在表之间复制，这样效率更高，同时也消除了包含不同信息的重复项的可能性。
- 每个表应该只包含关于一个主题的信息。如果每个表只包含关于一个主题的事件，则可独立于其他主题维护每个主题的信息。

（3）确定表中需要的字段。

每个表中都只包含关于某一主题的信息，并且表中的每个字段应包含关于该主题的各个方面。在确定字段时应注意，每个字段直接与表的主题相关，不包含推导或计算的数据（表达式的计算结果），包含所需的所有信息。

（4）明确有唯一值的字段。

每个表应该包含能够标识每一条记录的一个字段或字段组合，称关键字（主键）。为表设置主键后，为确保唯一性，Access 将避免任何重复值或空值进入主键字段。关键字是为了链接保存在不同表中的信息。

（5）确定表之间的关系。

表关系是关系数据库的灵魂，将众多的表通过一定的方法建立关系，那么一个表中的变动就会影响所有相关表的数据，可以大大节省用户对数据的修改时间，而且可以减少在数据输入中因人为因素而产生的错误。

（6）优化设计。

当表、字段和关系设计后，应检查该设计并找出任何可能存在的不足。Access 提供了两个工具来帮助用户方便地改进数据库的设计，它们是“表分析器向导”和“性能分析器”，可以通过选择【工具】→【分析】→【表】命令和【性能】命令来打开。

（7）输入数据并新建其他数据库对象。

当完成设计并且已建好表的结构后，即可输入实际数据，然后建立数据库管理所需的查询、报表、窗体、宏和模块等对象。

2. 建立 Access 数据库

建立数据库是进行一切数据库管理的前提。可选择 Access 2003 主窗口菜单中的【文件】→【新建】命令建立一个新的数据库，此时激活右边的“新建文件”任务窗格，如图 1.10 所示。在该窗格中可以选择 3 种建立数据库的常用方式：新建空数据库、根据现有文件新建数据库和根据模板新建数据库。

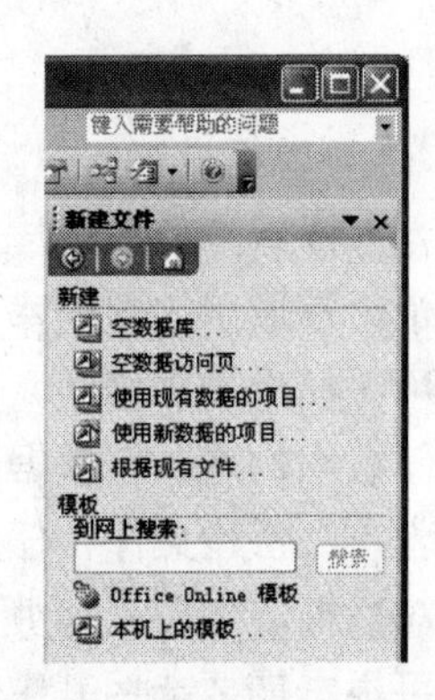

图 1.10 “新建文件”任务窗格

（1）新建空数据库

创建一个空数据库是最简单的方法。具体操作为：在“新建文件”任务窗格的“新建”栏中选择“空数据库”选项，系统弹出“文件新建数据库”对话框，如图 1.11 所示。在该对话框的“保存位置”下拉列表框中选定新数据库的存储位置（默认为“我的文档”），在“文件名”下拉列表框中输入新数据库文件名（默认为 db1），然后单击“创建”按钮，即创建了新的空数据库，同时打开数据库窗口。

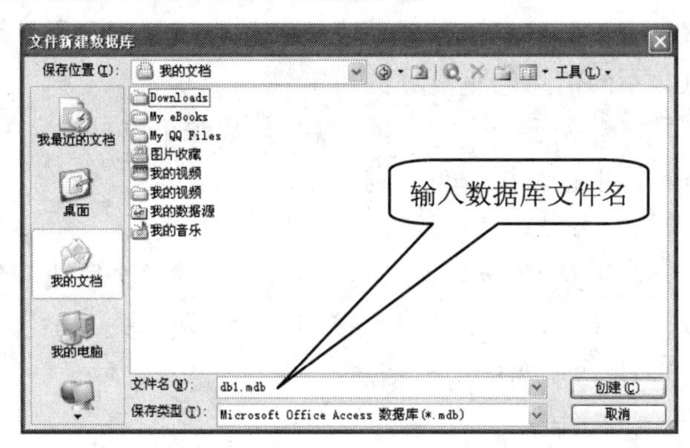

图 1.11　“文件新建数据库”对话框

（2）根据现有文件新建数据库

在“新建文件”任务窗格的“新建”栏中选择“根据现有文件”选项，弹出“根据现有文件新建”对话框，如图 1.12 所示。在该对话框中选中原有的数据库，如“学籍管理.mdb”，然后在“文件名”下拉列表框中输入新数据库文件名，单击“创建”按钮，这样就创建了一个与原有数据库一样的新数据库。用户可以通过修改数据库达到要求。

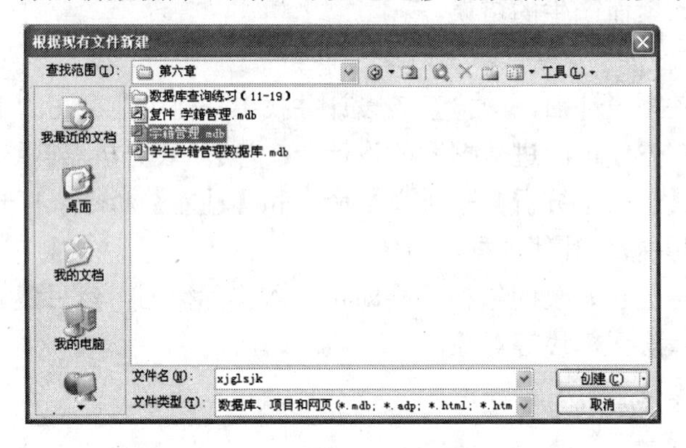

图 1.12　“根据现有文件新建”对话框

（3）根据模板新建数据库

为方便用户，Access 2003 提供了一些标准的数据库模板，以使用户在最短的时间内创建一个比较通用的数据库。这些模板不一定完全符合用户的实际需求，但在向导的帮助下，用户可对模板加以修改，即可建立一个新的数据库。对于初学者来说，可通过这些模板学习如何组织构造一个数据库。

选择“新建文件”任务窗格中“模板”栏中的“本机上的模板”选项，系统弹出“模板”对话框，如图 1.13 所示。选择“数据库”选项卡，显示 Access 提供的 10 类模板数据库，可根据需要选用其中一个模板。以“库存控制”为例，选择“库存控制”后单击“确定”按钮，系统弹出“文件新建数据库”对话框，输入一个数据库文件名后单击“创建”

按钮，系统弹出“数据库向导”对话框，如图 1.14 所示，可通过该向导一步步地完成创建整个数据库的工作。

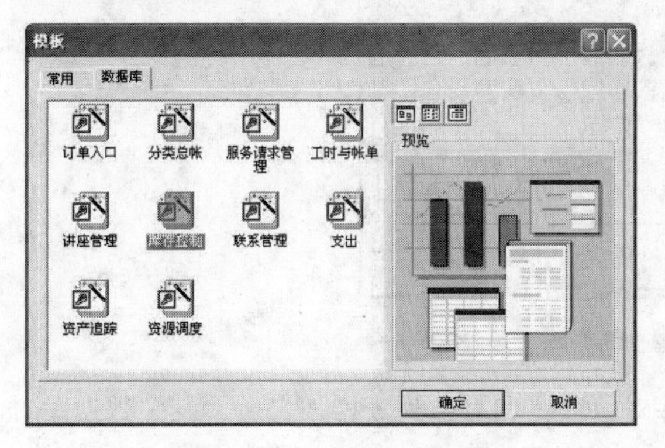

图 1.13　“模板”对话框

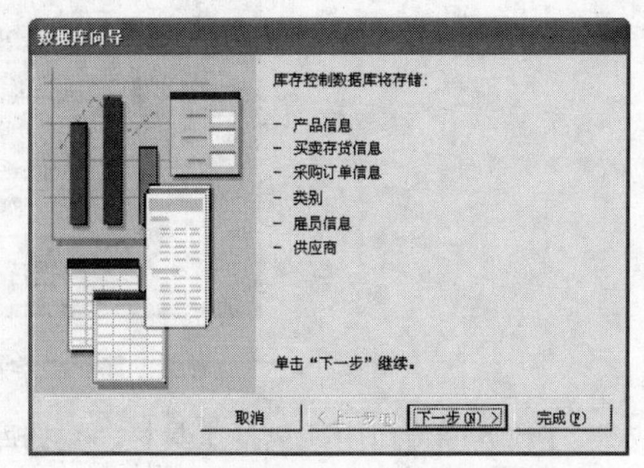

图 1.14　“数据库向导”对话框

该数据库建立后，Access 自动运行该数据库的“主切换面板”窗口，如图 1.15 所示。这是 Access 自动建立的该数据库的一个窗体对象，用户可通过该窗体对象管理整个数据库，如输入、查询数据库中的数据，显示、打印报表，编辑、修改报表与窗体设计等，完成所需的数据库操作。

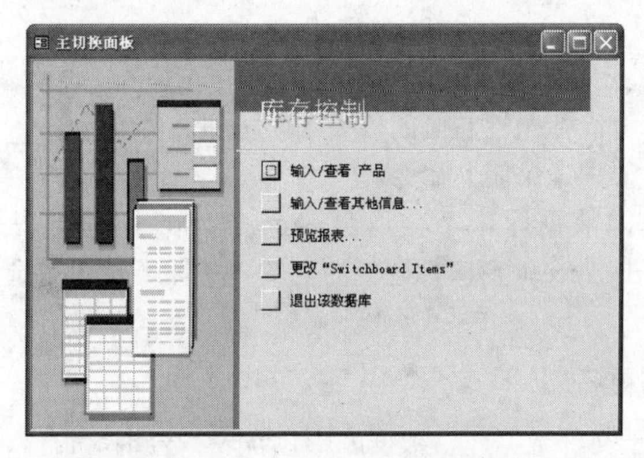

图 1.15　“主切换面板”窗口

1.3.6　数据库的基本操作

1．打开数据库

可通过以下 3 种方式打开已建立的 Access 2003 数据库。

（1）通过 Access 2003 菜单：选择【文件】→【打开】命令。

（2）通过 Access 2003 工具栏：单击“打开”按钮。

（3）通过任务窗格：单击任务窗格中“打开”选项下的历史文件名或“其他文件”项目，然后通过 Access 2003 系统弹出的“打开文件”对话框选择要打开的文件。图 1.16 显示了打开“学籍管理”数据库后的数据库窗口，对数据库的进一步操作大多都是通过该窗口完成的。

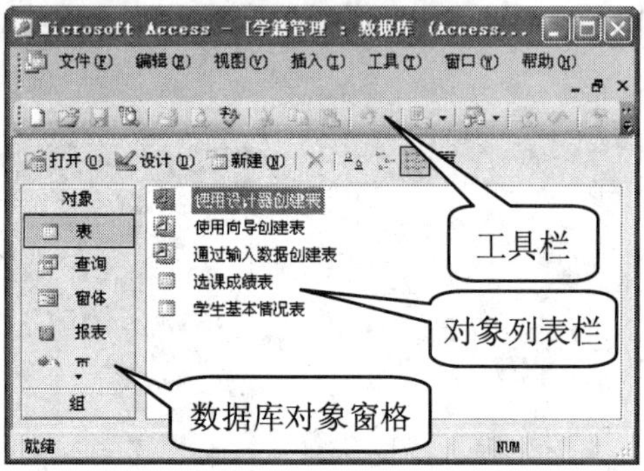

图 1.16 “学籍管理”数据库窗口

在数据库窗口中，包括工具栏、数据库对象窗格和对象列表栏 3 部分。其中数据库对象窗格中列出了 Access 数据库中包含的 7 种对象：表、查询、窗体、报表、页、宏和模块。当选择相应的对象后，在对象列表栏中列出了该数据库中包含的该类对象的列表和操作方法。图 1.16 中显示了选择“表”对象后，可看到数据库中所包含的“选课成绩表”、“学生基本情况表”。注意，Access 一次只能打开一个数据库，打开一个数据库就意味着关闭以前打开的数据库。

2．关闭数据库

可使用下列方法关闭数据库：

（1）单击数据库窗口标题栏右侧的“关闭”按钮。

（2）选择【文件】→【关闭】命令。

这两种方法仅关闭数据库，不会退出 Access 2003。若要在关闭数据库的同时退出 Access 2003，可单击 Access 窗口标题栏右侧的“关闭”按钮或选择【文件】→【退出】命令。

3．数据库删除与更名

Access 数据库属于文件数据库，数据库中包含表、查询、窗体、报表、数据访问页、宏和模块等对象。数据库中只保存了数据访问页的快捷方式，数据访问页对应的 HTML 文档保存在磁盘中。除数据访问页外，其他数据库对象都保存在数据库文件中。

在删除数据库或更改数据库名称时，从 Windows 资源管理器窗口直接删除 Access 数据库文件或进行更改即可。若该数据库包含数据访问页，则应同时删除磁盘中数据访问页对应的 HTML 文档。

习题 1

一、选择题

1．Access 2003 中基于的数据模型是（　　）。

A．层次模型　　B．网状模型　　C．关系模型　　D．混合模型

2．数据库系统与文件系统的最主要区别是（　　）。

A．数据库系统复杂，而文件系统简单

B．文件系统不能解决数据冗余和数据独立性问题，而数据库系统可以解决

C．文件系统只能管理程序文件，而数据库系统能够管理各种类型的文件

D．文件系统管理的数据量较少，而数据库系统可以管理庞大的数据量

3．从关系模型中指定若干个属性组成新的关系的运算称为（　　）。

A．选择　　B．投影

C．连接　　D．排序

4．下列对于关系的描述，正确的是（　　）。

A．同一个关系中允许有完全相同的元组

B．在一个关系中元组必须按关键字升序存放

C．在一个关系中必须将关键字作为该关系的第一个属性

D．同一个关系中不能出现相同的属性名

5．用二维表数据来表示实体及实体之间联系的数据模型称为（　　）。

A．实体-联系模型　　B．层次模型

C．网状模型　　D．关系模型

6．设有部门和职员两个实体，每个职员只能属于一个部门，一个部门可以有多名职员，则部门与职员实体之间的联系类型是（　　）。

A．1:1　　B．1:n　　C．m:n　　D．无任何联系

7．专门的关系运算不包括下列中的（　　）。

A．选择运算　　B．投影运算　　C．连接运算　　D．笛卡儿积运算

8．数据库（DB）、数据库系统（DBS）和数据库管理系统（DBMS）三者之间的关系是（　　）。

A．DB包括DBS和DBMS　　B．DBS包括DB和DBMS

C．DBMS包括DB和DBS　　D．没有包含关系

9．数据库是（　　）。

A．以一定的组织结构保存在辅助存储器中的数据的集合

B．一些数据的集合

C．辅助存储器上的一个文件

D．磁盘上的一个数据文件

10．Access是（　　）数据管理系统。

A．层状　　B．网状　　C．关系型　　D．树状

二、简答题

1．简述数据库系统的组成。

2．简述关系模型的特点。

3．什么是实体？什么是属性？在Access的数据表中，它们被称作什么？

4．什么是主键？什么是外键？试举例说明。

第2章 基 本 表

表是 Access 2003 数据库的基础，是存储数据的地方，其他数据库对象，如查询、窗体和报表等都是在表的基础上建立并使用的。因此，基本表的建立和操作在数据库中占有很重要的位置。

本章详细介绍了基本表的创建、表结构的修改、记录的编辑操作、表之间关系的建立与修改以及表的复制、删除和更名等内容。

2.1 创建基本表

创建表常用的方法有：通过输入数据创建表、使用向导创建表和使用表设计器创建表等。

2.1.1 通过输入数据创建表

用户可在表视图中直接输入数据创建表，实现一次性完成表的创建与数据的输入。系统会根据用户输入的数据，确定字段的字段类型和字段长度，并自动将字段名依次定义为（字段1、字段2、字段3…）。

【例 2.1】通过使用输入数据创建表的方法，创建如表 2.1 所示的“教师授课”表。

表 2.1 “教师授课”表

授课编号	教工号	课程名	学生专业	学生年级	学期
10101	01001	高等数学	计算机	2009	2009上
10102	01001	高等数学	物理	2009	2009上
10201	02001	英语	计算机	2009	2009上
10202	02002	英语	物理	2009	2009上
30101	03001	数据结构	计算机	2009	2009上
30102	03001	计算机网络	计算机	2009	2009上
30104	03002	程序设计	计算机	2009	2009上
30305	03002	网页设计	计算机	2009	2009上

操作步骤如下：

（1）创建一个“教学管理系统”数据库系统，进入数据库窗口，选择“表”为操作对象，如图 2.1 所示。

（2）在数据库窗口中单击“新建”按钮，打开“新建表”对话框，如图 2.2 所示，选择“数据表视图”选项；或者直接双击图 2.1 中“教学管理系统”数据库视图窗口中的“通过输入数据创建表”选项，即可打开表的设计窗口，如图 2.3 所示。

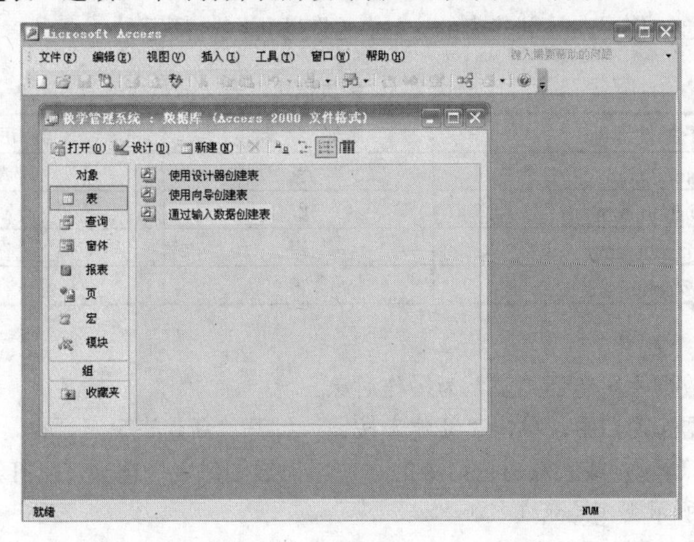

图 2.1 “教学管理系统”数据库窗口

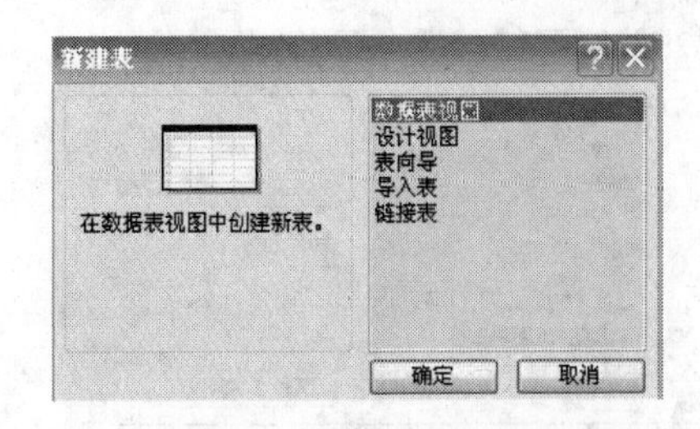

图 2.2 “新建表”对话框

图 2.3 空表的数据表视图

（3）将表 2.1 中的数据直接输入到图 2.3 的数据表中，最后单击右上角的按钮，保存对表的设计的更改，在弹出的“另存为”对话框中输入表名称“教师授课”后，单击“确定”按钮。

（4）若需要对字段名进行修改，可双击“字段 1”、“字段 2”…，然后输入需要的字段名称，如图 2.4 所示。

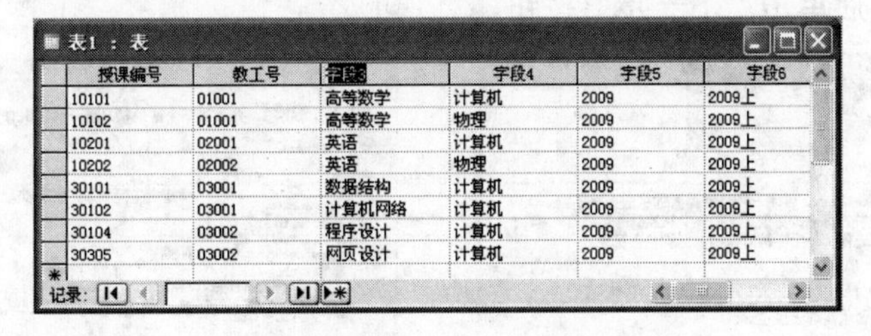

图 2.4 修改字段后的数据表视图

2.1.2 使用向导创建表

使用向导创建表，可以将系统事先建立好的示例表作为蓝本，在一系列对话框的引导下进行相应的选择与设置，完成表的快速创建。

【例 2.2】通过使用向导创建表的方法，创建如表 2.2 所示的“会员信息”表。

表 2.2 “会员信息”表

电子邮件地址	昵　　称	会 员 状 态
zise@sohu.com	紫	在线
hong@sohu.com	红	离线
cheng@sohu.com	橙	在线
huang@sohu.com	黄	在线

操作步骤如下：

（1）打开数据库，选择“表”为操作对象。

（2）在数据库窗口中，单击“新建”按钮，打开“新建表”对话框，选择“表向导”选项，如图 2.5 所示；或者双击窗口中的“使用向导创建表”选项，可打开“表向导”对话框，如图 2.6 所示。

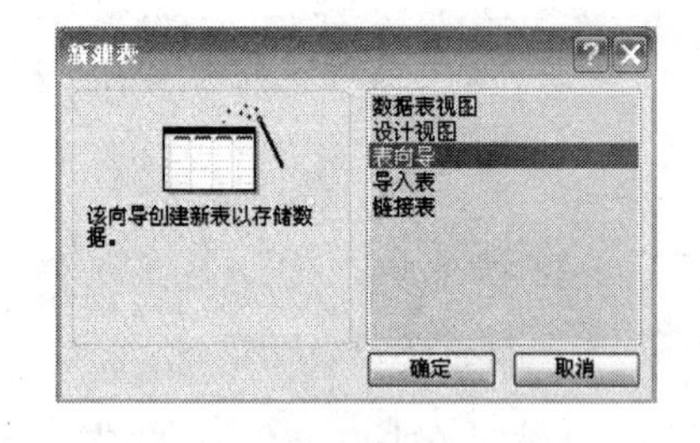

图 2.5 “新建表”对话框

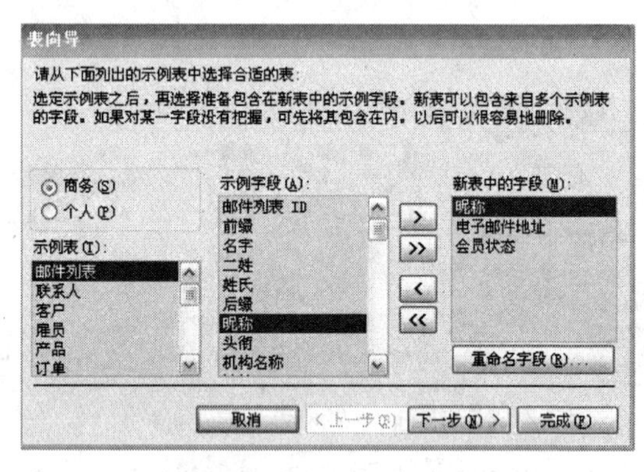

图 2.6 “表向导”对话框

（3）在“表向导”对话框中，选择所需字段，单击“下一步”按钮，打开确定表名称界面，如图 2.7 所示，这里可以选择系统设置主键或者自己设置主键。

（4）单击“下一步”按钮，打开确定主键界面，该例中自己设置电子邮件地址为主键，如图 2.8 所示，然后单击“下一步”按钮。

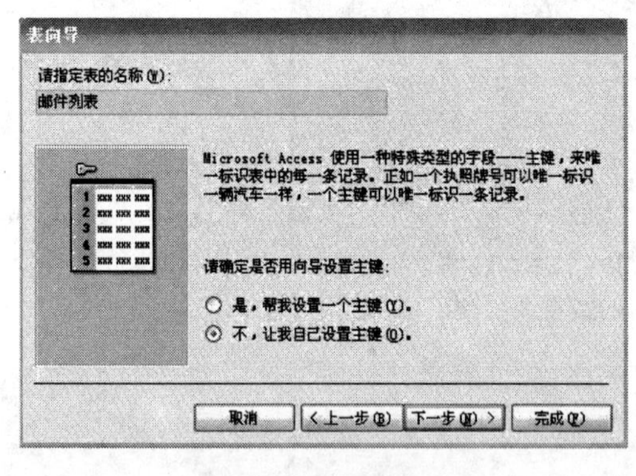

图 2.7 确定表名称

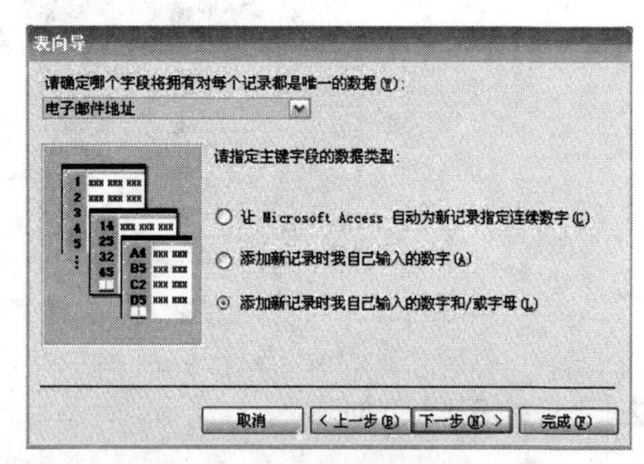

图 2.8 确定主键

（5）在弹出的界面中选择表创建之后的动作，然后单击“完成”按钮，如图 2.9 所示，即可完成对表的创建。3 种表创建之后的动作如下。

- 修改表的设计：修改表的结构。
- 直接向表中输入数据：进入表视图窗口，向表中添加数据。
- 利用向导创建的窗体向表中输入数据：进入输入窗体，向表中添加数据。

（6）在单击“完成”按钮后，即可进入“邮件列表”的表视图窗口，在其中输入数据，如图 2.10 所示。

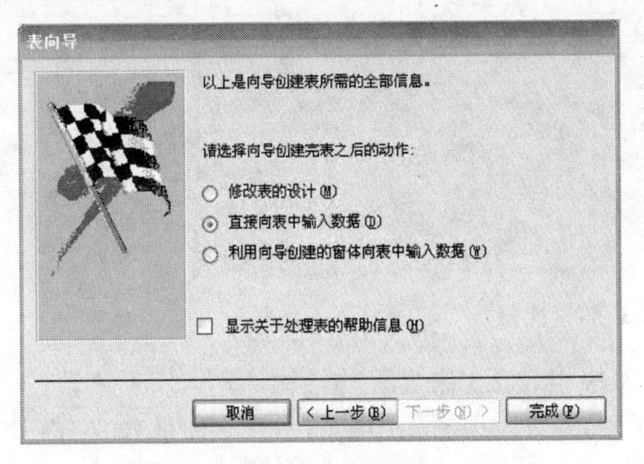

图 2.9　选择表创建之后的动作

图 2.10　输入数据后的邮件列表

2.1.3　使用表设计器创建表

用前面两种方法创建数据表虽然简单快捷，但是创建的表结构常常不能满足实际的需要。用表设计器创建表则可以解决这个问题，它可以自行定义字段名和该字段所使用的数据类型。另外，表设计器还可以用来对已创建的表结构进行修改。

【例 2.3】通过使用表设计器创建表的方法，创建如表 2.3 所示的“学生信息”表。

表 2.3　“学生信息”表

字 段 名	字 段 类 型	字 段 大 小	是 否 主 键
学号	文本	6	是
姓名	文本	4	
性别	文本	1	
出生日期	日期/时间		
入学年份	文本	4	
专业	文本	10	
照片	OLE 对象		

操作步骤如下：

（1）进入表设计器。打开数据库，选择“表”为操作对象，单击“新建”按钮，打开“新建表”对话框，选择“设计视图”选项；或者双击窗口中的“使用设计器创建表”选项，即可打开表的设计窗口，如图 2.11 所示。

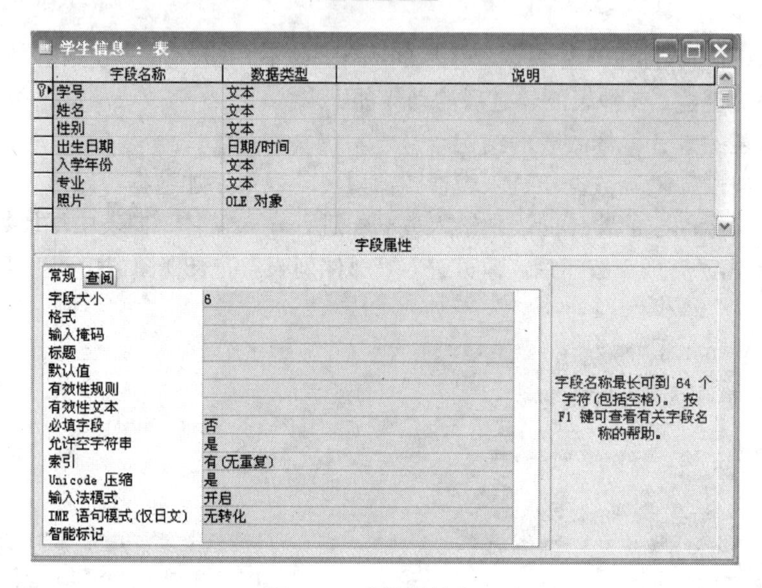

图 2.11　表的设计窗口

（2）定义表结构。在表的设计窗口中，根据表 2.3 定义表的结构，输入所需字段的名称，并定义字段的数据类型及长度，如图 2.11 所示。表结构中的每一个字段的定义分别按照以下步骤进行。

① 在“字段名称”单元格中输入所需字段的名称。

② 单击“数据类型”右边的下拉按钮，为所定义的字段选择相应的数据类型，如图 2.12 所示。需注意的是，图片、声音、视频等数据类型都必须使用 OLE 对象。

③ 在下方的“字段属性”栏中，为字段设置相应属性。例如，文本数据类型字段的默认长度为 50，因此，在定义“学号”字段后，需要在属性窗口中将“字段大小”改为 6。注意，“字段属性”栏中所显示的是当前字段的属性值，即与字段名前带有▶符号的字段相对应。

（3）为表设定主键。右击“学号”字段，在弹出的快捷菜单中选择“主键”命令，即可将“学号”设定为表的主键，如图 2.13 所示。其中，取消主键与定义主键的操作方法相同。如果没有为表设定主键，在退出设计视图时，系统会提示尚未定义主键，并帮助添加一个可自动计数的“自动编号”类型字段作为表的主键。

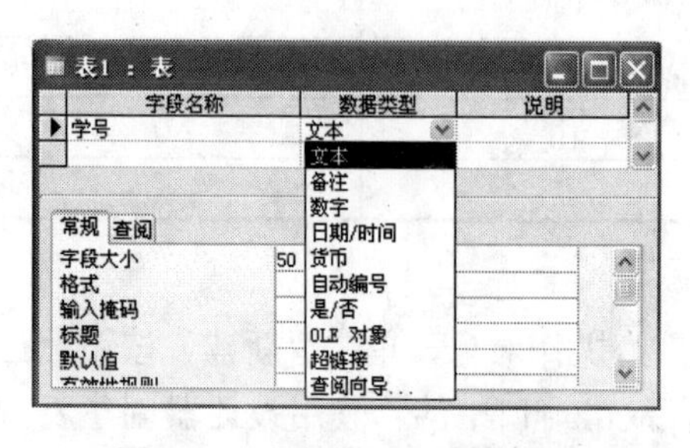

图 2.12　字段的 10 种数据类型

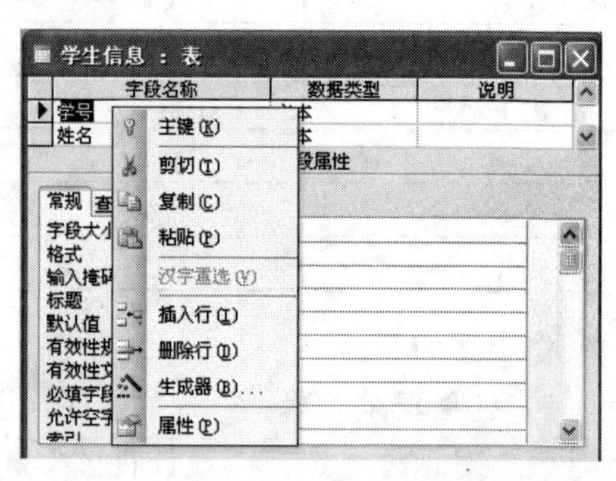

图 2.13　定义“学号”字段为主键

（4）保存表。单击按钮，打开“另存为”对话框，如图 2.14 所示。输入表的名称，单击“确定”按钮，保存表，即结束创建表的过程。

图 2.14 “另存为”对话框

2.1.4 字段的命名规则与数据类型

1. 字段的命名规则

在给表的字段命名时，其名称必须符合 Access 2003 的如下规则：

- 字段名的长度可以为 1～64 个字符。
- 可包含空格、数字和其他一些特殊字符。
- 空格不能作为第一个字符。
- 不能包含英文的句号（.）、感叹号（!）、方括号（[]）和不可打印的字符。
- 不能使用值为 0～31 的 ASCII 码字符。

2. 字段的数据类型

Access 2003 中可存储 10 种不同类型的数据，在表的设计过程中，可以根据数据的性质为字段选择相应的数据类型。表 2.4 给出了数据类型的应用情况与所占用的存储空间。

表 2.4 Access 2003 的 10 种数据类型

数据类型	说明	占用存储空间
文本	文本或文本与数字的组合	0～255 字符
备注	长文本或文本和数字的结合	0～65536 字符
数字	用于数学计算的数字数据	1、2、4 或 8 个字节，GUID 用 16 个字节
日期/时间	日期/时间格式的数据，如出生年月等	8 个字节
货币	专用于货币类型的数字数据	8 个字节
自动编号	添加记录时，系统为每个记录依次自动加 1，或随机编号	4 个字节，GUID 用 16 个字节
是/否	逻辑值是/否、真/假	1 个字节（-1 或 0）
OLE 对象	图片、声音、视频等	最大可为 1GB，受磁盘空间限制
超链接	文本或文本与数字的组合，以文本形式存储并用作超链接地址	0～64000 个字符
查阅向导	利用列表框或组合框，或者从另一个表或值列表中选择值	通常是 4 个字节

2.2 表的结构修改与高级设计

2.2.1 表的结构修改

数据表创建以后，如果对表的结构（如字段名称、字段数据类型和字段属性等）不满意，可以根据需要对其进行修改，这些操作都可以在表的设计视图中完成。

1．修改字段名

将光标定位在需要的字段名，按 Backspace 键删除要修改的字段名称，再输入新的字段名即可。

2．修改字段类型

在“数据类型”下拉列表框中选择所需要修改的新类型，并根据要求在下方的“常规”选项卡中做相应的修改。

3．增加与删除字段

- 增加字段：若需要在字段 A 之前增加一个字段 B，将光标移到字段 A 左边的行选择区上，单击鼠标右键，在弹出的快捷菜单中选择“插入行”命令，并在新插入的空白行中输入字段 B 即可。
- 删除字段：若要删除字段 C，可将光标移到字段 C 左边的行选择区上，单击鼠标右键，在弹出的快捷菜单中选择“删除行”命令即可。

【例 2.4】将“教师授课”表中的“课程名”字段修改为“教室号”，然后在“学生专业”字段前添加一个新字段“学生学号”，最后将表中的“学生专业”字段删除。操作步骤如下：

（1）打开“教学管理系统”数据库，选择“表”为操作对象。右击“教师授课”表，选择设计视图，可打开表的设计视图，如图 2.15 所示。

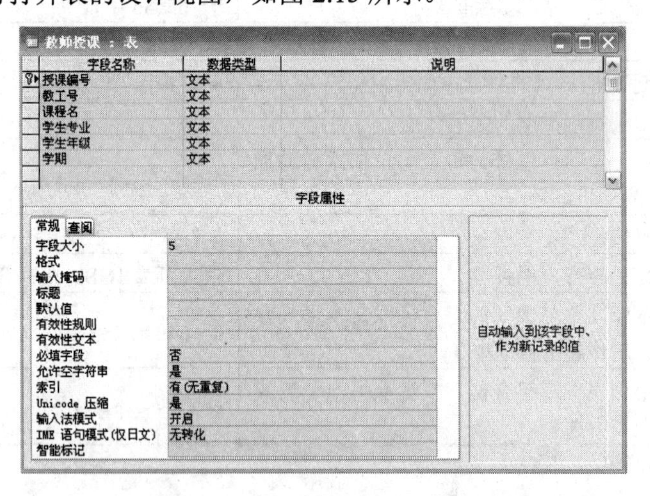

图 2.15 “教师授课”表的设计视图

（2）将光标定位到字段名“课程名”单元格，按 Backspace 键删除“课程名”后再输入“教室号”即可。

（3）将光标移到字段“学生专业”左边的行选择区上，单击鼠标右键，在弹出的快捷菜单中选择“插入行”命令，并在新插入的空白行中输入“学生学号”即可，然后可对其数据类型进行设置，即完成字段插入操作。

（4）将光标移到字段“学生专业”左边的行选择区上，单击鼠标右键，在弹出的快捷菜单中选择“删除行”命令，即可完成字段删除操作，完成以上操作后的“教师授课”表如图 2.16 所示。

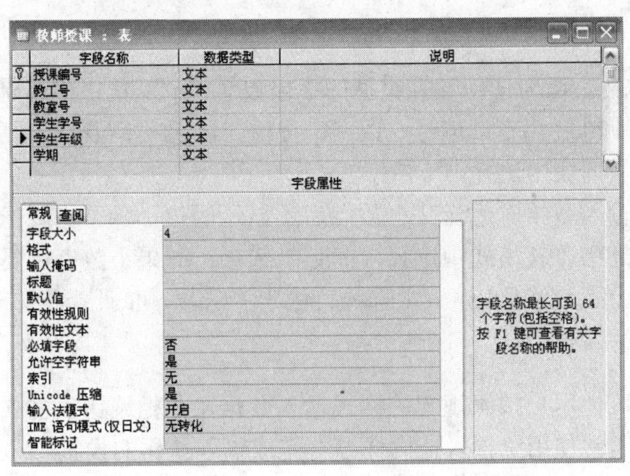

图 2.16　完成操作后的“教师授课”表设计视图

4．移动字段

可以通过移动字段来改变字段在表中的排列顺序。例如，在“教师授课”表中，如果要将“教工号”移动到“授课编号”的上面，可单击“教工号”字段的行选择区选中该字段，按住鼠标左键不放，将“教工号”字段拖动到“授课编号”字段上方后释放鼠标，即可完成字段的移动操作。

2.2.2　设置字段的属性

字段属性是描述字段特征的信息，每一个字段都有一组属性，每一个属性可以根据需要设置不同的值。确定了字段类型以后，可以在表的设计视图中对字段属性做进一步设置，主要属性包括字段大小、格式、输入掩码、标题、默认值、有效性规则、有效性文本、必填字段和索引等。Access 2003 已经赋予这些属性默认值，而用户可以根据需要重新设置这些值。

1．字段大小

可由用户设置此属性的数据类型有文本型、数字型和自动编号型。

文本型的字段大小属性可设置为 1～255 之间的任何整数，决定了文本字段最多可存储的字符数，默认值为 50。

数字型字段的大小属性的可选项有字节、整型、长整型、单精度型、双精度型、同步复制 ID 和小数。各选项所表示的数据范围及所占用的存储空间都不相同，其默认值为长整型。

数字型字段的长度反映不同的取值范围和精度：字节型为 1 个字节，保存 0～255 之间的整数；整型为 2 个字节，保存-2^{15}～$2^{15}-1$之间的整数；长整型 4 个字节，保存-2^{31}～$2^{31}-1$

之间的整数；单精度 4 个字节，精度为小数点后 7 位；双精度 8 个字节，精度为小数点后 15 位。

自动编号型字段的大小属性可选择长整型和同步复制型，其默认值为长整型。

2．格式

除了 OLE 对象外，可为任何数据类型的字段设置格式。使用格式属性可规定字段的数据显示格式。Access 2003 为自动编号、数字、货币、日期/时间及是/否等数据类型提供了预定义格式，用户可从列表中选择。

注意，如果在输入数据时想让其小数点后还显示两位，除了需要把格式下方的小数位数设置为 2 以外，还必须在格式中选择“固定”选项；如果小数点后要显示 3 位，就需要先将小数位数设置为 3，然后在格式中选择“固定”选项，依此类推。

3．输入掩码

输入掩码属性可使用户按照规定的格式输入数据，并拒绝错误格式的输入，以保证输入数据的正确性。通常使用“输入掩码向导”完成输入掩码的设置。

【例 2.5】 为表 2.3 中的“出生日期”字段设置“短日期”掩码。操作步骤如下：

（1）打开“教学管理系统”数据库，选择“表”为操作对象。

（2）选择“学生信息”表，单击鼠标右键，在“学生信息”表的设计视图中，选择“出生日期”字段，单击“字段属性”栏中的“输入掩码”框右边的向导按钮，弹出输入掩码向导的输入掩码列表窗口，如图 2.17 所示。

（3）在“输入掩码”列表中选择“短日期”类型，单击“下一步”按钮，弹出输入掩码占位符窗口，在“占位符”下拉列表框中选择“#”作为占位符，如图 2.18 所示；然后单击“完成”按钮，结束输入掩码向导的设置。

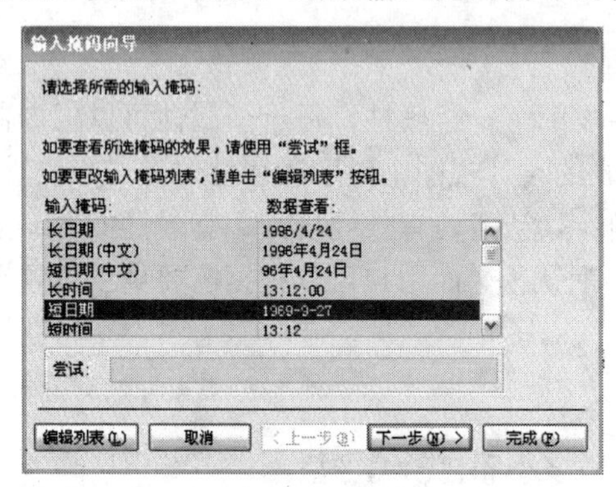

图 2.17　输入掩码列表窗口

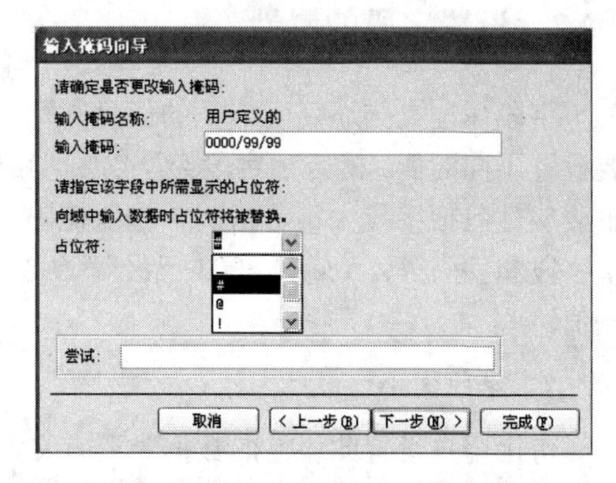

图 2.18　输入掩码占位符窗口

（4）退出设计视图，在数据库窗口中打开“学生信息”表，输入一条新记录，可看到“出生日期”字段的效果。

4．标题

“标题”属性值将取代字段名，在表的标题行中显示。字段“标题”属性的默认值是该字段名，用在表、窗体和报表中。利用“标题”属性，可让用户用简单的字符定义字段名，在“标题”属性中输入完整的名称，可以简化表的操作。例如，如果在“教师信息”表中，将“教工号”的标题指定为 number，那么双击打开数据表时，“教工号”字段名称显示的是 number；如果没有指定标题，即用字段名作标题。

5．默认值

使用默认值属性可以指定在添加新记录时自动输入的值，可减少输入的工作量。添加新记录时可接受默认值，也可输入新值覆盖它。例如，可以在“教师信息”表中，为“性别”字段设置一个“男”或“女”的默认值。

6．有效性规则和有效性文本

字段有效性规则用来检查数据输入的正确性和有效性。有效性文本指输入数据不符合有效性规则时所显示的提示信息。一旦输入字段的数据违反了有效性规则，Access 2003 将显示一个信息告诉用户哪些是允许的项目输入，字段有效性文本将作为对话框的提示信息。

有效性规则用表达式来定义，表达式由运算符和比较值等组成。比较值可以是常量、变量或函数。表 2.5 给出了若干有效性规则表达式示例。

表 2.5　若干有效性规则表达式及含义示例

有效性规则表达式	含　义
<>0	可以输入一个非零值
0 Or >100	值必须为 0 或大丁 100
<#90-1-1#	输入一个 1990 年之前的日期
>=#95-1-1# And <#99-1-1#	输入的日期必须在 1995—1999 年以内

【例 2.6】为“学生成绩”表中的“考试成绩”设定一个成绩为 0～100 的有效范围，有效性文本设置为“请输入正确的成绩”。操作步骤如下：

（1）打开“教学管理系统”数据库，选择“表”为操作对象。

（2）选择“学生成绩”表，单击鼠标右键，在“学生成绩”表的设计视图中，选择“考试成绩”字段，单击“字段属性”栏中的“有效性规则”框右边的向导按钮，将弹出输入有效性规则的“表达式生成器”窗口，在窗口中输入“>=0 And <=100”，单击“确定”按钮。

（3）在“有效性规则”下面的“有效性文本”框中输入“请输入正确的成绩”，如图 2.19 所示。

完成以上设置后，如果输入的成绩不在 0～100 之间，系统将会显示“请输入正确的成绩”作为出错提示信息。如果没有对“有效性文本”属性进行设置，当输入的信息违反了有效性规则时，系统将显示标准出错信息。

7．必填字段

“必填字段”属性取值有“是”和“否”两项，当取值为“是”时，表示该字段的内容不能为空，必须填写。

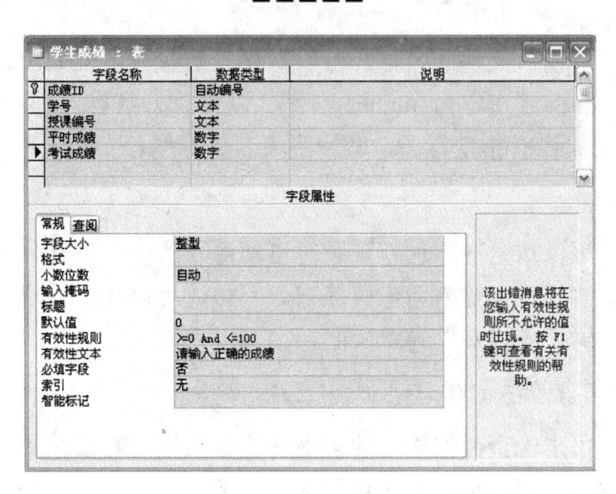

图 2.19 设置“有效性规则”及“有效性文本”

8．索引

索引是按索引字段的值与其所在记录的位置建立起的一种对应关系，其作用类似于图书的目录。索引可以加快对表中记录的查询速度，通常为查询中经常使用的字段建立索引。建立索引需要额外的存储开销，一般情况下，作为主键字段的“索引”属性默认为“有（无重复)”，其他字段的“索引”属性默认为“无”。

具有此属性的数据类型有文本型、数字型、货币型、日期/时间型。索引属性可有 3 个取值：

- 无：表示该字段无索引。
- 有（有重复）：表示该字段有索引，并要求字段的值不可以重复。
- 有索引（无重复）：表示该字段有索引，但字段的值可以重复。

总之，Access 2003 提供上述这些属性都是为了提高数据的规范性、正确性和有效性。

2.2.3 使用查阅向导类型

在 Access 2003 提供的字段的数据类型中（如表 2.4)，查阅向导是一种特殊的类型，它利用列表或组合框，从另一个表或值列表中选择值。这样既方便了输入数据，同时也减少了输入数据时的错误。

【例 2.7】将例 2.3 中的“学生信息”表中的“性别”字段类型设置为“查阅向导”类型。操作步骤如下：

（1）打开“教学管理系统”数据库，选择“表”为操作对象（操作表视图的方法如图 2.15 所示)。

（2）选择“学生信息”表，单击鼠标右键，在“学生信息”表的设计视图中，选择“性别”字段，在“性别”字段的“数据类型”下拉列表框中选择“查阅向导”选项，如图 2.20 所示。

（3）选择“查阅向导”之后，会弹出如图 2.21 所示的对话框，在本例中选中“自行键入所需的值”单选按钮，单击“下一步”按钮。

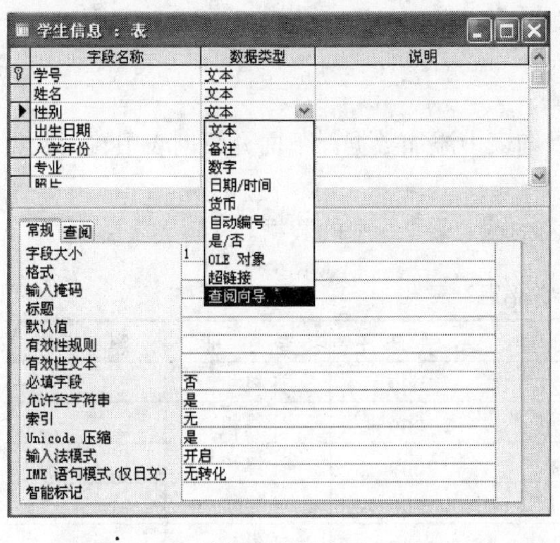

图 2.20　选择“查阅向导”选项

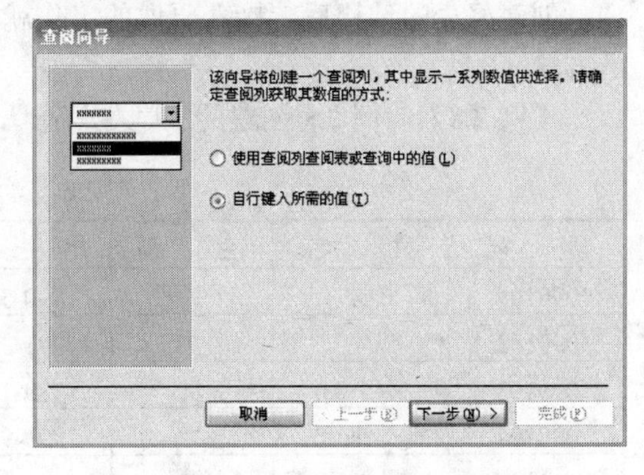

图 2.21　“查阅向导”对话框

在图 2.21 中，若选中“使用查阅列查阅表或查询中的值”单选按钮，则表示数据的来源是其他表的某些字段；而选中“自行键入所需的值”单选按钮，则表示所查询的值由用户预先输入。

（4）在输入列中输入所需的值“男”和“女”，如图 2.22 所示。单击“下一步”按钮，完成查阅向导操作。

（5）退出设计视图，在数据库窗口中，双击打开“学生信息”表。输入记录时，单击“性别”字段的下三角按钮，将出现下拉列表框，选择所需值即可，如图 2.23 所示。

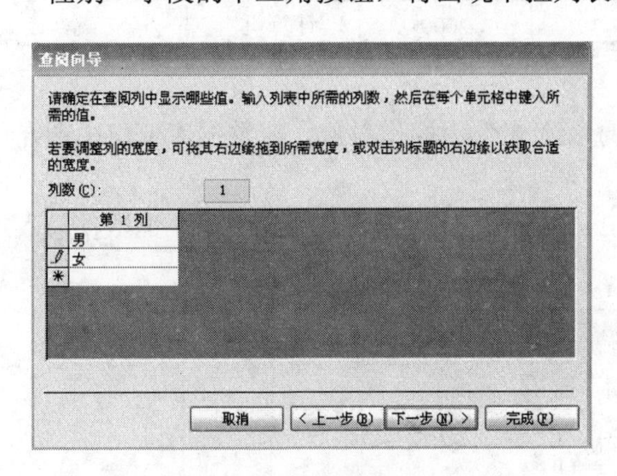

图 2.22　输入所需的值

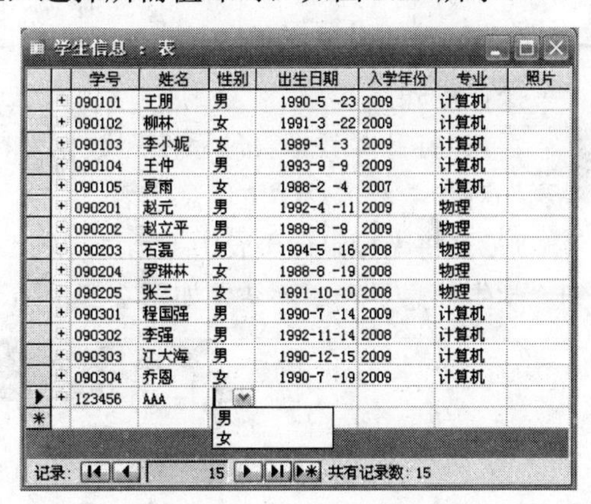

学号	姓名	性别	出生日期	入学年份	专业	照片
090101	王朋	男	1990-5 -23	2009	计算机	
090102	柳林	女	1991-3 -22	2009	计算机	
090103	李小妮	女	1989-1 -3	2009	计算机	
090104	王仲	男	1993-9 -9	2009	计算机	
090105	夏雨	女	1988-2 -4	2007	计算机	
090201	赵元	男	1992-4 -11	2009	物理	
090202	赵立平	男	1989-8 -9	2009	物理	
090203	石磊	男	1994-5 -16	2008	物理	
090204	罗琳琳	女	1988-8 -19	2008	物理	
090205	张三	女	1991-10-10	2008	物理	
090301	程国强	男	1990-7 -14	2009	计算机	
090302	李强	男	1992-11-14	2008	计算机	
090303	江大海	男	1990-12-15	2009	计算机	
090304	乔恩	女	1990-7 -19	2009	计算机	
123456	AAA					

图 2.23　查阅向导效果显示

2.3　对表中数据的编辑

一个表创建好以后，需要对其进行数据的录入与操作，根据实际需要输入、增加或删减记录，本节主要介绍对表中数据的操作。

2.3.1 表的数据输入

创建好表的结构后，接着要做的工作就是向表中添加数据。下面介绍向表中输入数据的方法。

【**例 2.8**】向例 2.3 创建的“学生信息”表中输入表 2.6 中的数据。

表 2.6 “学生信息”表

学　号	姓　名	性　别	出生日期	入学年份	专　业	照　片
090101	王朋	男	1990-5-23	2009	计算机	
090102	柳林	女	1991-3-22	2009	计算机	
090103	李小妮	女	1989-1-3	2009	计算机	
090104	王仲	男	1993-9-9	2009	计算机	
090105	夏雨	女	1988-2-4	2007	计算机	
090201	赵元	男	1992-4-11	2009	物理	
090202	赵立平	男	1989-8-9	2009	物理	
090203	石磊	男	1994-5-16	2008	物理	
090204	罗琳林	女	1988-8-19	2008	物理	
090205	张三	女	1991-10-10	2008	物理	
090301	程国强	男	1990-7-14	2009	计算机	
090302	李强	男	1992-11-14	2008	计算机	
090303	江大海	男	1990-12-15	2009	计算机	
090304	乔恩	女	1990-7-19	2009	计算机	

操作步骤如下：

（1）打开“教学管理系统”数据库，选择“表”为操作对象。在数据库窗口中选择“表”对象，双击“学生信息”表，进入数据表视图。

（2）将光标定位于表中，用和 Word、Excel 类似的输入方法，将表 2.6 中的数据输入到“学生信息”表中，结果如图 2.24 所示。

学号	姓名	性别	出生日期	入学年份	专业	照片
090101	王朋	男	1990-5-23	2009	计算机	包
090102	柳林	女	1991-3-22	2009	计算机	
090103	李小妮	女	1989-1-3	2009	计算机	
090104	王仲	男	1993-9-9	2009	计算机	
090105	夏雨	女	1988-2-4	2007	计算机	
090201	赵元	男	1992-4-11	2009	物理	
090202	赵立平	男	1989-8-9	2009	物理	
090203	石磊	男	1994-5-16	2008	物理	
090204	罗琳林	女	1988-8-19	2008	物理	
090205	林三	女	1991-10-10	2008	物理	
090301	程国强	男	1990-7-14	2009	计算机	
090302	李强	男	1992-11-14	2008	计算机	
090303	江大海	男	1990-12-15	2009	计算机	
090304	乔恩	女	1990-7-19	2009	计算机	

图 2.24 数据表视图

在图 2.24 所示的数据表行选择区中常会出现下列符号，它们代表的含义分别如下。

- 三角形▶：表示该行是当前记录行。

- 铅笔形🖉：表示正在该行输入或修改数据。
- 星形*：表示该行是表末的空白记录行，可以在此输入数据。

表下方的记录导航显示的是当前记录号，目前为 1 号记录。要想改变当前记录，可以在其中直接输入记录号，或单击向左、向右等导航按钮，也可通过鼠标在窗口中直接单击目标记录。

（3）向字段“照片”中输入数据，其方法为：进入图 2.24 所示的数据表视图，在“照片”字段所在的单元格上单击鼠标右键，在弹出的快捷菜单中选择“插入对象”命令，将弹出如图 2.25 所示的对话框，选中“由文件创建”单选按钮，在文本框中输入要链接的对象文件名及完整路径，单击“确定”按钮即可完成。

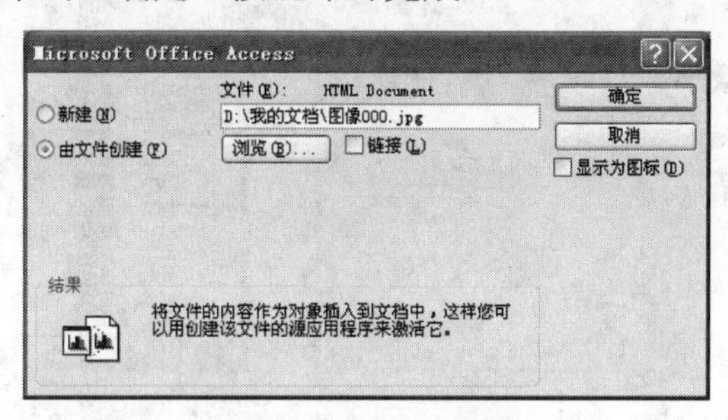

图 2.25 插入 OLE 对象

如果选中“链接”复选框，则表示以链接的方式插入对象，否则表示嵌入。链接方式表示表中字段只是引用了源对象，而嵌入则表示在表中插入了原对象的副本，相比之下，链接比嵌入节省存储空间。

2.3.2 表的数据修改

1. 对表中记录的修改与删除

（1）表中记录的修改

在数据表视图窗口中，将光标移到需要进行数据修改的单元格，按 Backspace 键可删除光标前的数据，按 Delete 键可删除光标后的数据，删除后可输入新内容。当光标离开所修改的记录后，系统会自动保存所修改的记录。

（2）表中记录的删除

在数据表视图窗口中，单击最左侧的选择区，选中要删除的记录，单击鼠标右键，在弹出的快捷菜单中选择“删除记录”命令，可将该记录删除。

2. 查找与替换

用户经常需要在自己的数据库中查找某个记录的某个字段，该字段含有用户所需的特定信息。这时，可以通过查找与替换的方式来定位查找指定的信息，并将查找到的内容进行替换。用替换的方法还可以修改表中的记录。

【例 2.9】以“教学管理系统”数据库中的“学生信息”表为例，查找出学生姓名为“林三”的同学，并将其姓名改为“张三”。操作步骤如下：

（1）打开“教学管理系统”数据库，选择“表”为操作对象，双击“学生信息”表，进入数据表视图。

（2）在“学生信息”表的窗口中，单击工具栏上的按钮，弹出“查找和替换”对话框。在“查找”选项卡的“查找内容”下拉列表框中输入“林三”，在“查找范围”下拉列表框中选择“学生信息：表”选项，如图 2.26 所示。

（3）单击“查找下一个”按钮，即可查找到所需要的记录，光标将定位到第一个与查找内容相对应的数据，结果显示如图 2.27 所示。

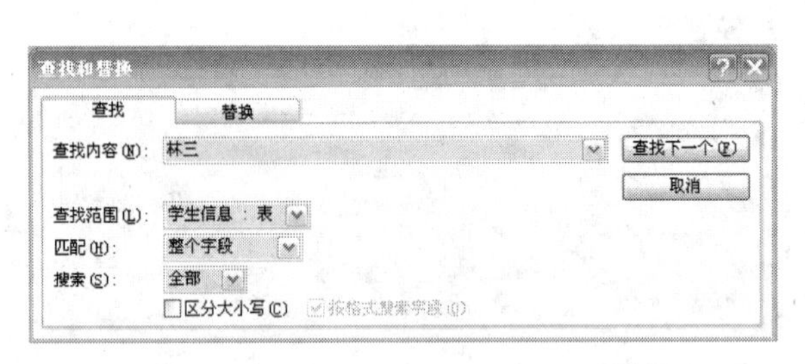

图 2.26 “查找”选项卡

学生信息 : 表

学号	姓名	性别	出生日期	入学年份	专业	照片
090101	王朋	男	1990-5-23	2009	计算机	
090102	柳林	女	1991-3-22	2009	计算机	
090103	李小妮	女	1989-1-3	2009	计算机	
090104	王仲	男	1993-9-9	2009	计算机	
090105	夏雨	女	1988-2-4	2007	计算机	
090201	赵元	男	1992-4-11	2009	物理	
090202	赵立平	男	1989-8-9	2009	物理	
090203	石磊	男	1994-5-16	2008	物理	
090204	罗琳林	女	1988-8-19	2008	物理	
090205	林三	女	1991-10-10	2008	物理	
090301	程国强	男	1990-7-14	2009	计算机	
090302	李强	男	1992-11-14	2008	计算机	
090303	江大海	男	1990-12-15	2009	计算机	
090304	乔恩	女	1990-7-19	2009	计算机	

记录：10 共有记录数：14

图 2.27 查找到对应数据

（4）在“替换”选项卡的“查找内容”下拉列表框中输入“林三”，在“替换为”下拉列表框中输入“张三”，在“查找范围”下拉列表框中选择“学生信息：表”选项，如图 2.28 所示。

（5）在“查找和替换”对话框中单击“替换”按钮，原数据“林三”会被“张三”替换，如图 2.29 所示。如果有多处需要同时替换的地方，则单击“全部替换”按钮。

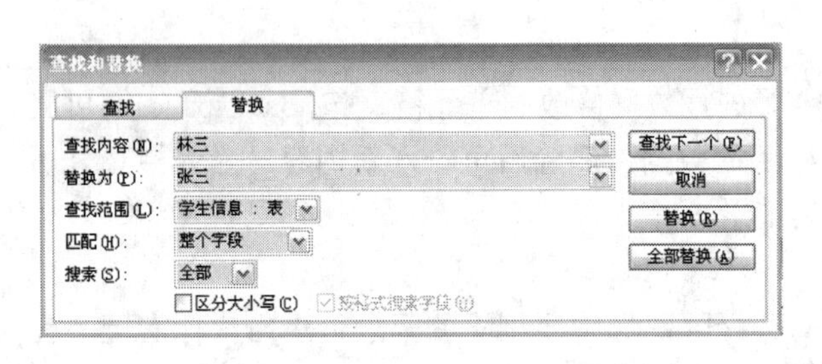

图 2.28 “替换”选项卡

学生信息 : 表

学号	姓名	性别	出生日期	入学年份	专业	照片
090101	王朋	男	1990-5-23	2009	计算机	
090102	柳林	女	1991-3-22	2009	计算机	
090103	李小妮	女	1989-1-3	2009	计算机	
090104	王仲	男	1993-9-9	2009	计算机	
090105	夏雨	女	1988-2-4	2007	计算机	
090201	赵元	男	1992-4-11	2009	物理	
090202	赵立平	男	1989-8-9	2009	物理	
090203	石磊	男	1994-5-16	2008	物理	
090204	罗琳林	女	1988-8-19	2008	物理	
090205	张三	女	1991-10-10	2008	物理	
090301	程国强	男	1990-7-14	2009	计算机	
090302	李强	男	1992-11-14	2008	计算机	
090303	江大海	男	1990-12-15	2009	计算机	
090304	乔恩	女	1990-7-19	2009	计算机	

记录：10 共有记录数：14

图 2.29 完成“替换”工作

3. 表的复制、删除与更名

（1）复制表

很多时候，用户希望复制一份表作为该表的备份，或者复制表的结构作为一张新表的起点，在 Access 2003 中提供了复制表的功能。

【例 2.10】以“教学管理系统”数据库中的“教师授课”表为例，现要求复制该表，给该表做一个备份。操作步骤如下：

① 打开“教学管理系统”数据库，选择“表”为操作对象。选择要复制的“教师授课”表，选择【编辑】→【复制】命令，或者按 Ctrl+C 键。

② 选择【编辑】→【粘贴】命令，或者按 Ctrl+V 键。Access 2003 将弹出“粘贴表方式”对话框，如图 2.30 所示。

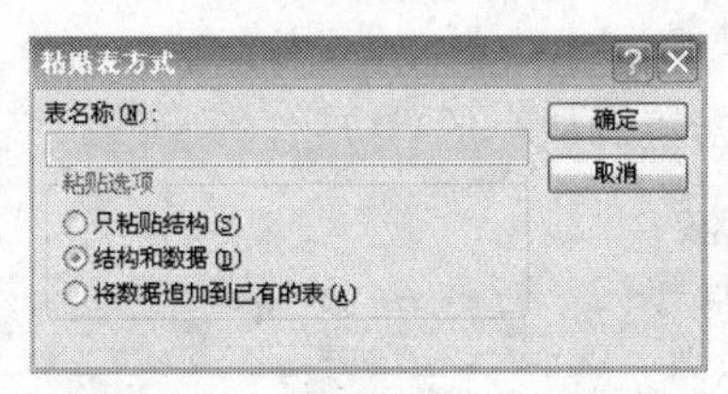

图 2.30 “粘贴表方式”对话框

③ 在“粘贴选项”栏中选中“结构和数据”单选按钮，然后在“表名称”文本框中输入新表名，单击“确定”按钮，即可完成表的复制工作。

在“粘贴选项”栏中选中“只粘贴结构”单选按钮时，将生成一个结构相同但没有数据的空表；选中“结构和数据”单选按钮时，将生成该表的一个副本，即结构和数据完全一致的表；选中“将数据追加到已有的表”单选按钮时，输入的表名应为数据库中已有的表名，并且该表与复制的表结构相同，只是将复制表中的数据追加过去。

（2）删除表

删除表的方法与 Windows 程序中删除文件操作略有不同。假如要删除“教师授课”表，除了询问用户是否确认删除操作外（如图 2.31 所示），如果要删除的表与其他表已经建立了关系，Access 2003 还要求先删除该表与其他表的关系，然后才能完成删除表操作，因为删除表可能会影响数据的完整性，如图 2.32 所示。

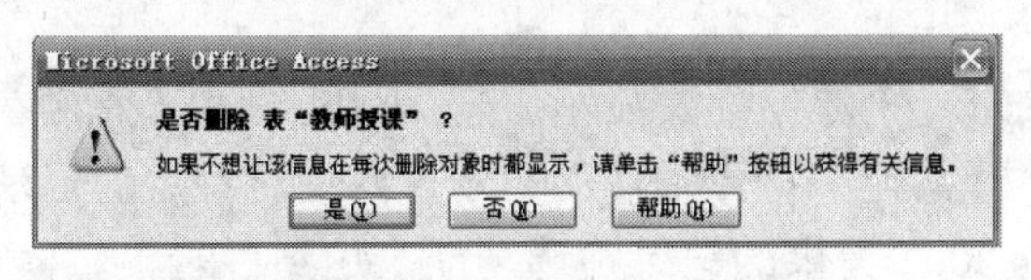

图 2.31 确认删除对话框

图 2.32 删除表关系对话框

（3）表更名

表更名的方法与 Windows 程序中“重命名”操作类似。打开数据库，选择“表”为操作对象，选中要更名的数据表，选择【菜单】→【重命名】命令，或者按 F2 键，光标出现在数据表名称处，即可对数据表名称进行修改，修改完毕，按 Enter 确认即可。

2.3.3 记录排序

在 Access 2003 中，对没有设定主键的数据表，将按照记录的输入先后排序；对于设定有主键的数据表，将按照主键值的升序排列记录。但在实际应用中，常常希望按照某种顺序来排列记录，这时可以利用 Access 2003 提供的排序功能，根据某一字段的数据升序或降序排列表中的记录。

【例 2.11】以前面“教学管理系统”数据库中的“学生成绩”表为例，原表是按照记录的输入顺序排序的，现在要求按学生的“考试成绩”字段进行升序排序。操作步骤如下：

（1）打开“教学管理系统”数据库，选择“表”为操作对象，双击“学生成绩”表，进入数据表视图。

（2）在数据表视图中，选定“考试成绩”字段，或将光标定位于“考试成绩”字段的任意一个记录中，然后单击工具栏上的A↓按钮，可将表中的记录按“考试成绩”字段的升序排列，如图 2.33 所示。单击工具栏上的Z↓按钮，则可以将表中的记录按“考试成绩”字段的降序排列。

学生成绩 : 表

成绩ID	学号	授课编号	平时成绩	考试成绩
22	090301	30104	76	32.00
16	090105	30102	86	44.00
28	090303	30102	78	45.00
12	090202	10102	90	45.00
9	090103	10101	77	50.00
3	090201	10102	75	55.00
20	090204	10202	70	56.00
8	090102	10201	88	60.00
27	090303	10201	68	61.00
23	090302	30102	78	64.00
30	090304	10201	88	65.00
15	090104	30104	80	65.00
21	090301	30102	80	65.00
4	090201	10202	70	68.00
19	090105	30101	75	77.00
32	090304	30102	86	77.00
14	090104	30101	70	77.00
18	090105	10201	70	78.00
1	090101	10201	80	80.00

记录: 1 共有记录数: 35

图 2.33　按“考试成绩”字段的升序排序

2.3.4　记录的筛选

在实际工作中，有时并不是数据库中的每一个数据都要显示出来，而是经常需要查看一些符合某种特定条件的记录，暂时需要隐藏其他不符合条件的记录，以便对特定的记录进行分析或某种操作，这时可以利用 Access 2003 提供的记录筛选功能来达到目的。

Access 2003 提供了 4 种筛选记录的方法：按窗体筛选、按选定内容筛选、内容排除筛选和高级筛选/排序。其中，按窗体筛选、按选定内容筛选和内容排除筛选是筛选记录中最简单且容易操作的方法，如果是较复杂的筛选，则可以使用高级筛选/排序的方法。

- 按窗体筛选：打开“按窗体筛选”窗口，由用户指定字段的筛选条件，所有满足条件的记录就会显示出来。
- 按选定内容筛选：选定内容的记录会显示出来。
- 内容排除筛选：没有选定内容的记录会显示出来。
- 高级筛选/排序：打开“筛选”窗口，再由用户指定字段的筛选条件，满足条件的记录就会显示出来。

【例 2.12】以前面“教学管理系统”数据库中的“教师信息”表为例，现要求显示出表中所有职称为“讲师”的记录。操作步骤如下：

（1）打开“教学管理系统”数据库，选择“表”为操作对象，双击“教师信息”表，进入数据表视图，并将光标定位于“职称”字段任意一条记录值为“讲师”的单元格，如

图 2.34 所示。

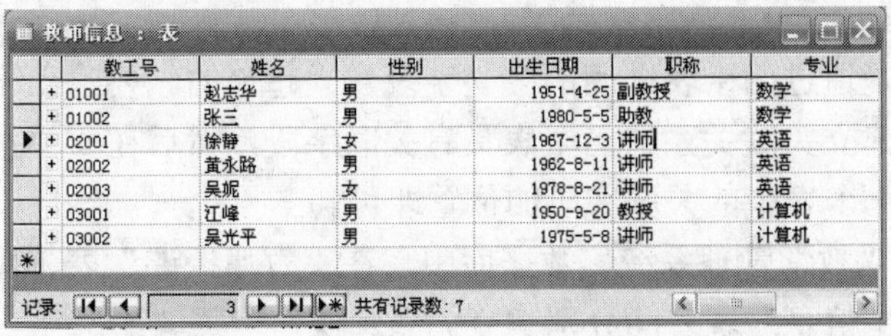

教师信息 : 表

教工号	姓名	性别	出生日期	职称	专业
01001	赵志华	男	1951-4-25	副教授	数学
01002	张三	男	1980-5-5	助教	数学
02001	徐静	女	1967-12-3	讲师	英语
02002	黄永路	男	1962-8-11	讲师	英语
02003	吴妮	女	1978-8-21	讲师	英语
03001	江峰	男	1950-9-20	教授	计算机
03002	吴光平	男	1975-5-8	讲师	计算机

记录: 3 共有记录数: 7

图 2.34 “教师信息”表的数据表视图

（2）选择【记录】→【筛选】→【按选定内容筛选】命令后，所有职称为“讲师”的记录都会被筛选并显示出来，如图 2.35 所示。

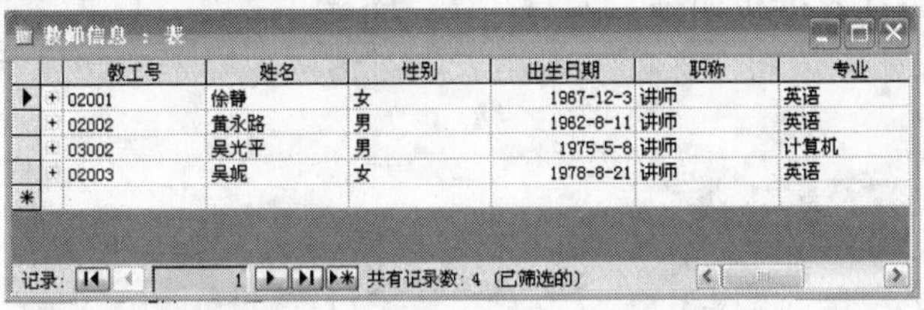

教师信息 : 表

教工号	姓名	性别	出生日期	职称	专业
02001	徐静	女	1967-12-3	讲师	英语
02002	黄永路	男	1962-8-11	讲师	英语
03002	吴光平	男	1975-5-8	讲师	计算机
02003	吴妮	女	1978-8-21	讲师	英语

记录: 1 共有记录数: 4 (已筛选的)

图 2.35 筛选后的数据表视图

筛选完以后，如果希望重新显示所有的记录，可以单击工具栏上的“取消筛选”按钮。

2.4 表间关系的建立与修改

在 Access 2003 数据库中，每个表都是数据库的一部分，它们是相互独立存在的。只有通过各个表之间的某些字段，在表与表之间建立起关系，它们才能相互联系起来，以便同时使用这些表中的数据。

表之间存在 3 种对应关系，即一对一、一对多、多对多关系。

（1）一对一关系

在一对一关系中，A 表中的一个记录仅能与 B 表中一个记录相匹配，同样，B 表中的记录也只能对应 A 表中的一个记录。例如，“学生信息”表与“学生家庭”表存在一对一的关系，即每个学生只有一个家庭，通过字段“学号”相互连接。

（2）一对多关系

一对多关系是关系中最常用的类型。在一对多关系中，A 表中的一个记录能与 B 表中的多个记录相匹配，但 B 表中的一个记录只能与 A 表中的一个记录相匹配。例如，本章中“学生信息”表与“学生成绩”表存在一对多的关系，即每个学生可以有多门课的成绩，通过字段“学号”相互连接。

（3）多对多关系

在多对多关系中，A 表中的一个记录能与 B 表中的许多记录相匹配，并且 B 表中的一个记录也能与 A 表中的许多记录相匹配。例如，“学生信息”表与“课程”表之间存在多对多的关系，即每个学生可以选多门课，每门课也可以被多个学生选学，通过字段“课程代码”可相互连接。

表之间的关系是通过两个表之间的公共字段建立起来的。要建立表间的关系，首先要保证数据库中需要建立关联关系的两个表具有关联字段，然后在“关系”窗口中，将一个表中的字段拖到另一个表中的关联字段的位置即可。

【例 2.13】 在“教学管理系统”数据库中，在“教师授课”表、“教师信息”表、“学生成绩”表与“学生信息”表之间分别建立关系。操作步骤如下：

（1）打开“教学管理系统”数据库，单击工具栏上的“关系”按钮，打开“关系”窗口，然后单击工具栏上的“显示表”按钮，打开“显示表”对话框，如图 2.36 所示。

（2）在“显示表”对话框中，选择需要创建关系的表，本例中选择全部表，然后单击“添加”按钮，把全部表都添加到“关系”窗口中。

（3）单击“关闭”按钮，关闭“显示表”对话框，屏幕中会显示前面选中的表，如图 2.37 所示。

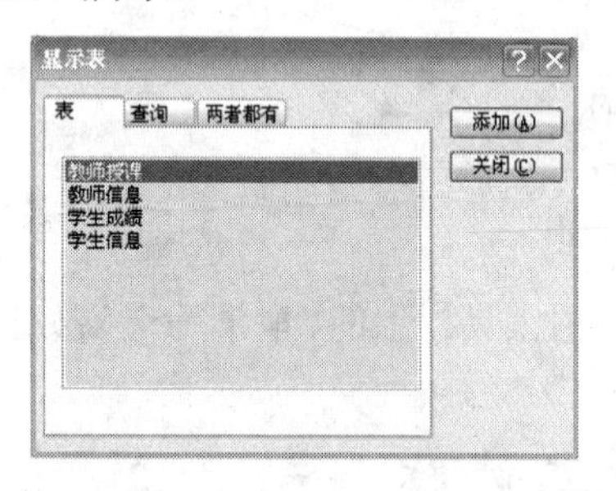

图 2.36 “显示表”对话框

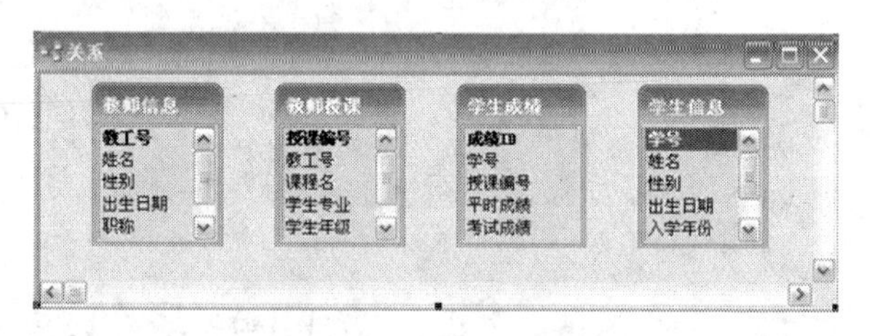

图 2.37 “关系”窗口

（4）选中“教师信息”表中的“教工号”字段，按住鼠标左键不放，把它拖动到“教师授课”表中的“教工号”字段上，然后释放鼠标，这时会打开“编辑关系”对话框，如图 2.38 所示。

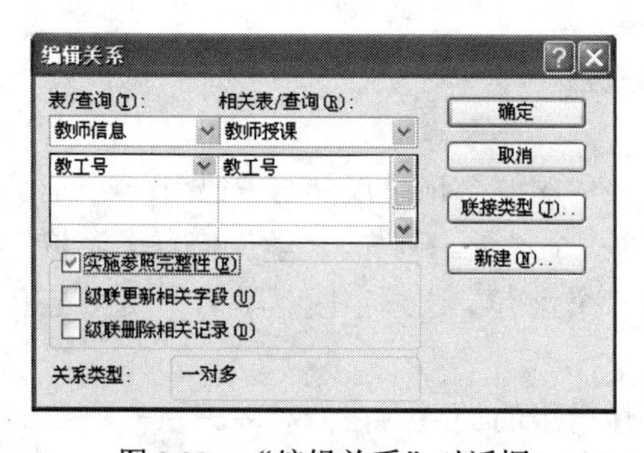

图 2.38 “编辑关系”对话框

在“编辑关系”对话框的“表/查询”列表框中，列出了主表“教师信息”表的相关字段“教工号”，在“相关表/查询”列表框中，列出了相关表“教师授课”表的相关字段“教工号”。

（5）选中“实施参照完整性”复选框，表明两个表中不能出现教工号不相同的记录。单击“确定”按钮，完成关系的编辑。

在选中“实施参照完整性”复选框后，如果进一步选中“级联更新相关字段”复选框和“级联删除相关记录”复选框，则表示当左侧主表的主关键字更改时，将自动更新或删除右侧相关表中的对应字段的值。例如，在上述关系中如果选中“级联更新相关字段”复选框，则当“教师信息”表中教工号01001修改为01011时，在“教师授课”表中所有对应记录的教工号也自动改为01011。

（6）用同样的方法将“教师授课”表中的“授课编号”字段拖到“学生成绩”表中的“授课编号”字段上，将“学生成绩”表中的“学号”字段拖到“学生信息”表中的“学号”字段上，如图2.39所示。

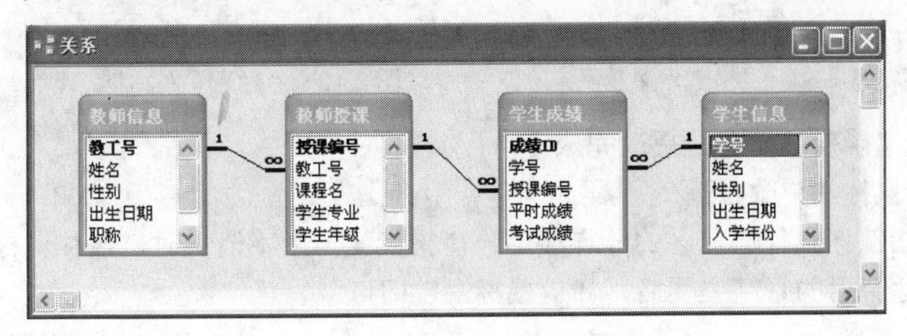

图2.39 “教学管理系统”中各表的关系

（7）单击“关闭”按钮，系统会询问是否保存布局的更改，单击“是”按钮即可。

如果要删除两个表之间的关系，只需在“关系”窗口中单击要删除关系的连线，然后按Delete键即可；如果要更改两个表之间的关系，双击要更改关系的连线，会出现如图2.38所示的“编辑关系”对话框，在其中重新选中复选框，然后单击“确定”按钮即可保存更改后的关系；如果要清除“关系”窗口中的关系，单击工具栏上的“清除版式”按钮，然后单击“是”按钮即可清除关系。

2.5 更改数据表的显示方式

在表的数据视图窗口中，数据表的显示方式可以根据需要进行更改，可更改的显示方式主要有以下5种。

1. 更改行高和列宽

当打开一个数据表时，其行高和列宽是由系统自动设置的。如果不满意，可以进行更改。可通过输入法和鼠标法来更改行高和列宽。这里以更改行高为例进行介绍，更改列宽的操作步骤与其类似。

（1）用输入法更改行高

操作步骤如下：

① 在数据表视图中打开“格式”菜单，如图2.40所示，选择“行高”命令，弹出如图2.41所示的对话框。

② 在图2.41所示的“行高”文本框中，输入新的行高数值（以像素为单位，其大小

由显示器的分辨率决定），或者选中“标准高度”复选框，恢复标准行高。

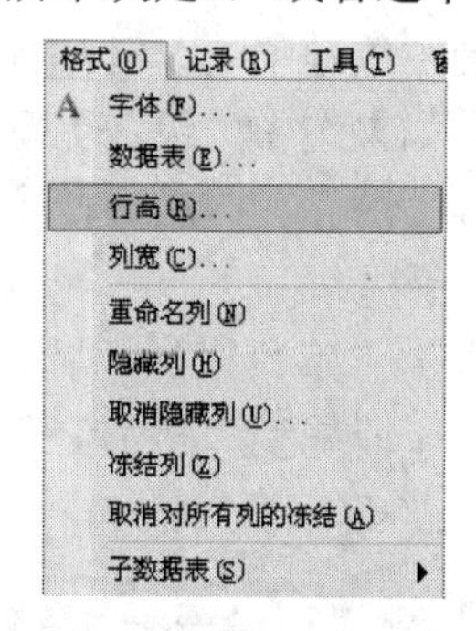

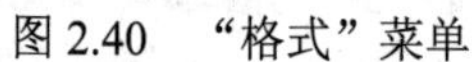
图 2.40 “格式”菜单

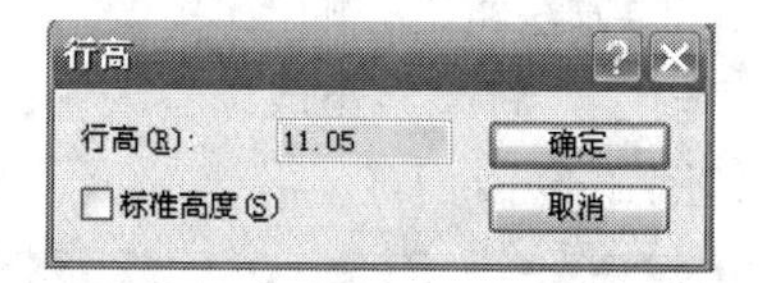

图 2.41 “行高”对话框

③ 单击“确定”按钮，更改完成。

（2）用鼠标法更改行高

将鼠标指针移到行选择区的分界线上，待指针变为十字箭头时，按住鼠标左键不放上下拖动，到达合适的行高位置后，释放鼠标左键即可。

2．隐藏列和取消隐藏列

由于屏幕宽度有限，当只想查看数据表中的部分数据时，使用隐藏列功能可以使某些字段暂时不可见。此时，被隐藏的列并没有被删除，通过“取消隐藏列”可以使已隐藏的列重新出现在数据表中。

【例 2.14】隐藏“学生信息”表中的“入学年份”字段。操作步骤如下：

（1）在数据表视图中打开“学生信息”表，将鼠标光标定位在“入学年份”字段的任意一个值中。

（2）选择【格式】→【隐藏列】命令，可立即隐藏“入学年份”字段。

【例 2.15】将例 2.14 中隐藏的“入学年份”字段重新显示。操作步骤如下：

（1）选择【格式】→【取消隐藏列】命令，将弹出“取消隐藏列”对话框，如图 2.42 所示。

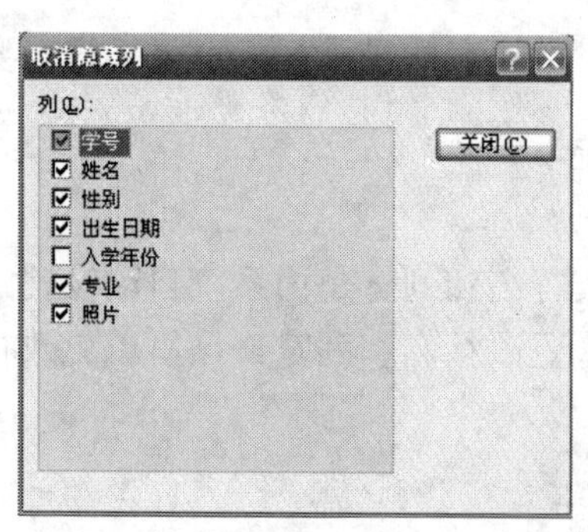

图 2.42 “取消隐藏列”对话框

（2）选中“入学年份”字段前的复选框，出现“√”，即取消了隐藏。再选中该复选框又可将该字段隐藏起来。

（3）单击“关闭”按钮，操作完成。

3．冻结列和取消冻结列

利用“冻结”功能，可以将一些字段固定在屏幕的最左边，以免在水平方向滚动字段时，将这些字段移出到屏幕之外。

【例 2.16】冻结“学生信息”表的“姓名”列。操作步骤如下：

（1）在数据表视图中打开“学生信息”表，单击要冻结的“姓名”字段的列选择区。

（2）选择【格式】→【冻结列】命令，则“姓名”字段被固定在屏幕的最左边，如图 2.43 所示。

取消冻结列的方法：选中“姓名”列，选择【格式】→【取消对所有列的冻结】命令，即可取消对字段“姓名”的冻结。

4．改变字体、字形、字号

在数据表视图中，选择【格式】→【字体】命令，在出现的字体对话框中选择合适的字体、字形、字号和特殊效果等，操作方法与 Word 2003 等设置字体的方法完全相同。

5．改变数据表效果

改变数据表显示效果的操作步骤如下：

（1）打开需要修改显示效果的数据表视图，选择【格式】→【数据表】命令，弹出“设置数据表格式”对话框，如图 2.44 所示。

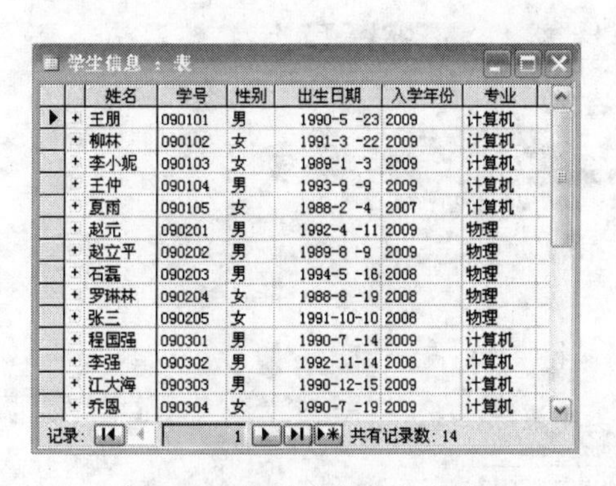

学生信息 ：表

姓名	学号	性别	出生日期	入学年份	专业
王朋	090101	男	1990-5 -23	2009	计算机
柳林	090102	女	1991-3 -22	2009	计算机
李小妮	090103	女	1989-1 -3	2009	计算机
王仲	090104	男	1993-9 -9	2009	计算机
夏雨	090105	女	1988-2 -4	2007	计算机
赵元	090201	男	1992-4 -11	2009	物理
赵立平	090202	男	1989-8 -9	2009	物理
石磊	090203	男	1994-5 -16	2008	物理
罗琳林	090204	女	1988-8 -19	2008	物理
张三	090205	女	1991-10-10	2008	物理
程国强	090301	男	1990-7 -14	2009	计算机
李强	090302	男	1992-11-14	2008	计算机
江大海	090303	男	1990-12-15	2009	计算机
乔恩	090304	女	1990-7 -19	2009	计算机

记录：1　共有记录数：14

图 2.43　冻结“姓名”字段

图 2.44　“设置数据表格式”对话框

（2）在图 2.44 中选择合适的单元格效果、网格线显示方式、网格线颜色、背景色、边框和线条样式等。在选择时，可在“示例”栏中看到设置的效果。

（3）单击“确定”按钮，设置完成。

2.6　表的导入与链接

为了实现数据之间的交流和传递，Access 2003 提供了数据的导入与链接操作。但是在 Access 2003 数据库中对文件的格式有些要求，其中常用的各文件格式对应的要求如表 2.7 所示。

表 2.7　常用的各文件格式对应的要求

文 件 格 式	格 式 要 求
Microsoft Access 文档	其他的 Access 数据库
Microsoft Excel 文档	Excel 工作表
HTML 文档	网页数据
Microsoft Outlook	Microsoft Outlook 地址簿
文本文档（text 文档）	带分隔符或定长格式的文本文件

2.6.1　表的导入

将数据从其他地方复制到新建的数据表中，对新建的数据表进行任何操作与原来的表都没有任何关系，两者是相互独立的。

【例 2.17】将“全校计算机应用基础考试成绩”的 Excel 文件导入到“教学管理系统”数据库中。操作步骤如下：

（1）打开要接收数据的“教学管理系统”数据库。

（2）选择【文件】→【获取外部数据】→【导入】命令，弹出“导入”对话框，如图 2.45 所示。在最下方的“文件类型”下拉列表框中选择要导入数据的文件类型，找到所需文件，单击“导入”按钮即可完成表的导入操作。

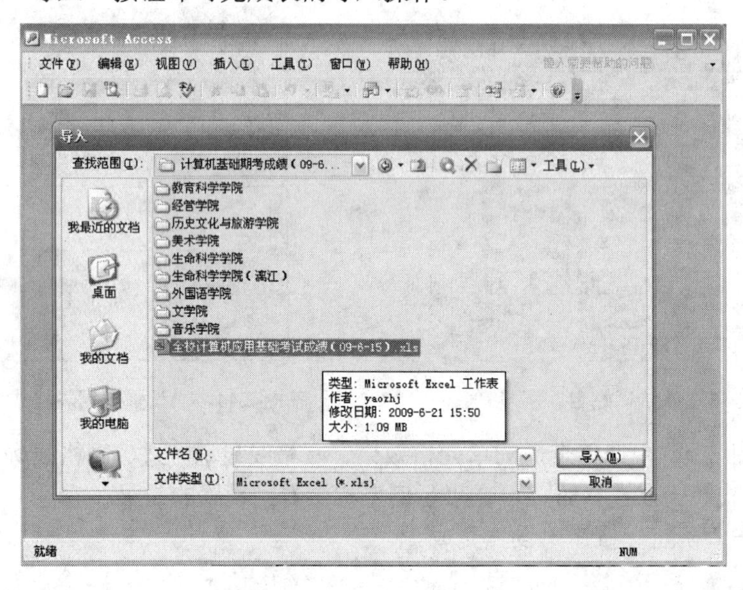

图 2.45　“导入”对话框

2.6.2　表的链接

与表的导入不同，表的链接并不需要复制或移动数据，只是通过链接的方式使用数据，对原表的操作都会反映在链接的表中。

【例 2.18】将“全校计算机应用基础考试成绩”的 Excel 文件与“教学管理系统”数

据库进行链接。

表的链接操作与导入方法非常类似，操作步骤如下：

（1）打开要接收数据的“教学管理系统”数据库。

（2）选择【文件】→【获取外部数据】→【链接表】命令，弹出“链接”对话框，如图 2.46 所示。在最下方的“文件类型”下拉列表框中选择所要链接数据的文件类型，找到所需文件，单击“链接”按钮即可完成表的链接操作。

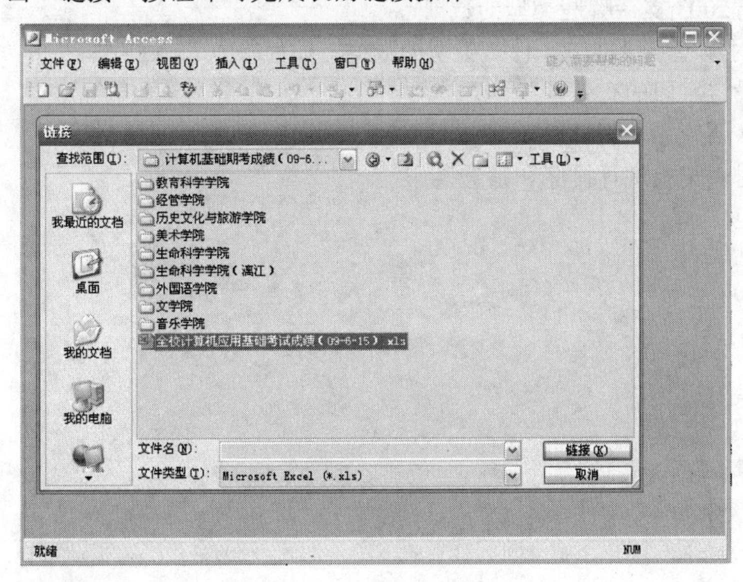

图 2.46 “链接”对话框

习题 2

一、选择题

1．Access 表的字段类型没有（　　）。

A．文本型　　B．数字型　　C．货币型　　D．窗口

2．以下（　　）是表设计器的基本组成部分。

A．字段名　　B．数据类型　　C．记录　　D．属性

3．以下（　　）不可以作为 Access 数据表主键。

A．自动编号主键　　B．单字段主键

C．多字段主键　　D．OLE 对象主键

二、填空题

1．创建 Access 2003 表的主要方法有＿＿＿＿＿＿、＿＿＿＿＿＿、＿＿＿＿＿＿。

2．Access 2003 字段的主要类型有＿＿＿＿＿＿、＿＿＿＿＿＿、＿＿＿＿＿＿、

___________、___________、___________、___________、___________、___________、___________。

3．数据库表之间的关系可以分为___________、___________和___________3 种类型。

三、简答题

1．创建 Access 2003 表应该考虑哪些问题？

2．Access 2003 支持哪些类型的数据？

3．OLE 对象型字段能输入什么类型的数据？如何输入？

4．如何设定字段的有效性规则？

5．为什么要建立表间关系？

6．如何对表记录进行排序和筛选操作？

第3章　查询（查询及其操作）

使用Access的最终目的是对数据库中的数据进行各种处理和分析，从中提取有用信息。查询是Access处理和分析数据的工具，它能够将多个表中的数据抽取出来，供用户查询、统计、分析和使用。本章将详细介绍查询的基本操作，包括查询的概念和功能、查询的种类、查询的创建和使用。

3.1　查询概述

查询是Access数据库的重要对象，是用户按照一定条件从Access数据库表或已建立的查询中检索需要数据的最主要方法。

3.1.1　查询的功能

查询最主要的目的是根据指定的条件对表或其他查询进行检索，筛选出符合条件的记录，构成一个新的数据集合，从而方便地对数据进行查看和分析。在Access中，利用查询可以实现多种功能。

1. 选择字段

在查询中，可以只选择表中的部分字段。如建立一个查询，只显示“教师信息”表中每名教师的姓名、性别、出生日期和专业。利用此功能，可以选择一个表中的部分字段来生成所需的多个表或多个数据集。

2. 选择记录

可以根据指定的条件查找所需的记录，并显示找到的记录。如建立一个查询，只显示“教师信息”表中1960年以前出生的女教师。

3. 编辑记录

编辑记录也可以称为操作记录，包括添加记录、修改记录和删除记录等。在Access中，可以利用该操作添加、修改和删除表中的记录。如将2007年入学的学生从“学生信息”表中删除。

4. 实现计算

查询不仅可以找到满足条件的记录，而且还可以在建立查询的过程中进行各种统计计算，如计算每门课程的平均成绩。另外，还可以建立一个计算字段，利用计算字段保存计算的结果，如根据“教师信息”表中的“出生日期”字段计算每名教师的年龄。

5. 建立新表

利用查询得到的结果可以生成一个新表，并将查询结果存放在新表中。如将职称在“讲师”以上的教师找出来并存放在一个新表中。

6. 建立基于查询的报表、窗体和数据访问页

为了从一个或多个表中选择合适的数据显示在窗体、报表或数据访问页中，用户可以先建立一个查询，然后将该查询的结果作为数据源。每次打印报表或打开窗体、数据访问页时，该查询就从基表中检索出符合条件的新记录。这样，报表、窗体或数据访问页的使用效果会更好。

因为表和查询都可以作为数据库“数据来源”的对象，可以将数据提供给窗体、报表、数据访问页或其他新建查询，且查询的运行结果是一个数据集，也称为动态集。它的外观很像一个数据表，但与表不同的是，查询本身不是数据的集合，并不保存数据，而是操作的集合，保存的是如何取得数据的方法与定义，即查询的操作，只有在运行查询时才会从查询数据源中抽取符合条件的数据，并创建它，但查询所得的结果并不会储存在数据库中，只要关闭查询，查询的动态集就会自动消失。

3.1.2 查询的类型

Access 支持 5 种不同类型的查询，分别是选择查询、交叉表查询、参数查询、操作查询和 SQL 查询。

1. 选择查询

选择查询是最常用的查询类型。顾名思义，它是根据指定的条件，从数据库中一个或多个数据源中检索数据并显示结果。也可对记录进行分组，并对记录进行总计、计数、平均值以及其他类型的统计计算。例如，查找 1960 年以后出生的女教师、统计各类职称的教师人数等。

2. 交叉表查询

交叉表查询可以计算并重新组织数据的机构，以便更好地分析数据。交叉表查询可以汇总数据字段的内容，如计算平均值、总计、最大值和最小值等，并将汇总计算的结果显示在行与列交叉的单元格中。例如，统计每个专业男女教师的人数。此时，可以将“专业”作为交叉表的行标题，“性别”作为交叉表的列标题，统计的人数显示在交叉表行与列交叉的单元格中。

3. 参数查询

参数查询是一种根据用户输入的条件或参数来检索记录的查询。参数查询在执行时将出现对话框，提示用户输入参数，系统根据用户所输入的参数找出符合条件的记录。输入不同的值，得到不同的结果。因此，参数查询可以提高查询的灵活性。

将参数查询作为窗体和报表的基础也是非常方便的。例如，以参数查询为基础创建某

课程学生成绩统计报表。在打印报表时，Access 将显示对话框询问要显示的课程，在输入课程名称后，Access 便可打印出相应课程的报表。

4. 操作查询

操作查询与选择查询相似，都需要指定查找记录的条件，但选择查询是检索符合特定条件的一组记录，而操作查询是在一次查询操作中对符合条件的记录进行编辑等操作。

操作查询有 4 种，分别是生成表、删除、更新和追加。生成表查询是利用一个或多个表中的全部或部分数据建立新表，如将考试成绩在 90 分以上的记录找出后放在一个新表中。删除查询可以从一个或多个表中删除记录，如将入学年份为 2007 年的学生从“学生信息”表中删除。更新查询可以对一个或多个表中的一组记录进行更新，如将所有西藏地区学生的高考分数加 5 分。追加查询能够将一个或多个表中的记录追加到一个表的尾部，如将考试成绩在 80～90 分之间的学生记录找出后追加到一个已存在的表中。

5. SQL 查询

SQL 查询是用户使用 SQL 语句创建的查询。在 Access 中，在查询的设计视图中创建的每一个查询，系统都在后台为它建一个等效的 SQL 语句。执行查询实际上就是执行这些 SQL 语句。

某些 SQL 查询称为 SQL 特定查询，不能在设计视图中创建，包括联合查询、传递查询、数据定义查询和子查询 4 种。联合查询是将一个或多个表、一个或多个查询组合起来，形成一个完整的查询。执行联合查询时，将返回所包含的表或查询中对应字段的记录。传递查询是直接将命令发送到 ODBC 数据库服务器中，利用它可以检索或更改记录。数据定义查询可以创建、删除或更改表，还可以在当前的数据库中创建索引。子查询是包含在另一个选择或操作查询中的 SQL SELECT 语句，可以在查询设计视图的“字段”行输入这些语句来定义新字段，或在“条件”行定义字段的查询条件。通过子查询作为查询的条件对某些结果进行测试，查找主查询中大于、小于或等于子查询返回值的值。

3.1.3 查询字段的表达式与函数

很多时候，可以将 Access 的查询当作一个数据表来使用，如将查询作为报表的记录来源等，但在实际应用中，往往不仅需要查询字段的内容，还需要对字段的内容进行统计与运算，而统计与运算后的结果可以成为查询字段的内容。例如，查找 1960 年以后出生的女教师，这种带条件的查询需要通过设置查询条件来实现。

设计查询时，如果需要查找满足一定条件的记录，需要在查询设计视图中的“条件”行输入查询的条件表达式，除了直接输入常量外，还可以使用关系运算符、逻辑运算符、特殊运算符、数学运算符和 Access 的内部函数等来构成表达式，计算出一个结果。查询条件在创建带条件的查询时经常用到，因此，了解条件的组成并掌握其书写方法非常重要。

1. 常量

常量包括数值、文本等数据，以常量作为查询条件的简单示例如表 3.1 所示。

表 3.1　使用常量作为查询条件示例

字 段 名	条　　件	功　　能
考试成绩	<60	查询考试成绩小于 60 分的记录
	Between 80 And 90	查询考试成绩在 80～90 分之间的记录
	>=80 And <=90	
职称	"教授"	查询职称为"教授"的记录
	"教授"Or"副教授"	查询职称为"教授"或"副教授"的记录
	Right([职称],2)="教授"	
	InStr([职称], "教授")=1 Or InStr([职称], "教授")=2	
姓名	In("张三", "王武")	查询姓名为"张三"或"王武"的记录
	"张三"Or"王武"	
	Not "张三"	查询姓名不为"张三"的记录
	Left([姓名],1)= "王"	查询姓"王"的记录
	Like"王*"	
	InStr([姓名], "王")=1	
	Len([姓名])<=2	查询姓名为两个字的记录
课程名	Right([课程名],2)="基础"	查询课程名最后两个字为"基础"的记录
学号	Mid([学号],5,2)= 03	查询学号第 5 和第 6 个字符为 03 的记录
	InStr([学号], "03")= 5	

查找职称为"教授"的职工，查询条件可以表示为：="教授"，但为了输入方便，Access 允许在条件中省去"="，所以可以直接表示为"教授"。数值数据一般不需要加双引号，但文本型数据需要，在输入时如果没有加双引号，Access 会自动加上双引号。

2．运算符

运算符是构成查询条件的基本元素。Access 提供了关系运算符、逻辑运算符和特殊运算符。3 种运算符及其含义如表 3.2、表 3.3 和表 3.4 所示。

表 3.2　关系运算符及其含义

关系运算符	说　　明	关系运算符	说　　明
=	等于	<>	不等于
<	小于	<=	小于等于
>	大于	>=	大于等于

表 3.3　逻辑运算符及其含义

逻辑运算符	说　　明
Not	当 Not 连接的表达式为真时，整个表达式为假
And	当 And 连接的表达式为真时，整个表达式为真，否则为假
Or	当 Or 连接的表达式为假时，整个表达式为假，否则为真

表 3.4 特殊运算符及其含义

特殊运算符	说明
In	用于指定一个字段值的列表，列表中的任意一个值都可与查询的字段相匹配
Between	用于指定一个字段值的范围，指定的范围之间用 And 连接
Like	用于指定查找文本字段的字符模式。在所定义的字符模式中，用“？”表示该位置可匹配任何一个字符；用“*”表示该位置可匹配任何多个字符；用“#”表示该位置可匹配一个数字；用方括号描述用于可匹配的字符范围
Is Null	用于指定一个字段为空
Is Not Null	用于指定一个字段为非空

3．函数

Access 提供了大量的内置函数，也称为标准函数或函数，如算术函数、字符函数、日期/时间函数和统计函数等。函数被用来完成一些特殊的运算，以便支持 Access 的标准命令。这些函数为更好地构造查询条件提供了极大的便利，也为更准确地进行统计计算、实现数据处理提供了有效的方法。

每个函数语句包含一个函数名，函数名之后包含一对小括号，如 Date()。大部分函数需要一个或多个参数，参数放在小括号内。函数的参数也可以是一个表达式，例如，可以使用某一个函数的返回值作为另一个函数的参数，如 Year(Date())，可以直接使用函数的返回值，也可以将函数的返回值用于后续计算或作为条件的比较对象。表 3.5 是一些常用的函数。

表 3.5 常用函数

函数	功能
Count(字符表达式)	返回字符表达式中数值型数据的个数。字符表达式可以是一个字段名，也可以是含有字段名的表达式，但所含的字段的数据类型必须是数值型
Min(字符表达式)	返回字符表达式中的最小值
Max(字符表达式)	返回字符表达式中的最大值
Avg(字符表达式)	返回字符表达式中值的平均值
Sum(字符表达式)	返回字符表达式中值的总和
Day(日期)	返回值范围为 1～31，即指定日期中的日子
Month(日期)	返回值范围为 1～12，即指定日期中的月份
Year(日期)	返回值范围为 100～9999，即指定日期中的年份
Weekday(日期)	返回值范围为 1～7（其中 1 代表星期天，7 代表星期六），即指定日期是星期几
Hour(日期/时间)	返回值范围为 1～23，即指定日期时间中的小时
Date()	返回当前的系统日期
Time()	返回当前的系统时间
Now()	返回当前的系统日期时间
Len(字符表达式)	返回字符表达式的字符个数，即长度
If(逻辑表达式,值 1,值 2)	以逻辑表达式为判断条件，在其值为真时，返回值 1，否则返回值 2

4. 使用处理日期结果作为查询条件

使用处理日期结果作为查询条件可以方便地限定查询的时间范围。使用处理日期结果作为查询条件的示例如表 3.6 所示。

表 3.6 使用处理日期结果作为查询条件示例

字 段 名	条 件	功 能
工作时间	Between #1992-01-01# And #1992-12-31#	查询 1992 年参加工作的记录
	Year([工作时间]) = 1992	
	< Date() −15	查询 15 天前参加工作的记录
	Between Date() And Date()−20	查询 20 天之内参加工作的记录
出生日期	Year([出生日期])=1980	查询 1980 年出生的记录
工作时间	Year([工作时间])=1999 And Month([工作时间])= 4	查询 1999 年 4 月参加工作的记录

日期常量比较特殊，要用英文的“#”号括起来。

5. 使用字段的部分值作为查询条件

使用字段的部分值作为查询条件可以方便地限定查询的范围。使用字段的部分值作为查询条件的示例如表 3.7 所示。

表 3.7 使用字段的部分值作为查询条件示例

字 段 名	条 件	功 能
课程名	Like “计算机”	查询课程名以“计算机”开头的记录
	Left([课程名],1)=“计算机”	
	InStr([课程名],“计算机”)=1	
	Like “*计算机*”	查询课程名中包含“计算机”的记录
姓名	Not “王*”	查询不姓“王”的记录
	Left([姓名],1)<>“王”	

6. 使用空值或字符串作为查询条件

空值使用 Null 或空白来表示字段的值；空字符串是用双引号括起来的字符串，且双引号中间没有空格。使用空值或空字符串作为查询条件的示例如表 3.8 所示。

表 3.8 使用空值或空字符串作为查询条件示例

字 段 名	条 件	功 能
姓名	Is Null	查询姓名为 Null（空值）的记录
	Is Not Null	查询姓名有值（不是空值）的记录
联系电话	“”	查询没有联系电话的记录

最后还需注意，在“条件”中字段名必须用方括号括起来，而且数据类型应与对应字段定义的类型相符合，否则会出现数据类型不匹配的错误。

3.2 创建选择查询

根据指定条件，从一个或多个数据源中获取数据的查询称为选择查询。在Access查询中，默认的查询类型为选择查询。创建选择查询有两种方法，一是使用查询向导，二是使用查询设计视图。与表向导一样，查询向导能够有效地指导操作者顺利地创建查询，详细地解释在创建过程中需要做的选择，并能以图形方式显示结果。而在设计视图中，不仅可以完成新建查询的设计，还可以修改已有查询。两种方法特点不同，查询向导操作简单、方便，设计视图功能丰富、灵活。因此，可以根据实际需要进行选择。

3.2.1 使用查询向导

使用查询向导创建查询比较简单，用户可以在向导指示下选择表和表中字段，但不能设置查询条件。

1. 创建基于一个数据信息源的查询

【例3.1】查找“教师信息”表中的记录，并显示“姓名”、“性别”、“出生日期”和“专业”4个字段。操作步骤如下：

（1）在“教学管理系统”数据库窗口中，单击“查询”对象，然后双击“使用向导创建查询”选项，打开“简单查询向导”对话框。也可以单击“新建”按钮，打开“新建查询”对话框，并在该对话框的列表框中选择“简单查询向导”选项，单击“确定”按钮，如图3.1所示，打开“简单查询向导”对话框。

（2）在“简单查询向导”对话框中，在“表/查询”下拉列表框中选择“表：教师信息”选项。这时“可用字段”列表框中显示“教师信息”表中包含的所有字段。双击“姓名”字段，将该字段添加到“选定的字段”列表框中，使用同样的方法将“性别”、“出生日期”和“专业”字段添加到“选定的字段”列表框中，结果如图3.2所示。

在选择字段时，也可以使用>>和<<按钮。使用>按钮一次可以选择一个字段，使用>>按钮一次可以选择全部字段。若对已选择的字段不满意，可以使用<和<<按钮删除所选字段。

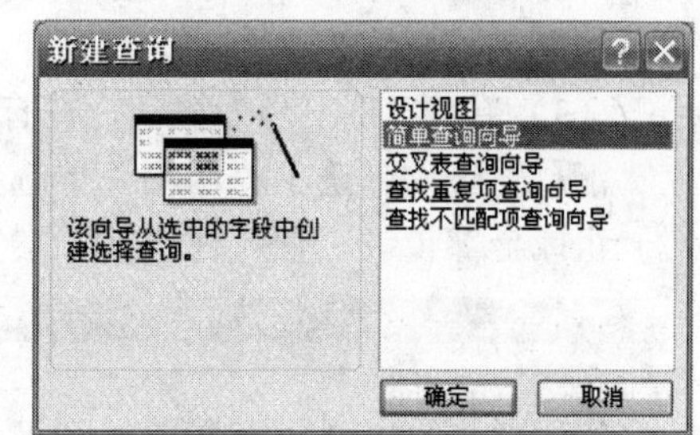

图3.1 “新建查询”对话框

（3）单击“下一步”按钮，在打开的界面的“请为查询指定标题”文本框中输入查询名称，也可以使用默认标题“教师信息 查询”，本例使用默认名称。如果要修改查询设计，则选中“修改查询设计”单选按钮。本例选中“打开查询查看信息”单选按钮。

（4）单击“完成”按钮。开始创建查询，查询结果显示如图3.3所示。

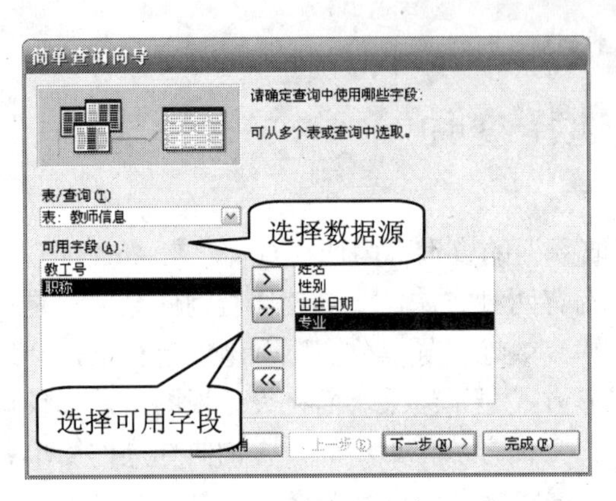

图 3.2　字段选定结果

教师信息 查询：选择查询

姓名	性别	出生日期	专业
赵志华	男	1951-4-25	数学
张三	男	1900-5-5	数学
徐静	女	1967-12-3	英语
黄永路	男	1962-8-11	英语
吴妮	女	1978-8-21	英语
江峰	男	1950-9-20	计算机
吴光平	男	1975-5-8	计算机

记录: 1 共有记录数: 7

图 3.3　查询结果

图 3.3 显示了“教师信息”表中的部分信息，也是题目要求查询的信息。此例说明，使用查询可以从一个表中查询需要的记录，但实际应用中，需要查询的记录可能不在一个表中。例如，查询每名学生所选课程的考试成绩，并显示“学号”、“姓名”、“课程名”和“考试成绩”等字段。这个查询涉及“学生信息”、“教师授课”和“学生成绩”3 个表，因此必须建立多表查询才能找出满足要求的记录。

2. 创建基于多个数据源的查询

【例 3.2】查询每名学生考试成绩，并显示“学号”、“姓名”、“课程名”和“考试成绩”等字段信息，所建查询名为“学生选课成绩”。操作步骤如下：

（1）在数据库窗口的“查询”对象下，双击“使用向导创建查询”选项，打开“简单查询向导”对话框。

（2）在该对话框的“表/查询”下拉列表框中选择“表：学生成绩”选项，然后分别双击“可用字段”列表框中的“学号”、“姓名”字段，将它们添加到“选定的字段”列表框中。使用相同的方法，将“教师授课”表中的“课程名”字段和“学生成绩”表中的“考试成绩”字段添加到“选定的字段”列表框中，选择结果如图 3.4 所示。

（3）单击“下一步”按钮，在打开的界面中，需要确定是建立“明细”查询，还是建立“汇总”查询。选中“明细”单选按钮，则查看详细信息；选中“汇总”单选按钮，则对一组或全部记录进行各种统计。本例选中“明细”单选按钮，如图 3.5 所示。

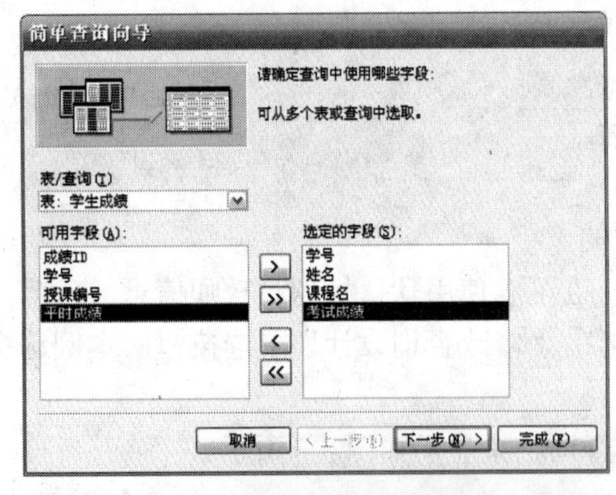

图 3.4　确定查询中所需的字段

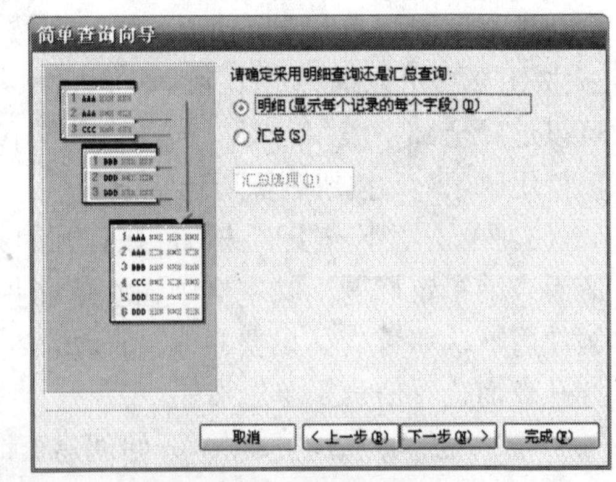

图 3.5　确定查询采用的方式

（4）单击“下一步”按钮，在打开的界面的“请为查询指定标题”文本框中输入“学生选课成绩”，选中“打开查询查看信息”单选按钮。

（5）单击“完成”按钮。Access 开始创建查询，查询结果显示如图 3.6 所示。

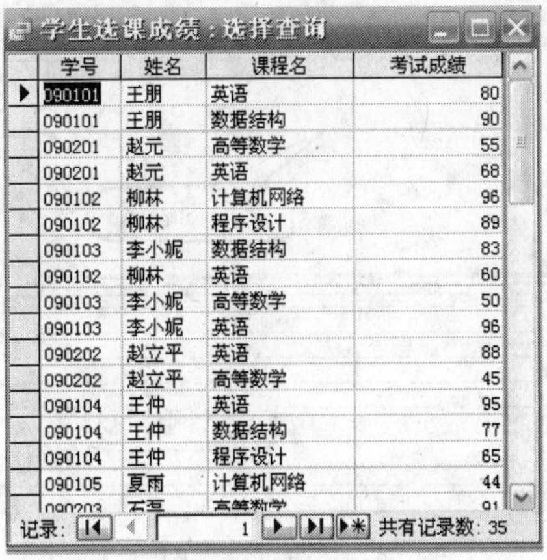

学生选课成绩：选择查询

学号	姓名	课程名	考试成绩
090101	王朋	英语	80
090101	王朋	数据结构	90
090201	赵元	高等数学	55
090201	赵元	英语	68
090102	柳林	计算机网络	96
090102	柳林	程序设计	89
090103	李小妮	数据结构	83
090102	柳林	英语	60
090103	李小妮	高等数学	50
090103	李小妮	英语	96
090202	赵立平	英语	88
090202	赵立平	高等数学	45
090104	王仲	英语	95
090104	王仲	数据结构	77
090104	王仲	程序设计	65
090105	夏雨	计算机网络	44

记录：1 共有记录数：35

图 3.6　学生选课成绩查询结果

在数据表视图中显示查询结果时，字段的排列顺序与在“简单查询向导”对话框中选定字段的顺序相同。因此，在选定字段时，应该考虑字段的显示顺序。当然，也可以在数据表视图中改变字段的顺序。还应该注意，当所建查询的数据源来自多个表时，应建立表之间的关系。

3.2.2　使用设计视图

在实际应用中，需要创建的选择查询多种多样，有些带条件，有些不带任何条件。使用查询向导虽然可以快速、方便地创建查询，但它只能创建不带条件的查询，而对于有条件的查询需要通过使用查询设计视图来完成。

1. 查询设计视图

在 Access 中，查询有 5 种视图：设计视图、数据表视图、SQL 视图、数据透视表视图和数据透视视图，常用的主要是前 3 种。其中，数据表视图是以行和列的格式显示查询结果的窗口，在该视图中，主要可以进行编辑数据、添加和删除数据等操作，还可以对数据进行排序、筛选等。SQL 视图主要用于查看、修改 SQL 视图已建立的查询所对应的 SQL 语句，或者直接创建 SQL 语句。在 Access 中很少直接使用该视图。设计视图是用来设计查询的窗口，它是查询设计器的图形化表示，利用该视图可以创建多种结构复杂、功能完善的查询。

在数据库窗口的“查询”对象中，双击“在设计视图中创建查询”选项，打开查询设计视图窗口；或单击“新建”按钮，在打开的“新建查询”对话框中双击“设计视图”选项，也可打开查询设计视图窗口。

查询设计视图由上、下两部分组成，如图 3.7 所示。上半部分是字段列表区，显示的是当前查询所包含的表和查询，也就是查询的数据源。如果是多表，且它们之间带有连线，则表示多表之间已建立关系。下半部分是设计网格区，可以利用该网格来设置查询的结果字段以及源表、查询、排序、条件和计算类型等。设计网格区中的每一列对应查询动态集中的一个字段，每一项对应字段的一个属性或要求。每行的作用如表 3.9 所示。

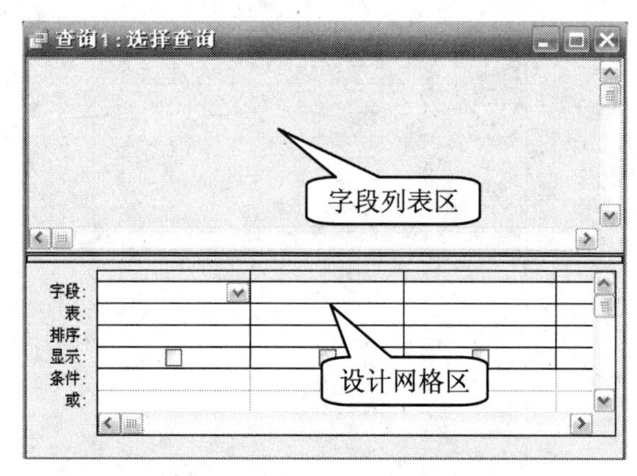

图 3.7　查询设计视图窗口

表 3.9　设计网格中行的作用

行的名称	作　　用
字段	设置查询对象时要选择的字段
表	设置字段所在的表或查询的名称
总计	定义字段在查询中的运算方法
排序	定义字段的排序方式
显示	定义选择的字段是否在数据表（查询结果）视图中显示出来
条件	设置字段限制条件
或	设置“或”条件来限定记录的选择

打开查询设计视图后，会自动显示“查询设计”工具栏，如果未显示，可以选择【视图】→【工具栏】→【查询设计】命令，将其打开。“查询设计”工具栏常用按钮的名称及功能如表 3.10 所示。

表 3.10　工具栏常用按钮的名称及功能

按　　钮	名　　称	功　　能
	视图	单击该按钮可以切换窗体视图和设计视图，单击其右侧的下拉箭头可以选择进入其他视图
	查询类型	单击其右侧的箭头可以选择查询的类型
!	运行	单击该按钮运行查询，生成并显示查询结果
Σ	总计	显示/关闭查询设计视图中的“总计”行
	显示表	打开/关闭“显示表”对话框
	属性	打开/关闭“字段属性”对话框
	生成器	打开/关闭“表达式生成器”对话框
	数据库窗口	切换到数据库窗口

2. 创建不带条件的查询

【例 3.3】 使用设计视图创建例 3.2 所要建立的查询。操作步骤如下：

（1）在数据库窗口的“查询”对象下，双击“在设计视图中创建查询”选项，打开查询设计视图，并显示一个“显示表”对话框，如图 3.8 所示。

（2）双击“学生信息”表，将“学生信息”表的字段列表添加到查询设计视图上半部分的字段列表区中，同样分别双击“学生成绩”和“教师授课”两个表，也将它们的字段列表添加到查询设计视图的字段列表区中。单击“关闭”按钮关闭“显示表”对话框。

（3）在字段列表区中选择字段并放在设计网格的字段行上，选择字段的方法有 3 种，一是单击某字段，按住鼠标左键不放将其拖到设计网格中的字段行上；二是双击选中的字段；三是单击设计网格中字段行上要放置字段的列，单击下拉按钮，并从弹出的下拉列表中选择所需的字段。将“学生信息”表中的“学号”和“姓名”字段、“教师授课”表中的“课程名”字段、“学生成绩”表中的“考试成绩”字段添加到“字段”行的第 1 列到第 4 列上，这时“表”行上显示了这些字段所在表的名称，结果如图 3.9 所示。

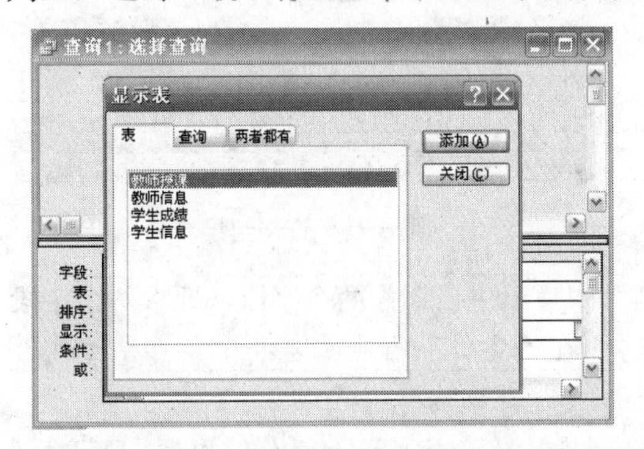

图 3.8 “显示表”对话框

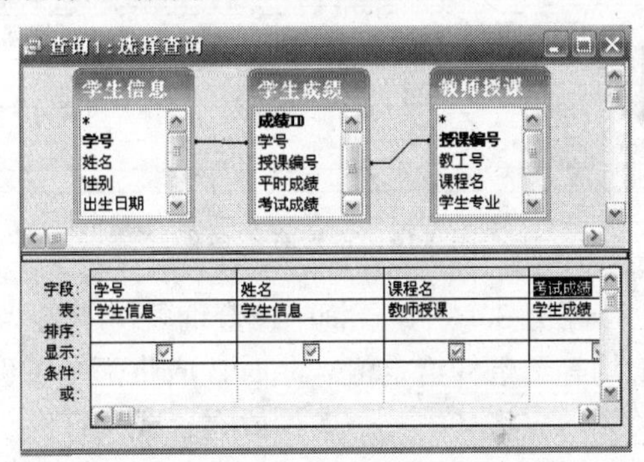

图 3.9 确定查询所需的字段

从图 3.9 中可以看出，设计网格中的第 4 行是“显示”行，行上每一列中都有一个复选框，用它来确定其对应的字段是否在查询结果中显示。当选中复选框时，表示显示这个字段。按照此例的查询要求和显示要求，所有字段都需要显示出来，因此需确保 4 个字段所对应的复选框全部选中。如果其中有些字段仅作为条件使用，而不需要在查询结果中显示，应取消选中复选框。

（4）单击“保存”按钮，打开“另存为”对话框，在“查询名称”文本框中输入“学生选课成绩”，单击“确定”按钮。

（5）单击工具栏上的“视图”按钮，或单击工具栏上的“运行”按钮切换到数据表视图。这时可看到学生选课成绩查询运行结果如图 3.6 所示。

3. 创建带条件的查询

【例 3.4】 查找 1960 年以后出生的女教师，并显示“姓名”、“性别”、“出生日期”、“职称”和“专业”。操作步骤如下：

（1）打开查询设计视图，并将“教师信息”表添加到设计视图中。

（2）查询结果没有要求显示“出生日期”字段，但由于查询条件需要使用这个字段，因此，在确定查询所需字段时必须选择该字段。分别双击“姓名”、“性别”、“出生日期”、“职称”和“专业”等字段。

（3）按题目要求，“出生日期”字段只作为查询条件，不显示其内容，因此应该取消“出生日期”字段的显示。取消选中“出生日期”字段列在“显示”行上的复选框。

（4）在“性别”字段列的“条件”行中输入条件““女””，在“出生日期”字段列的“条件”行中输入“>= #1960-1-1#”，结果如图 3.10 所示。

（5）单击“保存”按钮打开“另存为”对话框，在“查询名称”文本框中输入“1960年以后出生的女教师”，然后单击“确定”按钮。

（6）切换到数据表视图，查询结果如图 3.11 所示。

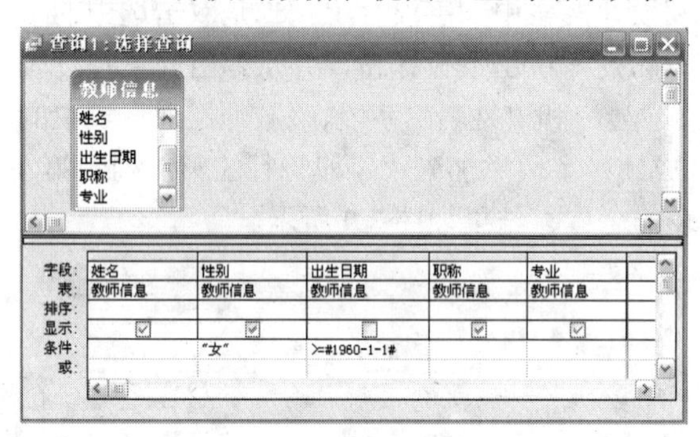

图 3.10　设置查询条件

图 3.11　查询结果

在例 3.4 所建查询中，查询条件涉及“性别”和“出生日期”两个字段，要求两个字段值均等于条件给定值。此时，应将两个条件同时写在“条件”行上。若两个条件是“或”关系，应将其中一个条件放在“或”行。

【例 3.5】查找考试成绩小于 60 分的女生，或考试成绩大于等于 90 分的男生，显示“姓名”、“性别”和“考试成绩”。

设计视图中的设计结果如图 3.12 所示。

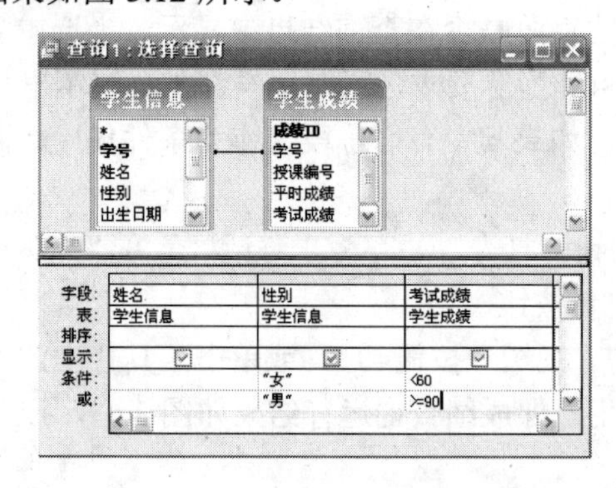

图 3.12　使用“或”行设置条件

3.2.3　在查询中进行计算

前面介绍了创建查询的一般方法，同时也使用这些方法创建了一些查询，但所建查询仅仅是为了获取符合条件的记录，并没有对查询得到的结果进行更深入的分析和利用。而在实际应用中，常常需要对查询结果进行统计计算，如求和、计数、求最大值和平均值等。Access 允许在查询中利用设计网格中的“总计”行进行各种统计，通过创建计算字段进行任意类型的计算。

1. 查询计算功能

在 Access 查询中，可以执行两种类型的计算：预定义计算和自定义计算。

预定义计算即“总计”计算，是系统提供的用于对查询中的记录组或全部记录进行的计算，它包括总计、平均值、计数、最大值、最小值、标准差和方差等。

单击工具栏上的“总计”按钮Σ，可以在设计网格中显示出“总计”行。对设计网格中的每个字段，都可在“总计”行中选择总计项，来对查询中的全部记录、一条或多条记录组进行计算。“总计”行中有 12 个总计项，其名称及含义如表 3.11 所示。

表 3.11 总计项名称及含义

总计项		功能
函数	总计	求某字段的累加值
	平均值	求某字段的平均值
	最小值	求某字段的最小值
	最大值	求某字段的最大值
	计数	求某字段中非空值数
	标准差	求某字段的标准偏差
	方差	求某字段的方差
其他总计项	分组	定义要执行计算的组
	第一条记录	求在表或查询中第一条记录的字段值
	最后一条记录	求在表或查询中最后一条记录的字段值
	表达式	创建表达式中包含统计函数的计算字段
	条件	指定不用于分组的字段条件

自定义计算可以用一个或多个字段的值进行数值、日期和文本计算。例如，用某一个字段值乘上某一数值、用两个日期时间字段的值相减等。对于自定义计算，必须直接在设计网格中创建新的计算字段，创建方法是将表达式输入到设计网格的空字段行中，表达式可以由多个计算组成。

2. 在查询中进行计算

在创建查询时，可能更关心记录的统计结果，而不是表中的记录。例如，1960 年以后出生的教师人数、每名学生各科的平均成绩等。为了获取这样的数据，需要创建能够进行统计计算的查询。使用查询设计视图中的“总计”行，可以对查询中全部记录或记录组计算一个或多个字段的统计值。

【例 3.6】统计所有教职工人数。操作步骤如下：

（1）打开查询设计视图，将“教师信息”表添加到设计视图中。

（2）双击“教师信息”表字段列表中的“教工号”字段，将其添加到字段行的第 1 列。

（3）选择【视图】→【总计】命令，或单击工具栏上的“总计”按钮 Σ，在设计网格中插入一个“总计”行，并自动将“教工号”字段的“总计”行设置成“分组”。

（4）单击“教工号”字段的“总计”行右侧的下拉按钮，从打开的下拉列表中选择“计数”选项，如图 3.13 所示。

（5）单击工具栏上的“保存”按钮，打开“另存为”对话框，在“查询名称”文本框中输入“统计教职工人数”，然后单击“确定”按钮。

（6）切换到数据表视图，查询结果如图 3.14 所示。

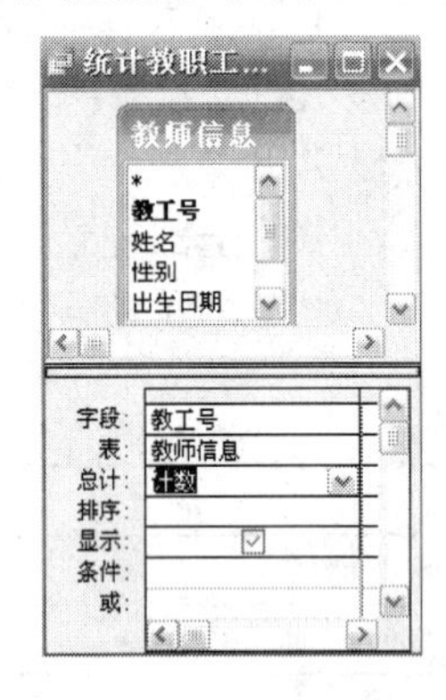

图 3.13　设置总计项

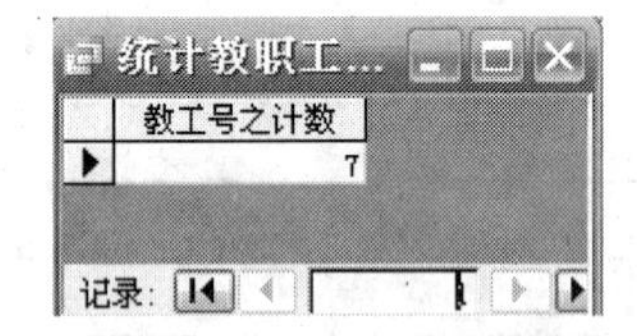

图 3.14　总计查询结果

此例完成的是最基本的统计计算，不带有任何条件，但在实际应用中，往往需要对符合某个条件的记录进行统计。

【例 3.7】统计 1960 年以后出生的教师人数。

该查询的设计结果如图 3.15 所示，查询结果如图 3.16 所示。

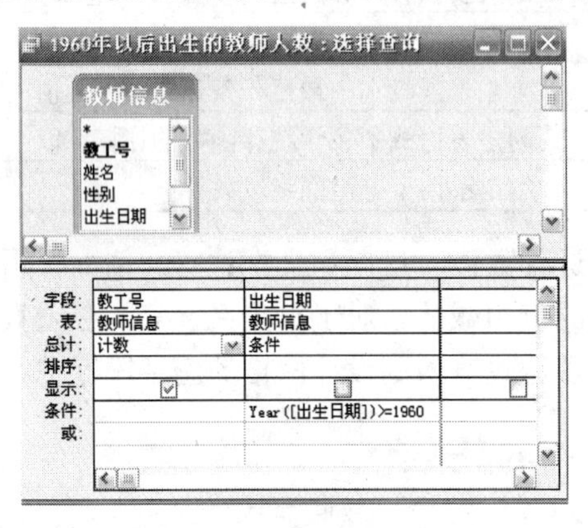

图 3.15　设置查询准则及总计项

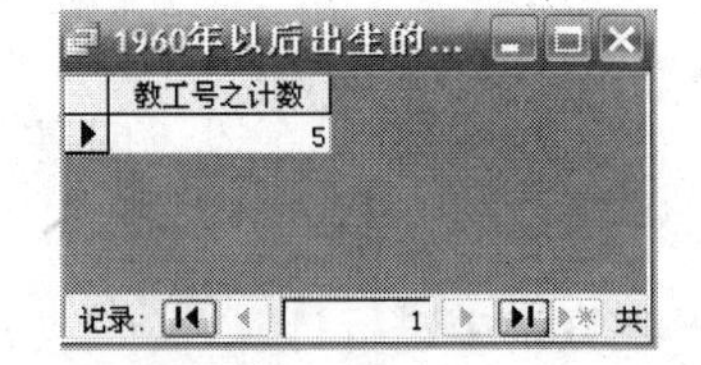

图 3.16　带条件的总计查询结果

在该查询中，由于“出生日期”只作为条件，因此在“出生日期”的“总计”行上选择了“条件”。Access 规定，“条件”总计项指定的字段不能出现在查询结果中，因此查询结果中只显示人数，未显示出生日期。

3. 在查询中进行分组统计

在查询中，如果需要对记录进行分类统计，可以使用分组统计功能。分组统计时，只需在设计视图中将用于分组字段的“总计”行设置成“分组”即可。

【例 3.8】计算各类职称的教师人数。

设计结果如图 3.17 所示，保存该查询，并将其命名为“各类职称教师人数”，查询结果如图 3.18 所示。

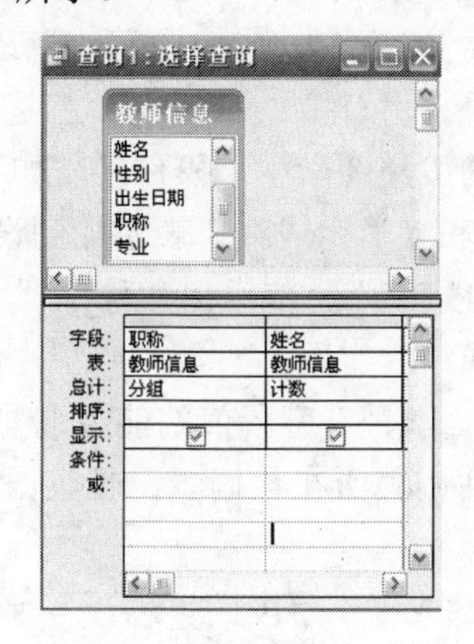

图 3.17 设置分组总计项

各类职称教师人数：选择查询

	职称	姓名之计数
▶	副教授	1
	讲师	4
	教授	1
	助教	1

记录：1 共有记录数：4

图 3.18 各类职称教师人数查询结果

4．添加计算字段

在统计时，无论是一般统计还是分组统计，统计后显示的字段往往可读性比较差。例如，图 3.18 所示的查询结果中统计字符按名显示为“姓名之计数”，显然，需要调整。调整方法之一是增加一个新字段，使其显示“姓名之计数”的值。另外，在有些统计中，需要统计的字段并未出现在表中，或者用于计算的数据值来源于多个字段。此时，也需要在设计网格中添加一个新字段。新字段的值是根据一个或多个表中的一个或多个字段并使用表达式计算得到，也称为计算字段。

【例 3.9】将例 3.8 中显示的字段名“姓名之计数”改为“人数”。操作步骤如下：

（1）在数据库窗口中的“查询”对象下，选中“各类职称教师人数”查询，然后单击“设计”按钮，打开查询设计视图。

（2）在第 2 列“字段”行中输入“人数：姓名”，结果如图 3.19 所示。切换到数据表视图，查询结果如图 3.20 所示。

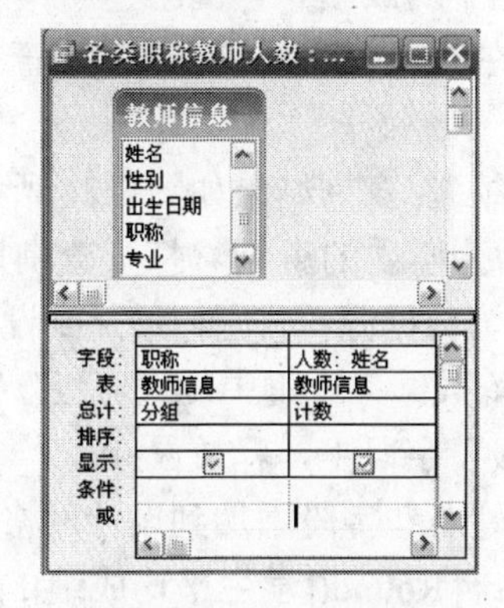

图 3.19 新增字段设计

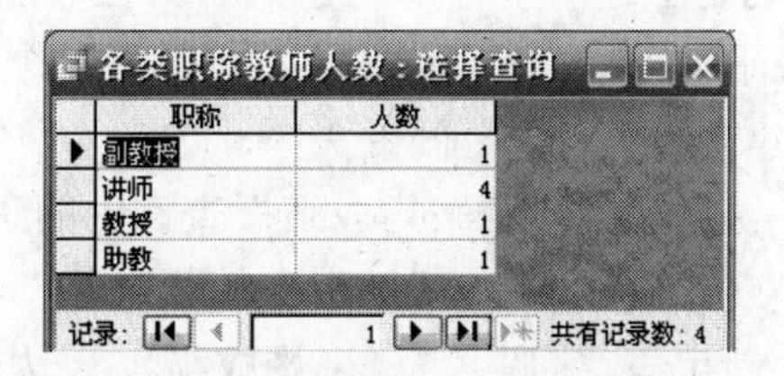
各类职称教师人数：选择查询

	职称	人数
▶	副教授	1
	讲师	4
	教授	1
	助教	1

记录：1 共有记录数：4

图 3.20 新增字段结果显示

添加新字段不仅可以使显示的结果更加清晰，还可以进行相应的计算。

【例 3.10】查找平均成绩低于所在班平均成绩的学生，并显示“班级”、“姓名”和“平均成绩”。要求最终显示的平均成绩保留至整数。假设班级号为“学号”中的前 4 位。

分析该查询要求，不难发现，虽然只涉及“学生信息”和“学生成绩”两个表，但是要找出符合要求的记录必须完成 3 项工作，一是以上述两张表为数据源计算每班的平均成绩，并建立一个查询；二是计算每名学生的平均成绩，并建立一个查询；三是以所建的两个查询为数据源，找出所有平均成绩低于所在班平均成绩的学生。操作步骤如下：

（1）打开查询设计视图，并将“学生信息”表和“学生成绩”表添加到设计视图中。

（2）在“字段”行第 1 列单元格中输入“班级:Left([学生信息]![学号],4)”，在“字段”行第 2 列单元格中放置“学生成绩”表中的“考试成绩”字段。

这里使用 Left 函数是为了将“学生信息”表中“学号”字段值的前 4 位取出来，“班级”是新增字段。注意，新增字段所引用的字段应注明其所在数据源，且数据源和引用字段均应用方括号括起来，中间加“!”作为分隔符。

（3）单击工具栏上的“总计”按钮，并将“考试成绩”字段的“总计”行中总计项改为“平均值”，并将字段名改为：“平均成绩：考试成绩”，设计结果如图 3.21 所示。

（4）保存该查询，并将其命名为“班平均成绩”，查询结果如图 3.22 所示。

图 3.21　统计每班平均成绩设计

班平均成绩 : 选择查询

班级	平均成绩
0901	77.1428571428571
0902	73.4444444444444
0903	71.5833333333333

图 3.22　统计每班平均成绩查询结果

创建了“班平均成绩”查询后，继续创建“学生平均成绩”查询。

（5）为了使创建的两个查询能够建立起关系，在创建“学生平均成绩”查询时，同样需要建立“班级”字段，设计结果如图 3.23 所示。

（6）保存该查询，并将其命名为“学生平均成绩”，查询结果如图 3.24 所示。

（7）利用上述两个查询创建低于所在班级平均分学生的查询。打开查询设计视图窗口，以“班平均成绩”和“学生平均成绩”两个查询为数据源，将它们添加到设计视图中。

（8）建立两个查询之间的关系。选定“学生平均成绩”查询中的“班级”字段，然后按下鼠标左键拖动到“班平均成绩”查询中的“班级”字段上，释放鼠标。

（9）双击“学生平均成绩”中的“班级”和“姓名”字段添加到设计网格中；在第 3 列添加一个新字段，字段名为“平均成绩”，表达式为：“Round([学生平均成绩]! [平均成绩], 0)”；在第 4 列添加一个计算字段，字段名为“差”，计算表达式为“[学生平均成绩]![平均成绩]-[班平均成绩]![平均成绩]”。

图 3.23　统计每名学生平均成绩设计

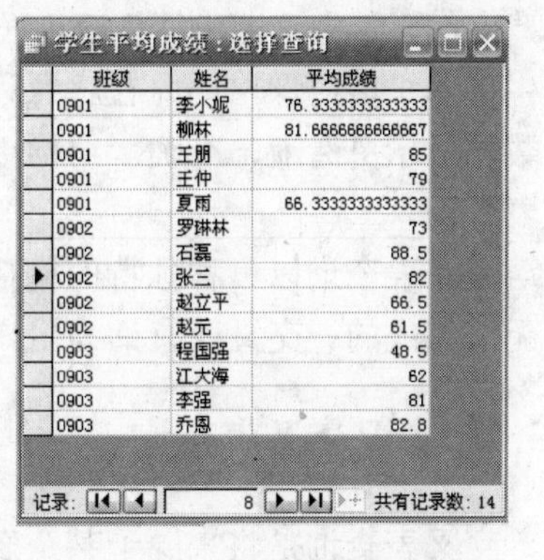
学生平均成绩：选择查询

班级	姓名	平均成绩
0901	李小妮	76.3333333333333
0901	柳林	81.6666666666667
0901	王朋	85
0901	王仲	79
0901	夏雨	66.3333333333333
0902	罗琳林	73
0902	石磊	88.5
0902	张三	82
0902	赵立平	66.5
0902	赵元	61.5
0903	程国强	48.5
0903	江大海	62
0903	李强	81
0903	乔恩	82.8

记录： 8 共有记录数：14

图 3.24　学生平均成绩查询结果

（10）在“差”字段的“条件”行上输入条件“<0”，并使“显示”行上的复选框为空，设计结果如图 3.25 所示。

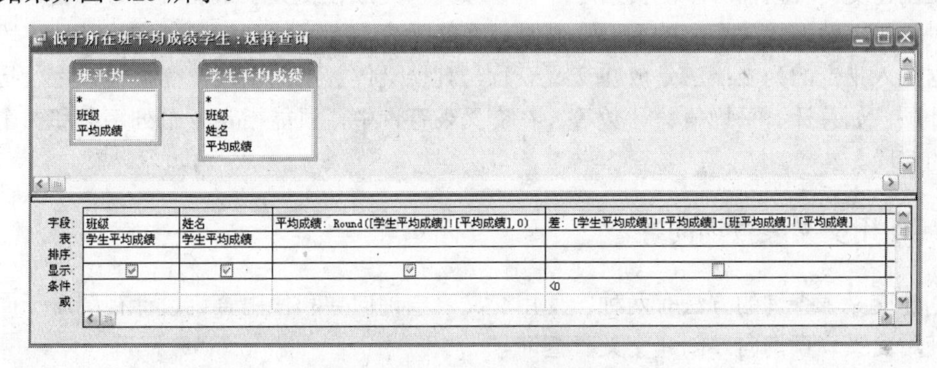

图 3.25　计算平均成绩差值设计

（11）保存该查询，并将其命名为“低于所在班平均成绩学生”，查询结果如图 3.26 所示。

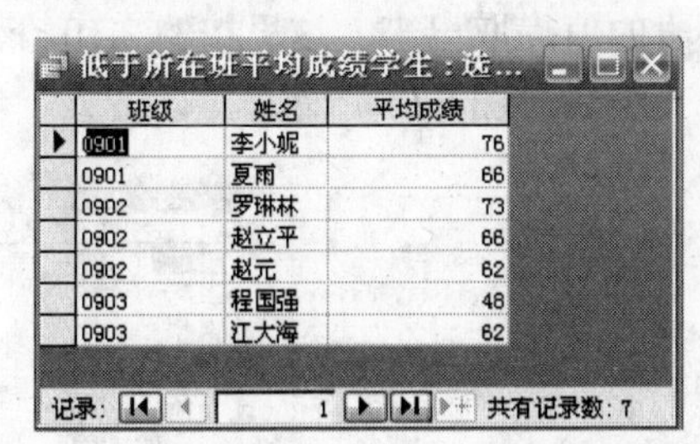
低于所在班平均成绩学生：选...

班级	姓名	平均成绩
0901	李小妮	76
0901	夏雨	66
0902	罗琳林	73
0902	赵立平	66
0902	赵元	62
0903	程国强	48
0903	江大海	62

记录： 1 共有记录数：7

图 3.26　低于所在班平均成绩学生的查询结果

3.3　创建交叉表查询

使用 Access 提供的查询，可以根据需要检索出满足条件的记录，也可以在查询中执行计算。但是，这两方面功能并不能很好地解决数据管理工作中遇到的所有问题。例如，前面建立的“学生选课成绩”查询（如图 3.6）中给出了每名学生所选课程的成绩。由于每名学生选修了多门课，因此在“课程名”字段列中出现了重复的课程名。为了使查询后生成的数据显示更清晰、准确，结构更紧凑、合理，Access 提供了一种很好的查询方式，即交叉表查询。

交叉表查询以一种独特的概括形式返回一个表内的总计数字，这种概括形式是其他查询无法完成的。交叉表查询为用户提供了非常清楚的汇总数据，便于分析和使用。

3.3.1 认识交叉表查询

交叉表查询是将来源于某个表中的字段进行分组，一组列在交叉表左侧，一组列在交叉表上部，并在交叉表行与列交叉处显示表中某个字段的各种计算值。图 3.27 所示为一个交叉表查询的结果，行与列交叉处显示的是每班的男生人数或女生人数。

在创建交叉表查询时，需要指定 3 种字段：一是放在交叉表最左端的行标题，它将某一字段的相关数据放入指定的行中；二是放在交叉表最上面的列标题，它将某一字段的相关数据放入指定的列中；三是放在交叉表行与列交叉位置上的字段，需要为该字段指定一个总计项，如总计、平均值、计数等。在交叉表查询中，只能指定一个列字段和一个总计类型的字段。

3.3.2 使用交叉表查询向导

创建交叉表查询的方法有两种：使用交叉表查询向导和使用查询设计视图。下面介绍如何使用交叉表查询向导创建交叉表查询。

【例 3.11】 创建一个交叉表的查询，统计每班男女生人数。查询结果如图 3.27 所示。

本例要求所建查询显示班级数据，但该数据并不是一个独立的字段，其值包含在“学生信息”表的“学号”字段中。由于使用查询向导创建交叉表查询无法进行计算，因此需要先建立一个查询，将该字段的值提取出来。这里按例 3.10 介绍的方法提取“班级”值，并建立“学生情况”查询，其结果如图 3.28 所示。

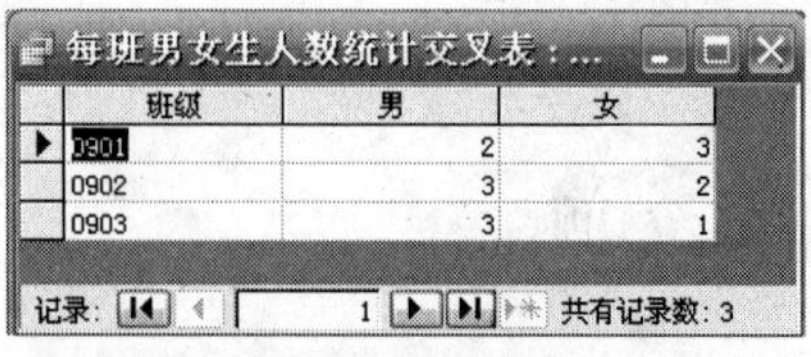

每班男女生人数统计交叉表：...

班级	男	女
0901	2	3
0902	3	2
0903	3	1

记录: 1 共有记录数: 3

图 3.27 交叉表查询示例

学生情况：选择查询

姓名	班级	性别	出生日期	专业
王朋	0901	男	1990-5-23	计算机
柳林	0901	女	1991-3-22	计算机
李小妮	0901	女	1989-1-3	计算机
王仲	0901	男	1993-9-9	计算机
夏雨	0901	女	1988-2-4	计算机
赵元	0902	男	1992-4-11	物理
赵立平	0902	男	1989-8-9	物理
石磊	0902	男	1994-5-16	物理
罗琳林	0902	女	1988-8-19	物理
张三	0902	女	1991-10-10	物理
程国强	0903	男	1990-7-14	计算机
李强	0903	男	1992-11-14	计算机
江大海	0903	男	1990-12-15	计算机
乔恩	0903	女	1990-7-19	计算机

记录: 1 共有记录数: 14

图 3.28 “学生情况”查询显示

以此查询为数据源建立交叉表查询的操作步骤如下：

（1）在“教学管理系统”数据库窗口的“查询”对象下，单击“新建”按钮，打开“新建查询”对话框。在该对话框中，双击“交叉表查询向导”选项，打开“交叉表查询向导”对话框。

（2）交叉表查询的数据源可以是表，也可以是查询。此例数据源为查询，因此选中“视图”栏中的“查询”单选按钮，这时在上面的列表框中显示出“教学管理系统”数据库中已创建的所有查询的名称，选择“查询：学生情况”选项，如图 3.29 所示。

（3）单击“下一步”按钮，在打开的界面中确定交叉表的行标题。行标题最多可以选择 3 个字段，为了在交叉表第 1 列的每一行上显示班级，这里双击“可用字段”列表框中的“班级”字段，结果如图 3.30 所示。

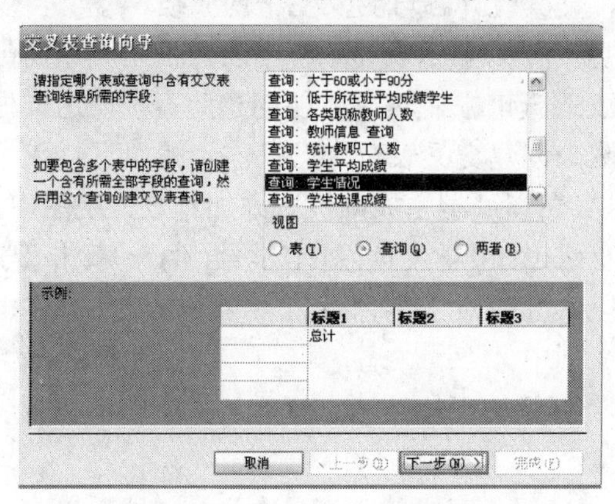

图 3.29　选择查询作为数据源

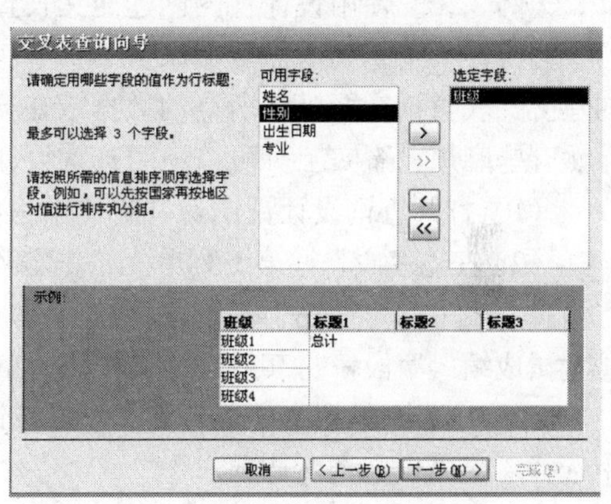

图 3.30　选择交叉表的行标题

（4）单击“下一步”按钮，在打开的界面中确定交叉表的列标题。列标题只能选择一个字段，为了在交叉表的每一列最上端显示性别，这里选中“性别”字段，如图 3.31 所示。

（5）单击“下一步”按钮，在打开的界面中确定计算字段。为了使交叉表显示每班男生人数和女生人数，这里选中“字段”列表框中的“姓名”字段，然后在“函数”列表框中选中“计数”字段。若不在交叉表的每行前面显示总计数，应取消选中“是，包括各行小计”复选框，如图 3.32 所示。

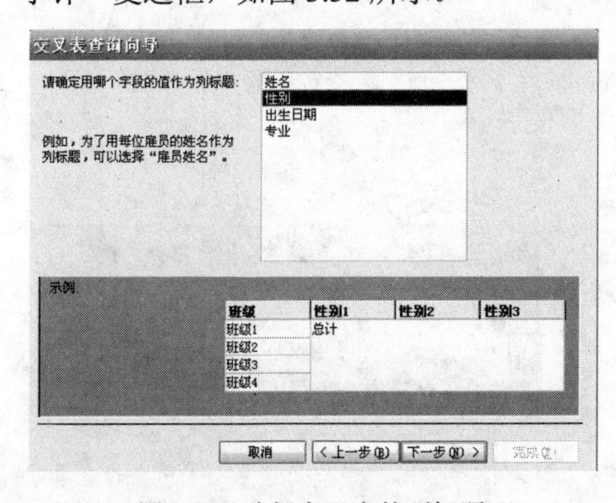

图 3.31　选择交叉表的列标题

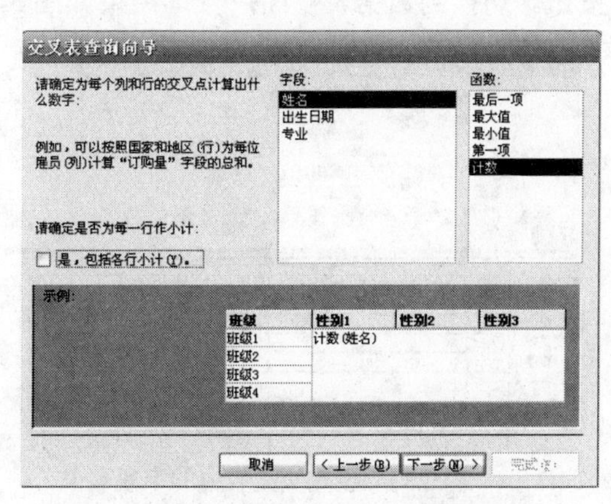

图 3.32　选择交叉表的计算字段

（6）单击“下一步”按钮，在打开的界面中给出了一个默认的查询名称“学生情况_交叉表”，这里在“请指定查询的名称”文本框中输入“每班男女生人数统计交叉表”，然后选中“查看查询”单选按钮，最后单击“完成”按钮。

此时，交叉表查询向导开始创建交叉表查询，最后以数据表视图方式显示出如图 3.27 所示的查询结果。

需要注意的是，创建交叉表的数据源必须来自于一个表或查询。如果数据源来自多个表，可以先建立一个查询，然后再以此查询作为数据源，也可以使用设计视图。

3.3.3 使用设计视图

【例 3.12】使用设计视图创建交叉表查询，使其统计各班男女生平均成绩。

这个例子中查询所需数据来自于“学生信息”和“学生成绩”两个表，使用查询向导创建交叉表查询需要先将所需的数据放在一个表或查询中，然后才能创建此查询，这样做显然有些麻烦。事实上，可以使用查询设计视图来创建交叉表查询。操作步骤如下：

（1）打开查询设计视图，并将“学生信息”表和“学生成绩”表添加到设计视图中。

（2）在“字段”行第 1 列单元格中输入“班级:Left([学生信息]! [学号], 4)”，双击“学生信息”表中的“性别”字段，将其放到“字段”行的第 2 列，双击“学生成绩”表中的“考试成绩”字段，将其放在“字段”行的第 3 列中。

（3）单击工具栏上的“查询类型”按钮右侧的下拉按钮，然后从弹出的下拉列表中选择“交叉表查询”选项。

（4）为了将“班级”放在第 1 列，应单击“班级”字段的“交叉表”行，然后单击其右侧的下拉按钮，在打开的下拉列表中选择“行标题”选项；为了将“性别”放在第 1 行上，单击“性别”字段的“交叉表”行，然后单击其右侧的下拉按钮，在打开的下拉列表中选择“列标题”选项；为了在行和列交叉处显示成绩的平均值，应单击“考试成绩”字段的“总计”行，单击其右侧的下拉按钮，然后在弹出的下拉列表中选择“平均值”选项，结果如图 3.33 所示。

（5）单击“保存”按钮，将查询命名为“各班男女生平均成绩交叉表”，单击“确定”按钮。切换到数据表视图，查询结果如图 3.34 所示。

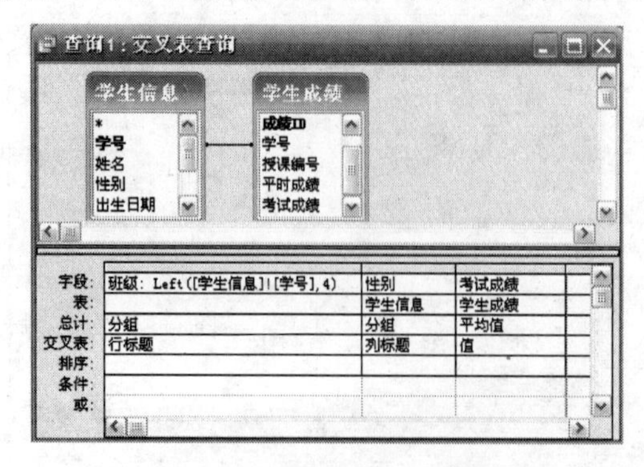

图 3.33　设置交叉表中的字段

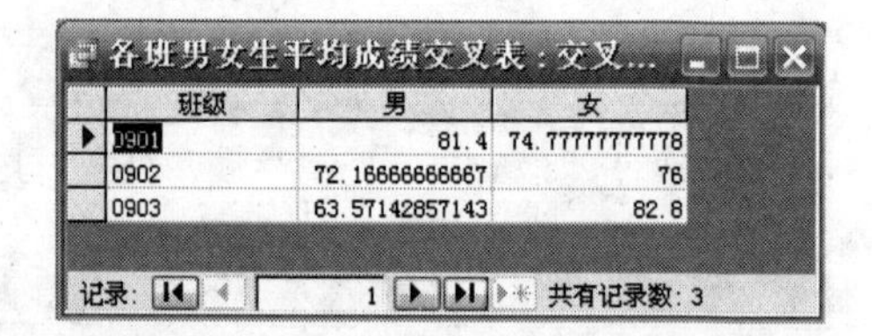

班级	男	女
0901	81.4	74.7777777778
0902	72.1666666667	76
0903	63.5714285714	82.8

图 3.34　各班男女生平均成绩交叉表

显然，当所建“交叉表查询”数据来源于多个表或查询时，最简单、灵活的方法是使用设计视图。在设计视图中可以自由地选择一个或多个表，选择一个或多个查询。因此，如果所用数据源来自于一个表或查询，使用交叉表查询向导比较简单；如果所用数据源来自于几个表或几个查询，使用设计视图则更方便。另外，如果“行标题”或“列标题”需要通过建立新字段得到，如图3.33所示，那么使用设计视图建立查询是最好的选择。

在运行查询之后，如果希望中止查询的运行，可以按Ctrl+Break键；如果在查询设计网格中包含了某个字段，但又选择了“交叉表”行中的“不显示”选项和“总计”行中的“分组”选项，则按照“行标题”对该字段进行分组，但在查询结果中不会显示此行；“列标题”字段的值可能包含通常不允许在字段名出现的字符，如小数，如果遇到这种情况，将在数据表中以下划线取代此字符。

3.4 创建参数查询

使用前面介绍的方法创建的查询，无论是内容，还是条件都是固定的，如果希望根据某个或某些字段不同的值来查找记录，就需要不断地更改所建查询的条件，显然很麻烦。为了更灵活地实现查询，可以使用Access提供的参数查询。

参数查询利用对话框，提示用户输入参数，并检索符合所输入参数的记录。用户可以建立一个参数提示的单参数查询，也可以建立多个参数提示的多参数查询。

3.4.1 单参数查询

创建单参数查询，就是在字段中指定一个参数，在执行参数查询时，输入一个参数值。

【例3.13】以已建“学生选课成绩”查询为数据源建立一个查询，按照学生姓名查看某学生的成绩，并显示学生的“学号”、“姓名”、“课程名”和“考试成绩”字段。操作步骤如下：

（1）在数据库窗口的“查询”对象中，双击“在设计视图中创建查询”选项，打开查询设计视图。在“显示表”中选择“查询”选项卡，双击“学生选课成绩”查询作为数据源。

（2）在“姓名”字段的“条件”行中输入“[输入学生姓名:]”，在“字段列表区”的空白处单击鼠标右键，然后在弹出的快捷菜单中选择“参数”命令，设置结果如图3.35所示。在弹出的“查询参数”对话框中设置查询参数，如图3.36所示。

方括号中的内容即为查询运行时出现在参数对话框中的提示文本。尽管提示的文本可以包含查询字段的字段名，但不能与字段名完全相同。

单击“保存”按钮，将查询名称设置为“学生选课成绩参数查询”即可。

（3）单击工具栏上的“视图”按钮或“运行”按钮，屏幕会显示“输入参数值”对话框，在“输入学生姓名：”文本框中输入“王朋”，如图3.37所示。

从图中可以看到，对话框中的提示文本正是在查询字段的“条件”行中输入的内容。按照要求输入查询条件，如果条件有效，查询结果将显示所有满足条件的记录；否则不显示任何数据。

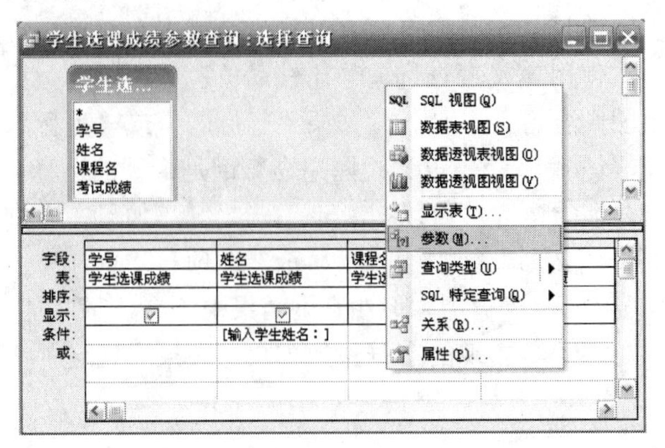

图 3.35 单参数查询的设置

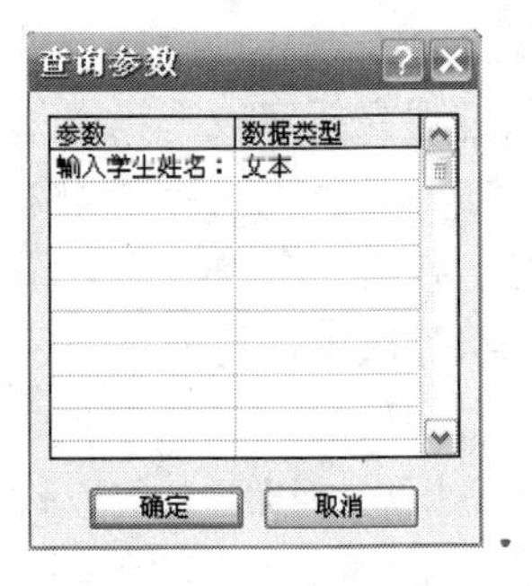

图 3.36 查询参数的设置

（4）单击“确定”按钮，这时即可看到所建参数查询的查询结果，如图 3.38 所示。

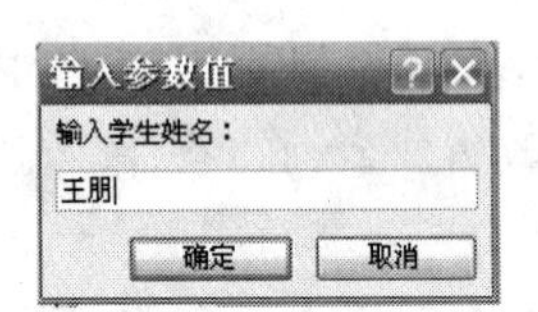

图 3.37 运行查询时输入参数值

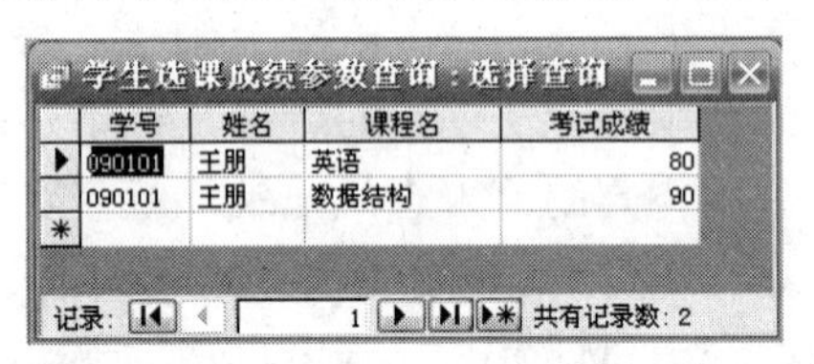

图 3.38 参数查询的查询结果

上例是从头开始建立参数查询，建立参数查询也可以在一个已建的查询中创建参数查询，则可以直接在“设计”视图中打开该查询，然后在其基础上输入参数条件、设置查询参数即可。需要存盘时，若执行“保存”命令，则存盘后原查询将被该参数内容所替换；若希望保留原查询，应执行“文件”菜单中的“另存为”命令。

3.4.2 多参数查询

创建多参数查询，即指定多个参数。在执行多参数查询时，需要依次输入多个参数值。

【例 3.14】建立一个查询，显示某班某门课的学生“姓名”和“考试成绩”。操作步骤如下：

（1）打开查询设计视图，并将“学生信息”、“学生成绩”和“教师授课”3 个表添加到查询设计视图中。

（2）在“字段”行的第 1 列中输入“班级:Left([学生信息]![学号],4)”，分别双击“学生信息”表中的“姓名”字段、“教师授课”表中的“课程名”字段和“学生成绩”表中的“考试成绩”字段，将其添加到设计网格中字段行的第 2 列至第 4 列上。

（3）在第 1 列字段的“条件”行中输入“[请输入班级:]”，在“课程名”字段的“条件”行中输入“[请输入课程名:]”。

（4）由于第 1 列“班级”字段和第 3 列“课程名”字段只作为参数输入，并不需要显示，因此取消选中这两列“显示”行上的复选框，设计结果如图 3.39 所示。

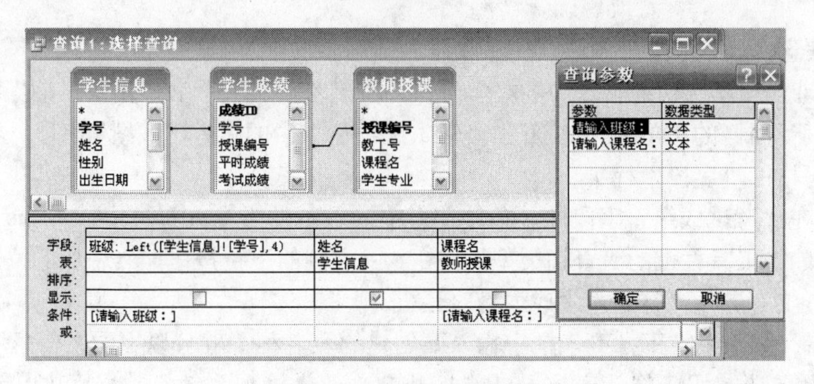

图 3.39　设置多参数查询

（5）单击工具栏上的“视图”按钮 或“运行”按钮，这时屏幕上显示“输入参数值”对话框，在“请输入班级：”文本框中输入班级“0901”，如图 3.40 所示。

（6）单击“确定”按钮。这时屏幕上出现第 2 个“输入参数值”对话框，在“请输入课程名：”文本框中输入课程名称“英语”，如图 3.41 所示。

（7）单击“确定”按钮，这时即可看到相应的查询结果，如图 3.42 所示。

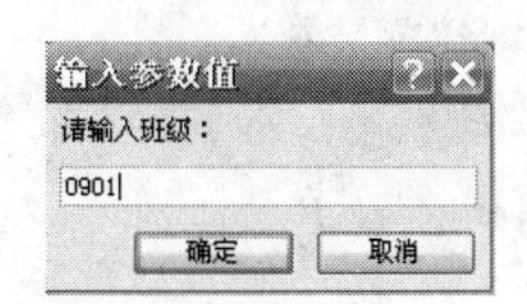

图 3.40　输入第 1 个参数

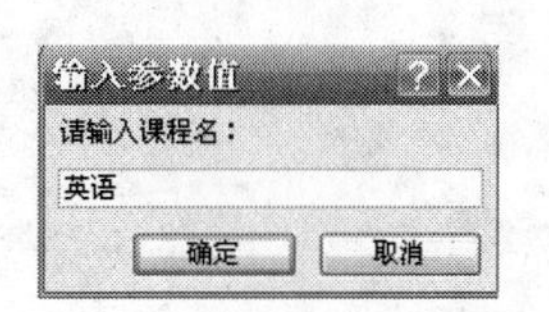

图 3.41　输入第 2 个参数

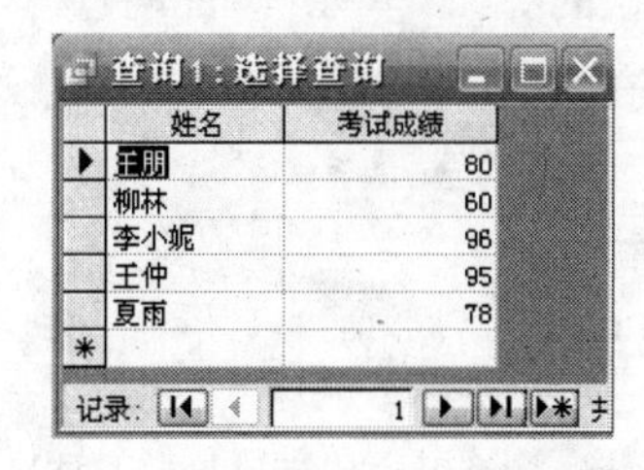

图 3.42　查询结果

3.5　创建操作查询

在对数据库进行维护时，常常需要大量地修改数据。例如，删除考试成绩小于 60 分的记录，将所有 1970 年以前出生的教师职称改为副教授，将考试成绩在 90 分以上的记录存储到一个新表中等。这些操作既要检索记录，又要更新记录，操作查询能够实现这样的功能。操作查询是指仅在一个操作中更改许多记录的查询，包括生成表查询、删除查询、更新查询和追加查询 4 种。

3.5.1　生成表查询

生成表查询是利用一个或多个表中的全部或部分数据建立新表。在 Access 中，从表中访问数据要比从查询中访问数据快得多，因此如果经常要从几个表中提取数据，最好的方法是使用生成表查询，将从多个表中提取的数据组合起来生成一个新表。

【例 3.15】将考试成绩在 90 分以上学生的基本信息存储到一个新表中。操作步骤如下：

（1）打开查询设计视图，并将“学生信息”表和“学生成绩”表添加到查询设计视图的字段列表区。

（2）双击“学生信息”表中的“学号”、“姓名”、“性别”和“出生日期”字段，将它们添加到设计网格的第1～4列。双击“学生成绩”表中的“考试成绩”字段，将该字段添加到设计网格的“字段”行中。

（3）在“考试成绩”字段的“条件”行中输入条件“>=90”。

（4）单击工具栏上的“查询类型”按钮右侧的下拉按钮，然后从下拉列表中选择“生成表查询”选项，打开“生成表”对话框。

（5）在“表名称”下拉列表框中输入要创建的表名称“90分以上学生信息”，选中“当前数据库”单选按钮，将新表放入当前打开的“教学管理系统”数据库中，设置结果如图3.43所示，单击“确定”按钮。

（6）切换到数据表视图，预览“生成表查询”新建的表，如果不满意，再次单击工具栏上的“视图”按钮，返回到设计视图，对查询进行所需的更改，直到满意为止。

（7）在设计视图中，单击工具栏上的“运行”按钮，这时屏幕上显示一个提示框，如图3.44所示。单击“是”按钮，开始建立“90分以上学生信息”表，生成新表后不能撤销所做的更改；单击“否”按钮，不建立新表。本例单击“是”按钮。

图3.43 “生成表”对话框

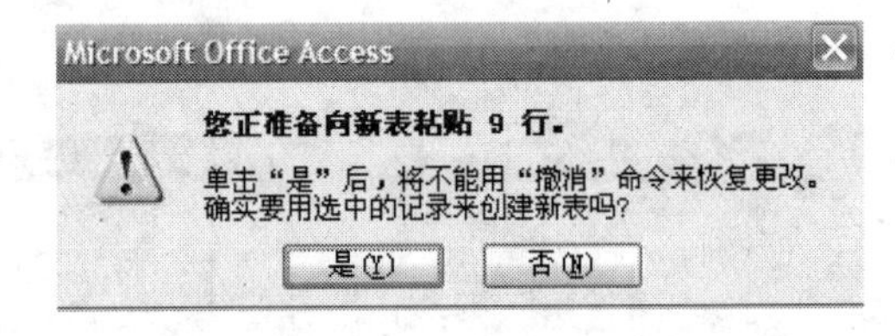

图3.44 生成表提示框

此时，如果按F11键切换到数据库窗口，然后单击“表”对象，即可看到新建的表。

3.5.2 删除查询

随着时间的推移，表中的数据会越来越多，其中有些数据有用，而有些数据已无任何用途。对于这些无用的数据应及时从表中删除。删除查询能够从一个或多个表中删除记录。如果删除的记录来自多个表，必须满足以下几点：

（1）在“关系”窗口中定义相关表之间的关系。

（2）在“编辑关系”对话框中选中“实施参照完整性”复选框。

（3）在“编辑关系”对话框中选中“级联删除相关记录”复选框。

【例3.16】 将“学生成绩”表中成绩小于60分的记录删除。操作步骤如下：

（1）打开查询设计视图，将“学生成绩”表添加到查询设计视图的字段列表区中。

（2）单击工具栏上的“查询类型”按钮右侧的下拉按钮，然后在弹出的下拉列表中选择“删除查询”选项，这时设计网格中显示一个“删除”行。

（3）单击“学生成绩”字段列表中的“*”号，并将其拖到设计网格中“字段”行的第1列，这时第1列上显示“学生成绩.*”，表示已将该表中的所有字段放在了设计网格中。同时，在字段“删除”行中显示From，表示从何处删除记录。

（4）双击字段列表区的“考试成绩”字段，这时“学生成绩”表中的“考试成绩”字段被放到了设计网格中“字段”行的第2列。同时，在该字段的“删除”行中显示Where，表示要删除哪些记录。

（5）在“考试成绩”字段的“条件”行中输入条件“<60”，设置结果如图3.45所示。

（6）单击工具栏上的“视图”按钮，能够预览“删除查询”检索到的一组记录。如果预览到的记录不是要删除的，可以再次单击工具栏上的“视图”按钮，返回到设计视图，对查询进行所需的更改，直到满意为止。

（7）在设计视图中，单击工具栏上的“运行”按钮，屏幕上显示一个提示框，如图3.46所示。单击“是”按钮，Access将开始删除属于同一组的所有记录；单击“否”按钮，不删除记录。这里单击“是”按钮。

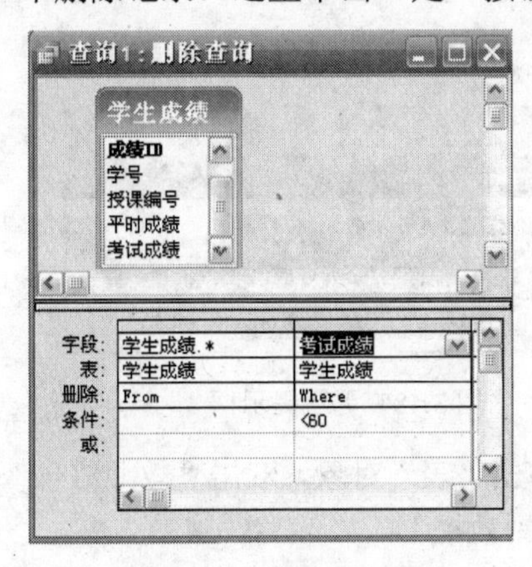

图3.45　设置删除查询

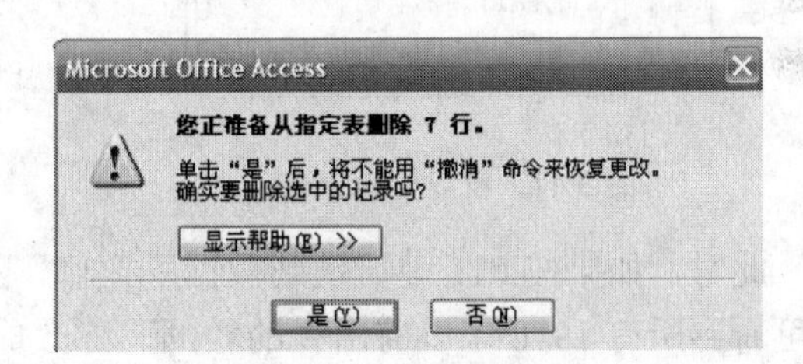

图3.46　删除提示框

此时，如果按F11键切换到数据库窗口，然后单击“表”对象，双击“学生成绩”表，即可看到成绩小于60分的记录已被删除。

删除查询将永久删除指定表中的记录，并且无法恢复。因此在运行删除查询时要十分慎重，最好对要删除记录所在的表进行备份，以防由于误操作而引起数据丢失。删除查询每次删除整个记录，而不是指定字段中的数据。如果只删除指定字段中的数据，可以使用更新查询将该值改为空值。

3.5.3　更新查询

如果在数据表视图中对记录进行更新和修改，那么当要更新的记录较多或需要符合已定条件时，就会费时费力，而且容易造成疏漏。更新查询是实现此类操作最简单、最有效的方法，它能对一个或多个表中的一组记录全部进行更新。

【例3.17】将所有1970年以前出生的教师职称改为副教授。操作步骤如下：

（1）打开查询设计视图，并将“教师信息”表添加到查询设计视图的字段列表区中。

（2）单击工具栏上的“查询类型”按钮右侧的下拉按钮，然后在弹出的下拉列表中选择“更新查询”选项，这时设计网格中显示一个“更新到”行。

（3）双击“教师信息”表中的“出生日期”和“职称”字段，将它们添加到设计网格中“字段”行的第 1、2 列。

（4）在“出生日期”字段的“条件”行中输入条件“Year([出生日期])<=1970”；在“职称”字段的“更新到”行中输入要更新的内容““副教授””，结果如图 3.47 所示。

（5）单击工具栏上的“视图”按钮，能够预览到要更新的一组记录，再次单击工具栏上的“视图”按钮，可返回到设计视图。

（6）在设计视图中，单击工具栏上的“运行”按钮，这时屏幕上显示一个提示框，如图 3.48 所示。单击“是”按钮，Access 将开始更新属于同一组的所有记录；单击“否”按钮，不更新表中记录。这里单击“是”按钮。

图 3.47　设置更新查询

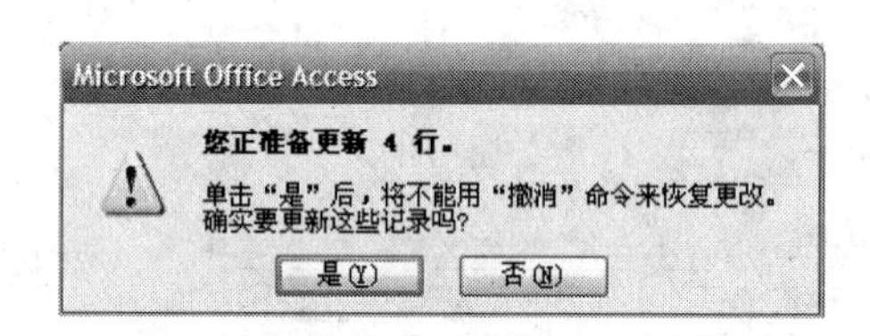

图 3.48　更新提示框

此时，如果按 F11 键切换到数据库窗口，然后单击“表”对象，双击“教师信息”表，即可看到所有 1970 年以前出生的教师职称改成了“副教授”。

Access 还可以更新多个字段的值，只要在设计网格中指定要修改字段的内容即可。

3.5.4　追加查询

维护数据库时，如果要将某个表中符合一定条件的记录添加到另一个表上，可以使用追加查询。追加查询能够将一个或多个表的数据追加到另一个表的尾部。

【例 3.18】建立一个追加查询，将考试成绩在 80～90 分之间的学生添加到已建立的“90 分以上学生信息”表中。操作步骤如下：

（1）打开查询设计视图，并将“学生信息”表和“学生成绩”表添加到查询设计视图的字段列表区中。

（2）单击工具栏上的“查询类型”按钮右侧的下拉按钮，然后从弹出的下拉列表中选择“追加查询”选项，这时屏幕上显示“追加”对话框。

（3）在“表名称”下拉列表框中输入“90 分以上学生信息”或从下拉列表框中选择“90 分以上学生信息”，表示将查询的记录追加到“90 分以上学生信息”表中，选中“当前数据库”单选按钮，如图 3.49 所示。

图 3.49　“追加”对话框

（4）单击“确定”按钮，这时设计网格中显示一个“追加到”行。双击“学生信息”表中的“学号”、“姓名”、“性别”和“出生日期”字段，将它们添加到设计网格中“字段”行的第1～4列。双击“学生成绩”表中的“考试成绩”字段，将该字段添加到设计网格中“字段”行的第5列，并且在“追加到”行中自动填上“学号”、“姓名”、“性别”、“出生日期”和“考试成绩”。

（5）在“考试成绩”字段的“条件”行中输入条件“>=80 And <90”，结果如图3.50所示。

（6）单击工具栏上的“视图”按钮，能够预览到要追加的一组记录，再次单击工具栏上的“视图”按钮，可返回到设计视图。

（7）在设计视图中，单击“运行”按钮，屏幕上显示如图3.51所示提示框。单击“是”按钮，开始将符合条件的一组记录追加到指定的表中；单击“否”按钮，不将记录追加到指定表中。这里单击“是”按钮。

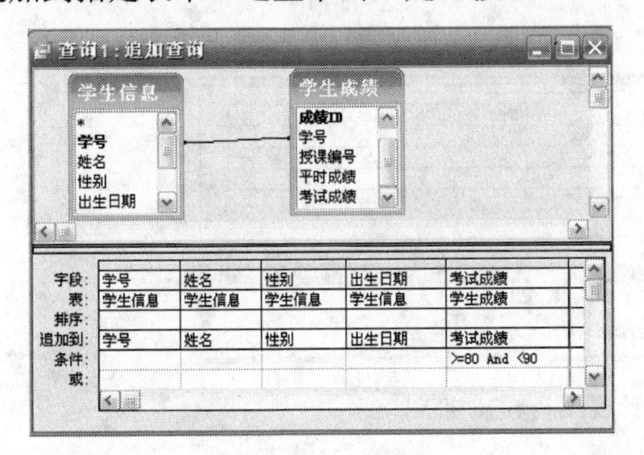

图3.50 设置追加查询

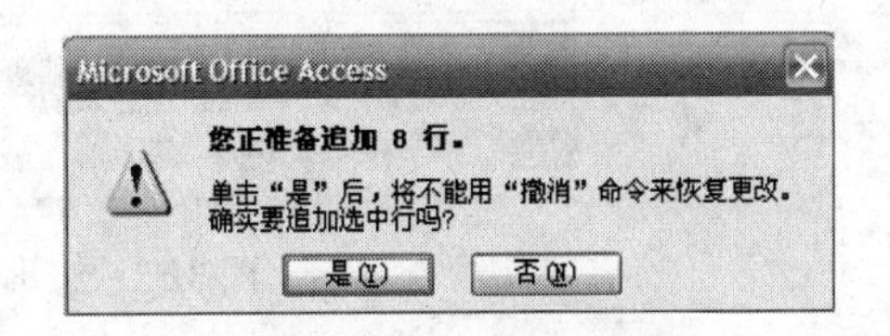

图3.51 追加查询提示框

此时，如果按F11键切换到数据库窗口，然后单击“表”对象，双击“90分以上学生信息”表，即可看到增加了80～90分学生的信息。

无论哪一种操作，都可以在一个操作中更改许多记录，并且执行操作查询后，不能撤销刚刚做过的更改操作。因此，在使用操作查询时应注意在执行操作查询之前，最好单击工具栏上的“视图”按钮，预览即将更改的记录，如果预览到的记录就是要操作的记录，再执行操作查询，可防止误操作。另外，在使用操作查询之前，应该备份数据。

操作查询与前面介绍的选择查询、交叉表查询以及参数查询有所不同。操作查询不仅选择表中数据，还对表中数据进行修改。由于运行一个操作查询时可能会对数据库中的表进行大量的修改，因此，为了避免因误操作引起的不必要的改变，会在数据库窗口中的每个操作查询图标之后显示一个感叹号，以引起注意。

3.6 创建SQL查询

在Access中，创建和修改查询最方便的方法是使用查询设计视图。但是，在创建查询时，并不是所有查询都可以在系统提供的查询设计视图中进行，有的查询只能通过SQL语句来实现。例如，同时显示“90 分以上学生信息”表中所有记录和“学生选课成绩”查询中 60 分以下的所有记录，显示内容为“学号”、“姓名”和“考试成绩”3 个字段。SQL 查询是使用 SQL 语句创建的一种查询。

3.6.1 查询与 SQL 视图

在 Access 中，任何一个查询都对应着一个 SQL 语句，可以说查询对象的实质是一条 SQL 语句。当使用设计视图创建一个查询时，就会构造一个等价的 SQL 语句。查询设计视图和相应的 SQL 视图如图 3.52 所示。

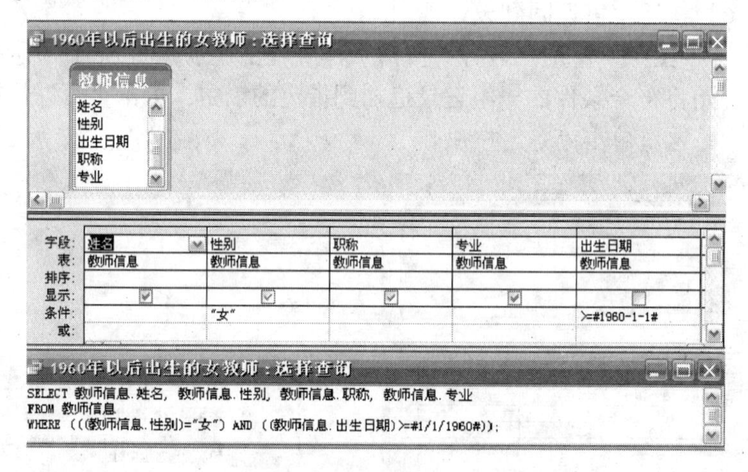

图 3.52 查询设计视图及 SQL 视图

图 3.52 显示了两个视图，上面是查询设计视图，它反映了某一查询的设计情况，其中查询的数据源是“教师信息”表，查询要显示的字段是“姓名”、“性别”、“出生日期”、“职称”和“专业”。查询的条件是性别为“女”且出生日期是 1960 年以后。下面是查询的 SQL 视图。视图中显示了一个 SELECT 语句，该语句给出了查询需要显示的字段、数据源以及查询条件，两种视图设置的内容是一样的，因此它们是等价的。如果要修改该查询，如将查询条件由性别为“女”改为性别为“男”，只要在 SQL 视图中将“女”改为“男”即可，如图 3.53 所示。

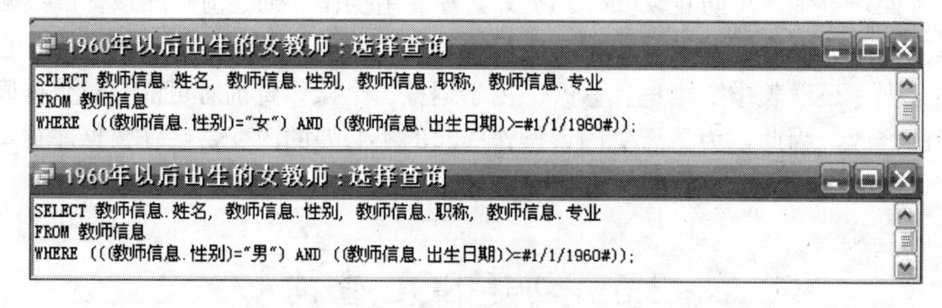

图 3.53 在 SQL 视图中修改查询

打开 SQL 视图的方法是：先打开查询设计视图，然后选择“视图”菜单中的“SQL 视图”命令，或单击工具栏中的“视图”按钮右侧的下拉按钮，从弹出的下拉列表中选择“SQL

视图”选项。

3.6.2 SQL 语言简介

SQL（Structured Query Language，结构化查询语言）是在数据库领域中应用最为广泛的数据库查询语言。最早的 SQL 标准是 1986 年 10 月由美国 ANSI（American National Standards Institute）公布的。随后，ISO（International Standards Organization）于 1987 年 6 月也正式确定它为国际标准，并在此基础上进行了补充。到 1989 年 4 月，ISO 提出了具有完整性特征的 SQL，1992 年 11 月又公布了 SQL 的新标准，从而建立了 SQL 在数据库领域中的核心地位。SQL 的主要特点如下：

- SQL 是一种一体化语言，它包括了数据定义、数据查询、数据操纵和数据控制等方面的功能，可以完成数据库活动中的全部工作。
- SQL 是一种高度过程化语言，它只需要描述“做什么”，而不需要说明“怎么做”。
- SQL 是一种非常简单的语言，它所使用的语句很接近于自然语言，易于学习和掌握。
- SQL 是一种共享语言，它全面支持客户机/服务器模式。

现在很多数据库应用开发工具都将 SQL 直接融入自身语言中，Access 也不例外。

SQL 设计巧妙，语言简单，完成数据定义、数据查询、数据操作和数据控制的核心功能只用 9 个动词，如表 3.12 所示。

表 3.12　SQL 的动词

SQL 功能	动　词
数据定义	CREATE，DROP，ALTER
数据操作	INSERT，UPDATE，DELETE
数据查询	SELECT
数据控制	GRANT，REVOKE

本书将根据实际应用的需要，主要介绍数据定义、数据查询和数据操作等基本语句。

1. CREATE 语句

建立数据库的主要操作之一是定义基本表。在 SQL 语言中，可以使用 CREATE TABLE 语句定义基本表。语句基本格式为：

```
CREATE TABLE <表名> (<字段名 1> <数据类型 1> [字段级完整性约束条件 1 ]
                    [,<字段名 2> <数据类型 2> [字段级完整性约束条件 2 ]] [,… ]
                    [,<字段名 n> <数据类型 n> [字段级完整性约束条件 n]] )
                    [,<表级完整性约束条件> ] ;
```

在一般的语法格式描述中使用了如下符号：

- < >：表示在实际的语句中要采用实际需要的内容进行替代。
- [ ]：表示可以根据需要进行选择，也可以不选。
- |：表示多项选择只能选择其中之一。
- { }：表示必选项。

该语句的功能是创建一个表结构。其中，<表名>定义表的名称。<字段名>定义表中一个或多个字段的名称，<数据类型>是对应字段的数据类型。要求每个字段必须定义字段名和数据类型。[字段级完整性约束条件]定义相关字段的约束条件，包括主键约束（Primary Key)、数据唯一约束（Unique)、空值约束（Not Null 或 Null）和完整性约束（Check）等。

【例 3.19】创建一个“雇员”表，包括“雇员号”、“姓名”、“性别”、“出生日期”、“部门”和“备注”字段。

```
CREATE TABLE 雇员(雇员号 SMALLINT Primary Key,姓名 CHAR(4)Not Null,性别 CHAR(1),
出生日期 DATE,部门 CHAR(20)),备注 MEMO;
```

其中，SMALLINT 表示数字型（整型），CHAR 表示文本型，DATE 表示日期/时间型，MEMO 表示备注型。

2. ALTER 语句

创建后的表如果不满足使用的需要，就需要进行修改。可以使用 ALTER TABLE 语句修改已建表的结果。语句基本格式为：

ALTER TABLE <表名>
　　[ADD <新字段名> <数据类型> [字段级完整性约束条件]]
　　[DROP [<字段名>] …]
　　[ALTER <字段名> <数据类型>];

其中，<表名>是指需要修改的表的名称，ADD 子句用于增加新字段和该字段的完整性约束条件，DROP 子句用于删除指定的字段，ALTER 子句用于修改原有字段属性。

【例 3.20】在“雇员”表中增加一个字段，字段名为“职务”，数据类型为“文本”；将“备注”字段删除；将“雇员号”字段的数据类型改为文本型，字段大小为 8。

（1）添加新字段的 SQL 语句为：

```
ALTER TABLE 雇员 ADD 职务 CHAR(10);
```

（2）删除“备注”字段的 SQL 语句为：

```
ALTER TABLE 雇员 DROP 备注;
```

（3）修改“雇员号”字段属性的 SQL 语句为：

```
ALTER TABLE 雇员 ALTER 雇员号 CHAR(8);
```

注意，使用 ALTER 语句对表的结构进行修改时，不能一次添加或删除多个字段。

3. DROP 语句

如果希望删除某个不需要的表，可以使用 DROP TABLE 语句。语句基本格式为：

DROP TABLE <表名>;

其中，<表名>指要删除的表的名称。

【例 3.21】删除已建立的“雇员”表。

```
DROP TABLE 雇员;
```

注意，表一旦删除，表中数据以及在此表上建立的索引等都将自动被删除，并且无法恢复。因此，执行删除表的操作时一定要格外小心。

4．INSERT 语句

INSERT 语句实现数据的插入功能，可以将一条新记录插入到指定表中。语句基本格式为：

INSERT INTO <表名> [(<字段名 1> [, <字段名 2> …])]
　　VALUES(<常量 1 > [,<常量 2>] …);

其中，“INSERT INTO <表名>”说明向由<表名>指定的表中插入记录，当插入的记录不完整时，可以用<字段名 1 >、<字段名 2 >、…指定字段。“VALUES(<常量 1> [,<常量 2>] …)”给出具体的字段值。

【例 3.22】将一条新记录插入到“雇员”表中。

```
INSERT INTO 雇员 VALUES("0001", "张磊", "男",#1960-1-1#,"办公室");
```

注意，文本数据应用双引号括起来，日期数据应用“#”号括起来。

【例 3.23】将一条记录插入到“雇员”表中，其中“雇员号”为 0002，“姓名”为“王宏”，“性别”为“男”。

```
INSERT INTO 雇员(雇员号,姓名,性别) VALUES ("0002","王宏","男");
```

5．UPDATE 语句

UPDATE 语句能够实现数据的更新功能，能够对指定表所有记录或满足条件的记录进行更新操作。语句基本格式为：

UPDATE <表名>
SET <字段名 1 > = <表达式 1> [,<字段名 2> = <表达式 2>] …
[WHERE <条件>];

其中，<表名>指要更新数据的表的名称。“<字段名> = <表达式>”是用表达式的值替代对应字段的值，并且以此可以修改多个字段。一般使用 WHERE 子句来制定被更新记录字段值所满足的条件；如果不使用 WHERE 子句，则更新全部记录。

【例 3.24】将“雇员”表张磊的出生日期改为“1960-1-11”。

```
UPDATE 雇员 SET 出生日期 = #1960-1-11# WHERE 姓名="张磊";
```

6．DELETE 语句

DELETE 语句可以实现数据的删除功能，能够对指定表所有记录或满足条件的记录进行删除操作。语句基本格式为：

DELETE FROM <表名>
[WHERE <条件>];

其中，FROM 子句指定从哪个表中删除数据，WHERE 子句指定被删除的记录所满足的条件，如果不使用 WHERE 子句，则删除该表中的全部记录。

【例 3.25】将“雇员”表中雇员号为 0002 的记录删除。

```
DELETE FROM 雇员 WHERE 雇员号 =0002;
```

7. SELECT 语句

SELECT 语句是 SQL 语言中功能强大、使用灵活的语句之一，它能够实现数据的筛选、投影和连接操作，并能够完成筛选字段重命名、多数据源数据组合、分类汇总和排序等具体操作。SELECT 语句的一般格式为：

SELECT [ALL | DISTINCT] * | <字段列表>
FROM <表名 1> [,<表名 2 >] …
[WHERE <条件表达式>]
[GROUP BY <字段名> [HAVING <条件表达式>]]
[ORDER BY <字段名> [ASC | DESC]];

该语句从指定的基本表中，创建一个由指定范围内、满足条件、按某字段分组、按某字段排序的指定字段组成的新记录集。其中，ALL 表示检索所有符合条件的记录，默认值为 ALL；DISTINCT 表示检索要去掉重复行的所有记录；“*”表示检索结果为整个记录，即包括所有的字段；<字段列表>使用“,”将项分开，这些项可以是字段、常数或系统内部的函数；FROM 子句说明要检索的数据来自哪个或哪些表，可以对单个或多个表进行检索；WHERE 子句说明检索条件，条件表达式可以是关系表达式，也可以是逻辑表达式；GROUP BY 子句用于对检索结果进行分组，可以利用它进行分组汇总；HAVING 必须和 GROUP BY 一起使用，它用来限定分组必须满足的条件；ORDER BY 子句用来对检索结果进行排序，如果排序时选择 ASC，表示检索结果按某一字段值升序排列，如果选择 DESC，表示检索结果按某一字段值降序排列。

下面通过几个典型的实例，简单介绍 SELECT 语句的基本用途和用法。

（1）检索表中所有记录的所有字段。

【例 3.26】 查找并显示“教师信息”表中的所有字段。

```
SELECT * FROM 教师信息;
```

其结果是将“教师信息”表中所有记录的所有字段显示出来，可将此类查询看作是对原表进行的备份操作。

（2）检索表中所有记录指定的字段。

【例 3.27】 查找并显示“教师信息”表中“姓名”、“性别”、“出生日期”和“专业”4 个字段。

```
SELECT 姓名,性别,出生日期,专业 FROM 教师信息;
```

（3）检索满足条件的记录和指定的字段。

【例 3.28】 查找 1960 年以后出生的女教师，并显示“姓名”、“性别”、“职称”和“专业”字段。

```
SELECT 姓名,性别,职称,专业 FROM 教师信息 WHERE 性别="女"AND 出生日期>= #1/1/1960#;
```

（4）进行分组统计，并增加新字段。

【例 3.29】 计算各类职称的教师人数，并将计算字段命名为“各类职称人数”。

```
SELECT Count(教工号) AS 各类职称人数 FROM 教师信息 GROUP BY 职称;
```

其中，AS 子句后定义的是新字段名。

（5）对检索结果进行排序。

【例 3.30】 计算每名学生的平均成绩，并按平均成绩降序显示。

```
SELECT 学号,Avg(考试成绩) AS 平均成绩 FROM 学生成绩
GROUP BY 学号 ORDER BY Avg(考试成绩) DESC;
```

上面查询的数据源均来自一个表，而在实际应用中，许多查询是要将多个表的数据组合起来，也就是说，查询的数据源来自于多个表，使用 SELECT 语句能够完成此类查询操作。

（6）将多个表连接在一起。

【例 3.31】 查找学生的考试成绩，并显示"学号"、"姓名"、"课程名"和"考试成绩"字段。

```
SELECT 学生信息.学号,学生信息.姓名,教师授课.课程名,学生成绩.考试成绩
FROM 学生信息,教师授课,学生成绩
WHERE 教师授课.授课编号=学生成绩.授课编号
AND 学生信息.学号=学生成绩.学号;
```

由于此查询数据源来自 3 个表，因此在 FROM 子句中列出了多个表，同时使用 WHERE 子句指定连接表的条件。这里还应注意，在涉及的多表查询中，应在所用字段的字段名前加上表名，并且使用"."分开。

事实上，SELECT 语句的功能非常强，这里只介绍了最简单、最常用的几种，对于 SELECT 语句更为复杂的用法，可参考 SQL 查询的帮助信息，这里不再介绍。

3.6.3 创建 SQL 特定查询

SQL 特定查询分为联合查询、传递查询、数据定义查询和子查询 4 种，其中，联合查询、传递查询、数据定义查询不能在查询设计视图中创建，必须直接在 SQL 视图中创建 SQL 语句。对于子查询，要在查询设计网格的"字段"行或"条件"行中输入 SQL 语句。

1. 创建联合查询

联合查询用于将两个或更多个表或查询中的字段合并到查询结果的一个字段中。使用联合查询可以合并两个表中的数据，并可以根据联合查询创建生成表查询以生成一个新表。

【例 3.32】 显示"90 分以上学生信息"表中的所有记录和"学生选课成绩"查询中 60 分以下的记录，显示内容为"学号"、"姓名"和"考试成绩"3 个字段。操作步骤如下：

（1）打开查询设计视图，选择【查询】→【SQL 特定查询】→【联合】命令，打开如图 3.54 所示的"联合查询"窗口。

图 3.54 "联合查询"窗口

（2）在下面的窗口中输入 SQL 语句：

```
SELECT 学号,姓名,考试成绩 FROM 学生选课成绩 WHERE 考试成绩<60
UNION
SELECT 学号,姓名,考试成绩 FROM  90 分以上学生信息;
```

第 1 个 SELECT 语句返回“学号”、“姓名”和“考试成绩”3 个字段，第 2 个 SELECT 语句返回 3 个对应字段，然后将两个表中对应字段的值合并成一个字段。

（3）单击工具栏中的“保存”按钮，将查询命名为“合并显示成绩”，单击“确定”按钮。

（4）切换到数据表视图，查询结果如图 3.55 所示。

合并显示成绩 : 联合查询

学号	姓名	考试成绩
090101	王朋	80
090101	王朋	90
090102	柳林	89
090102	柳林	96
090103	李小妮	50
090103	李小妮	83
090103	李小妮	96
090104	王仲	95
090105	夏雨	44
090201	赵元	55
090202	赵立平	45
090202	赵立平	88
090203	石磊	86
090203	石磊	91

记录: 1 共有记录数: 24

图 3.55　联合查询结果

这里应注意，每个 SELECT 语句都必须以同一顺序返回相同数量的字段，对应的字段除了可以将数字字段和文本字段作为对应的字段外，其余对应字段都应具有兼容的数据类型。如果将联合查询转换为另一类型的查询，如转换为选择查询，将丢失输入的 SQL 语句。

2. 创建传递查询

传递查询使用服务器能接受的命令直接将命令发送到 ODBC 数据库，如 SQL Server。使用传递查询时，不必与服务器上的表链接，即可直接使用相应的表。传递查询对于在 ODBC 服务器上运行存储过程也很有用。一般在创建传递查询时需要完成两项工作，一是设置要连接的数据库；二是在 SQL 窗口中输入 SQL 语句。

【例 3.33】查询 SQL Server 数据库（名为“教学管理系统”）中“教师信息”表和“教师授课”表的信息，显示“姓名”、“专业”和“课程名”等字段的值。要求结果按“姓名”升序排列。操作步骤如下：

（1）打开查询设计视图，选择【查询】→【SQL 特定查询】→【传递】命令，打开如图 3.56 所示的“SQL 传递查询”窗口。

（2）单击工具栏上的“属性”按钮，打开“查询属性”对话框。

（3）在“查询属性”对话框中，通过设置“ODBC 连接字符串”属性来指定要连接的数据库信息。可以输入连接信息或单击“生成器”按钮。这里单击“生成器”按钮，打开

"连接数据库"对话框。

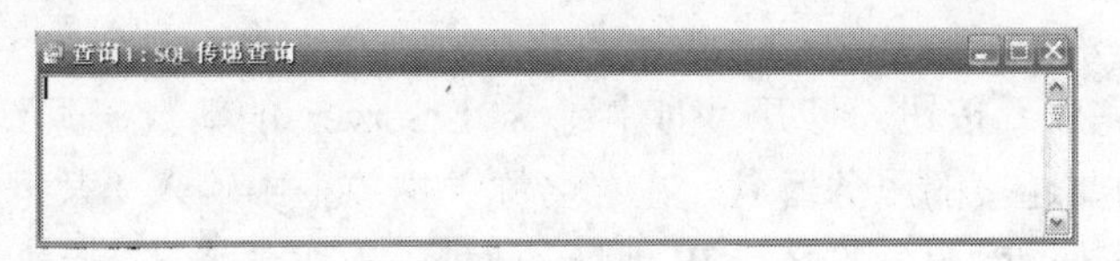

图 3.56 "SQL 传递查询"窗口

（4）选择"机器数据源"选项卡，如图 3.57 所示。如果已经建立了要选择的数据源，可以在列表中直接选择，然后跳过步骤（5）～（11），直接进入步骤（12）；如果需要新建，单击"新建"按钮。

下面是新建数据源的步骤。

（5）单击"新建"按钮，打开"创建新数据源"对话框，在其中选择数据源类型。选中"用户数据源"单选按钮只有用户自己能够使用，选中"系统数据源"单选按钮，登录到该台计算机上的任何用户都可以使用。这里选中"系统数据源"单选按钮，如图 3.58 所示。

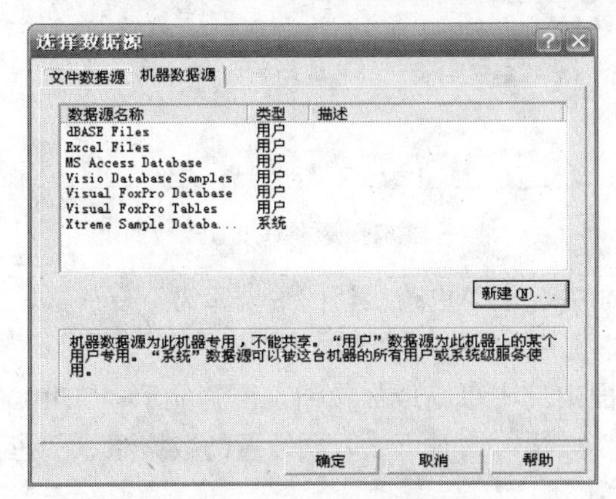

图 3.57 "选择数据源"对话框

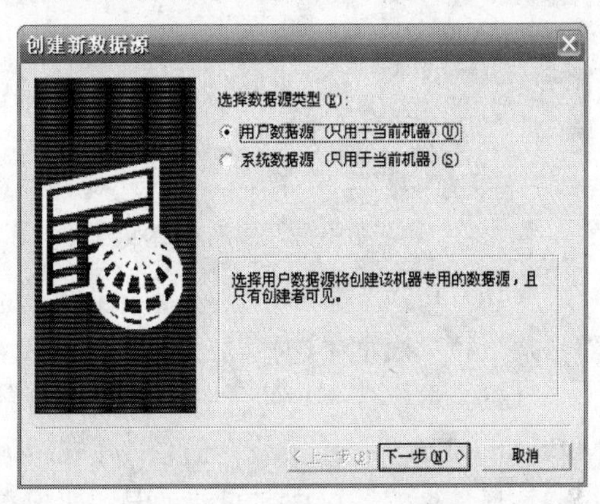

图 3.58 选择数据源类型

（6）单击"下一步"按钮，在打开的界面中选择为其安装数据源的驱动程序。在列表框中选择 SQL Server 选项，如图 3.59 所示。

图 3.59 安装数据源的驱动程序

（7）单击“下一步”按钮，在打开的界面中显示了步骤（5）和（6）的设置结果和信息。

（8）单击“完成”按钮，打开“创建到 SQL Server 的新数据源”对话框。在其中确定数据源的名称和要连接的服务器名。在“名称”文本框中输入“数据源”，在“服务器”下拉列表框中输入数据库服务签名或 IP 地址，此处输入服务器名为“HASEE-260052B9F”，如图 3.60 所示。

（9）单击“下一步”按钮，在打开的界面中选中“使用网络登陆 ID 的 Windows NT 验证”单选按钮，其他使用默认值，如图 3.61 所示。

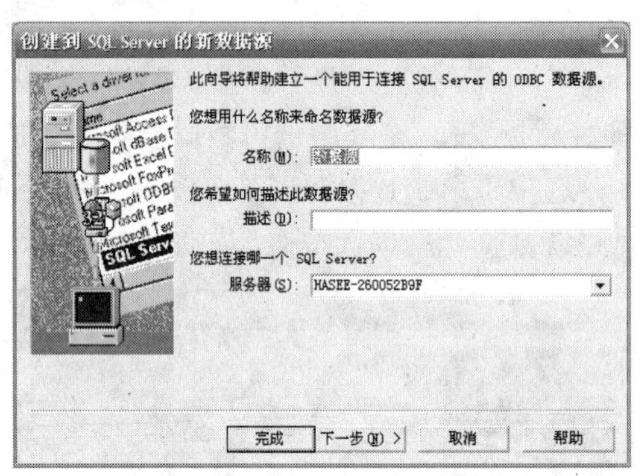

图 3.60 命名数据源及要连接的服务器

图 3.61 选择登录方式

（10）单击“下一步”按钮，在打开的界面中选中“更改默认的数据库为”复选框，然后从下拉列表框中选择要连接的数据库，这里选中 Northwind，如图 3.62 所示。

（11）单击“下一步”按钮，在打开的界面中单击“完成”按钮，屏幕显示“ODBC Microsoft SQL Server 安装”信息。单击“确定”按钮，这时可以看到设置的数据源显示在了“选择数据源”对话框的列表中，如图 3.63 所示。

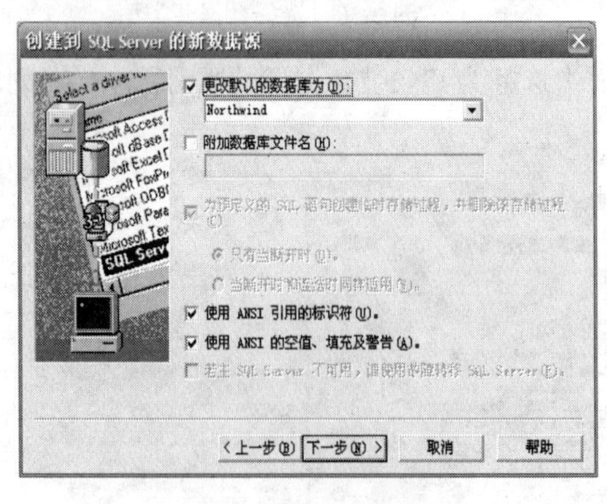

图 3.62 选择默认的数据库

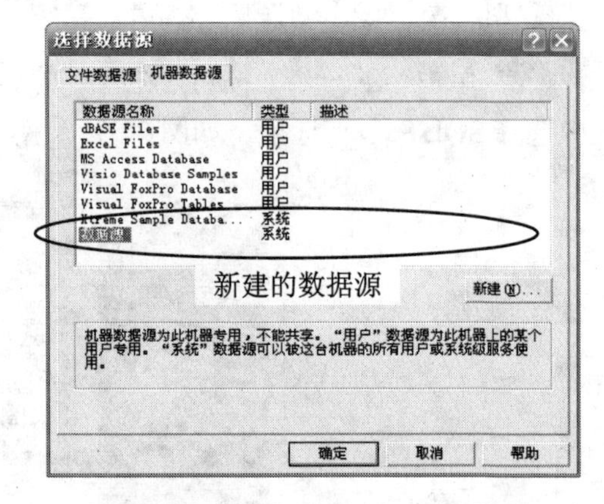

图 3.63 “选择数据源”设置结果

至此，完成了新建数据源的操作，下面创建连接数据源并建立传递查询。

（12）单击“确定”按钮，打开“连接字符串生成器”对话框。单击“是”按钮，完成登录。设置后的“ODBC 连接字符串”属性如图 3.64 所示。

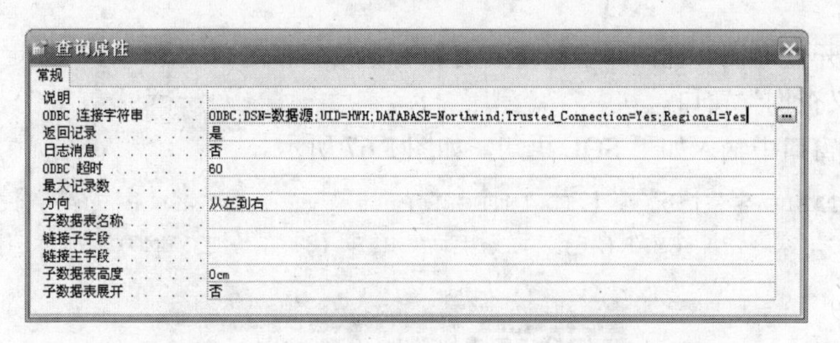

图 3.64 “ODBC 连接字符串”属性设置结果

（13）在“SQL 传递查询”窗口中输入相应的 SQL 语句，如图 3.65 所示。

（14）切换到数据表视图，查询结果如图 3.66 所示。

图 3.65 设置结果

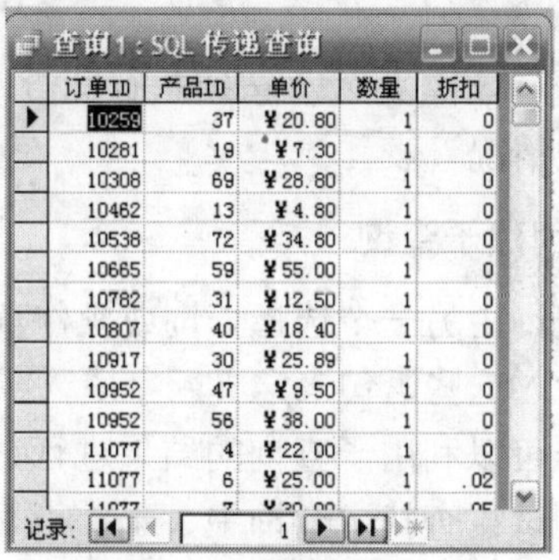

图 3.66 传递查询的结果

注意，如果将传递查询转换为另一种类型的查询，如选择查询，将丢失输入的 SQL 语句。如果在“ODBC 连接字符串”属性中没有指定连接串，或者删除了已有的字符串，Access 将使用默认字符串“ODBC;”，并且每次运行查询时，Access 都提示连接信息。

3. 创建数据定义查询

数据定义查询与其他查询不同，利用它可以创建、删除或更改表，也可以在数据库表中创建索引。在创建数据定义查询时重要的是输入 SQL 语句，每个数据定义查询只能由一个数据定义语句组成。Access 能够支持的数据定义语句及用途如表 3.13 所示。

表 3.13 数据定义语句及用途

SQL 语句	用　途
CREATE TABLE	创建表
ALTER TABLE	在已有表中修改新字段或约束
DROP	从数据库中删除表，或者从字段或字段组中删除索引
CREATE INDEX	为字段或字段组创建索引

在例 3.19、例 3.20 和例 3.21 中已介绍了相关的 SQL 语句。下面简单介绍使用“数据定义查询”窗口完成创建的操作方法。

【例 3.34】使用 CREATE TABLE 语句创建“学生情况”表。操作步骤如下：

（1）打开查询设计视图，选择【查询】→【SQL 特定查询】→【数据定义】命令，打开“数据定义查询”窗口。

（2）在窗口中输入如下 SQL 语句，如图 3.67 所示。

```
CREATE TABLE 学生情况(学生 ID INTEGER Primary Key, 姓名 CHAR(4), 性别 CHAR(1) ,
出生日期 DATE, 家庭住址 CHAR(20), 联系电话 CHAR (8) ,备注 MEMO);
```

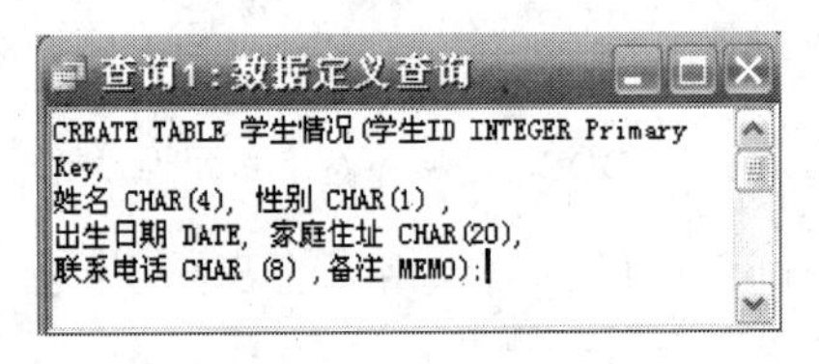

图 3.67　设置结果

（3）单击“运行”按钮执行此查询。在数据库窗口切换到“表”对象，即可看到新建的“学生情况”表。

4．创建子查询

子查询由另一个选择查询或操作查询内的 SELECT 语句组成。可以在设计网格的“字段”行输入这些语句来定义新字段，或在“条件”行定义字段的条件。在对 Access 表进行查询时，可以利用子查询的结果进行进一步的查询，如通过子查询作为查询条件对某些结果进行测试；查找主查询中大于、小于或等于子查询返回值的值，但是不能将子查询作为单独的一个查询，必须与其他查询相结合。

【例 3.35】查询并显示“学生信息”表中高于平均年龄的学生记录。操作步骤如下：

（1）打开查询设计视图，并将“学生信息”表添加到查询设计视图的字段列表区中。

（2）单击“学生信息”表字段列表中的“*”，将其拖到字段行的第 1 列中，根据“学生信息”表中的“出生日期”字段提取“年龄”信息，表达式为：年龄:Year(Date())−Year([出生日期])，将其添加到设计网格中字段行的第 2 列中。

（3）选中第 2 列“显示”行上的复选框，使其变为空白。在第 2 列字段的“条件”行中输入“>(SELECT Avg(Year(Date())−Year([出生日期])) FROM [学生信息])”。设置结果如图 3.68 所示。

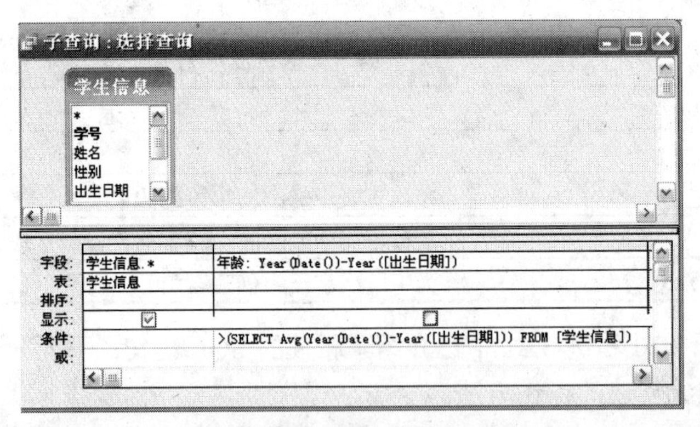

图 3.68　设置子查询

该设置结果对应的 SQL 语句为：

```
SELECT 学生信息.*, Year(Date())-Year([出生日期]) AS 年龄
FROM 学生信息
WHERE (((Year(Date())-Year([出生日期]))>(SELECT Avg(Year(Date())-Year([出生
日期])) FROM [学生信息])));
```

即在 WHERE 子句中又嵌套了一个 SELECT 语句。

（4）切换到数据表视图，查询结果如图 3.69 所示。

查询1：选择查询

学号	姓名	性别	出生日期	入学年份	专业	照片	年龄
090101	王朋	男	1990-5-23	2009	计算机		20
090103	李小妮	女	1989-1-3	2009	计算机		21
090202	赵立平	男	1989-8-9	2009	物理		21
090105	夏雨	女	1988-2-4	2007	计算机		22
090204	罗琳林	女	1988-8-19	2008	物理		22
090301	程国强	男	1990-7-14	2009	计算机		20
090303	江大海	男	1990-12-15	2009	计算机		20
090304	乔恩	女	1990-7-19	2009	计算机		20

记录：1 共有记录数：8

图 3.69 子查询的结果

注意，子查询的 SQL 语句不能定义联合查询或交叉表查询。

3.7 编辑和使用查询

创建查询后，如果对其中的设计不满意，或因情况发生变化使得所建查询不能满足需要，可以在设计视图中进行修改。例如，添加、删除、移动或更改字段，添加、删除表等。如果需要，也可以对查询进行一些相关操作。例如，运行查询，查看结果，依据某个字段排列查询中的记录等。

3.7.1 运行已创建的查询

在创建查询时，用户可以通过工具栏上的“运行”按钮 ! 和“视图”按钮查看查询结果。创建查询后，可以通过以下两种方法实现：

（1）在数据库窗口中单击“查询”对象，选中要运行的查询，然后单击“打开”按钮。

（2）在数据库窗口中单击“查询”对象，然后双击要运行的查询。

3.7.2 编辑查询中的字段

编辑字段主要包括添加、删除、移动字段或更改字段名。

1．添加字段

操作步骤如下：

（1）在数据库窗口的“查询”对象中，单击要修改的查询，然后单击“设计”按钮，打开查询设计视图。

（2）双击要添加的字段，则该字段将添加到设计网格的第 1 个空白列中；如果要在某一个字段前插入字段，则单击要添加的字段，并按住鼠标左键不放将其拖动到该字段的位置上；如果一次要添加多个字段，则按住 Ctrl 键并单击要添加的字段，然后将它们拖动到设计网格中；如果要将某一表的所有字段添加到设计网格中，则双击该表的标题栏，选中所有字段，然后将光标放到字段列表区中的任意位置，按下鼠标左键不放，将其拖动到设计网格的第 1 个空白列中，然后释放鼠标左键。

（3）单击工具栏上的"保存"按钮保存所做的修改。

2．删除字段

操作步骤如下：

（1）使用设计视图打开要修改的查询。

（2）单击要删除字段的字段选择器或要删除字段所在的列，然后选择【编辑】→【删除】命令或按 Delete 键。

（3）单击工具栏上的"保存"按钮，保存所做的修改。

3．移动字段

在设计查询时，字段的排列顺序非常重要，它影响数据的排序和分组。Access 在排序查询结果时，首先按照设计网络中排列最靠前的字段排序，然后再按下一个字段排序。用户可以根据排序和分组的需要，移动字段来改变字段的顺序。操作步骤如下：

（1）使用查询设计视图打开要修改的查询。

（2）单击要移动字段对应的字段选择器，并按住鼠标左键不放拖动鼠标至新的位置。如果要将移动的字段移到某一个字段的左侧，则将鼠标拖到该列，当释放鼠标时，将把被移动的字段移到光标所在列的左侧。

（3）单击工具栏上的"保存"按钮，保存所做的修改。

3.7.3 编辑查询中的数据源

在已建查询的设计视图窗口的字段列表区，每个表或查询的字段列表中列出了可以添加到设计网格中的所有字段。但是，如果在列出的所有字段中没有所需的字段，就要将该字段所属的表或查询添加到设计视图中；反之，如果在设计视图中列出的表或查询没有用，可以将其删除。

1．添加表或查询

操作步骤如下：

（1）使用查询设计视图打开要修改的查询。

（2）单击工具栏上的"显示表"按钮，打开"显示表"对话框。如果要在其中添加表，则选择"表"选项卡，然后双击要添加的表；如果要添加查询，则选择"查询"选项卡，然后双击要添加的查询。

（3）单击"关闭"按钮，关闭"显示表"对话框。

2. 删除表或查询

删除表或查询的操作与添加表或查询的操作相似，首先打开要修改查询的设计视图，单击要删除的表或查询，然后选择【编辑】→【删除】命令或按 Delete 键。删除了作为数据源的表或查询后，设计网格中其相关字段也将从查询设计视图中删除。

3.7.4 判断查询结果是否正确

如果查询的数据源来自于多个数据表，数据表之间一定要建立相应关系。如果多表之间没有创建关系，就会导致错误的查询结果，那么如何判断查询结果是否正确呢？下面以例 3.2 中已创建的“学生选课成绩”查询为例进行介绍，如图 3.70 所示。

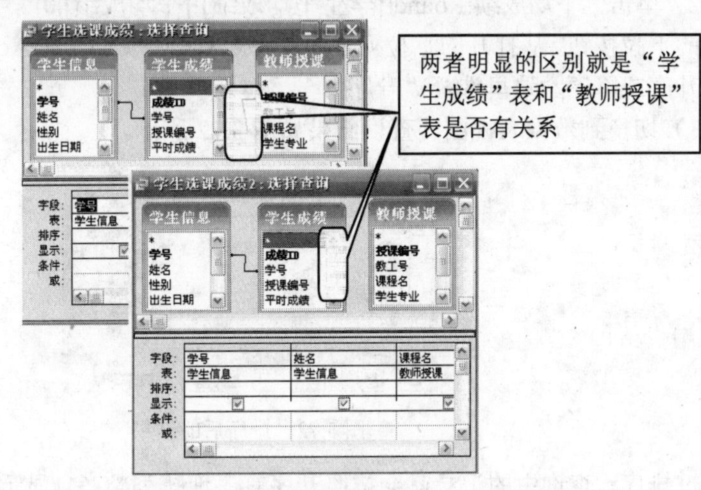

图 3.70 正确与错误的查询设计

在“学生选课成绩”查询中用到了 3 个表，其中记录数最多的是“学生成绩”表，共有 35 条记录数，故此数据库查询无论如何设计，其查询结果不应超过 35 条，如图 3.71 所示。

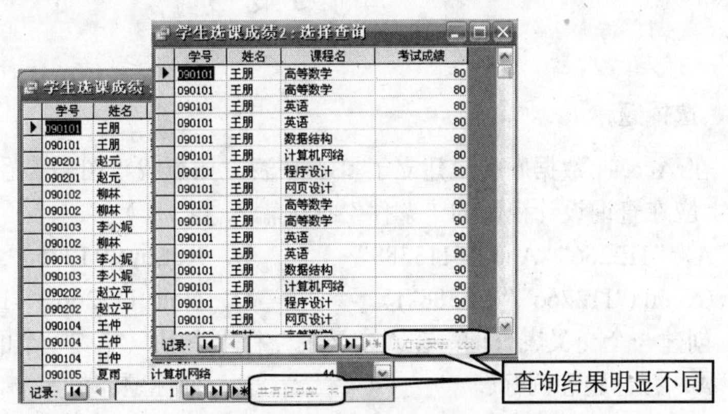

图 3.71 正确与错误的查询结果

一般来说，查询使用的数据表越多，查询结果的记录数可能越少，因为交集会越来越小。反之，如果查询结果的记录数比原始数据表中的记录数还要多的话，说明该查询设计错误。

3.7.5 排序查询的结果

在设计网格中，一般并不对查询的数据进行整理，这样查询后得到的数据很多、很乱，会影响查看。例如，例 3.10 中建立了一个“低于所在班平均成绩学生”的查询，查询结果如图 3.26 所示。从该图中可以看到，记录的显示比较凌乱，不能直观地看出每名学生的成绩排序顺序。如果能够对查询的结果进行排序，就可以改变这种情况。

【例 3.36】对例 3.10 的查询结果按平均成绩从低到高排序。操作步骤如下：

（1）用查询设计视图打开“低于所在班平均分学生”查询。

（2）单击“平均成绩:Round([学生平均成绩]![平均成绩],0)”字段的“排序”行，并单击右侧的下拉按钮，从打开的下拉列表中选择一种排序方式。在 Access 中有两种排序方式，分别为升序或降序。这里选择“升序”。

（3）切换到数据表视图，查询结果如图 3.72 所示。

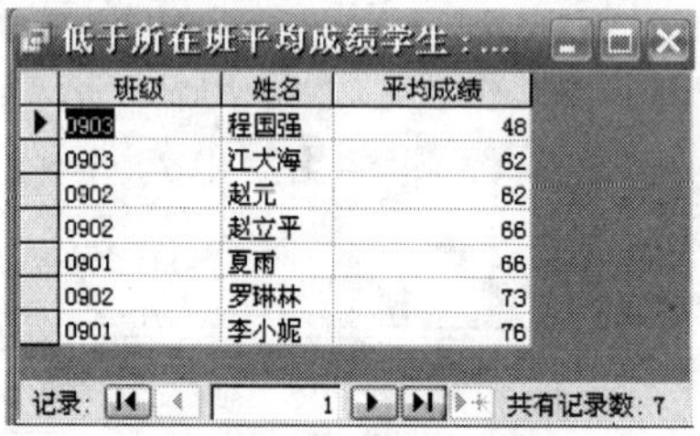

低于所在班平均成绩学生：...

班级	姓名	平均成绩
0903	程国强	48
0903	江大海	62
0902	赵元	62
0902	赵立平	66
0901	夏雨	66
0902	罗琳林	73
0901	李小妮	76

记录：1 共有记录数：7

图 3.72 排序后的结果

通过排序，查询中的记录就会按照升序有序地排列整齐，显示的记录清晰、一目了然，用户查看记录就比较方便了。

习题 3

一、选择题

1．在 Access 数据库中已建立了 tBook 表，如查找“图书编号”是 112266 和 113388 的记录，应在查询设计视图的“条件”行中输入（　　）。

A．“112266” “And ” “113388”　　B．Not In (“112266”, “113388”)

C．In (“112266”,“113388”)　　D．Not(“112266”,“113388”)

2．创建一个交叉表查询，在“交叉表”行上有且只能有一个的是（　　）。

A．行标题和列标题　　B．列标题和值

C．行标题和值　　D．行标题、列标题和值

3．若以已建立的 tEmployee 表为数据源，计算每个职工的年龄（取整），那么正确的计算公式为（　　）。

A．Date()–[出生日期]/365　　B．(Date()–[出生日期]) /365

C．Year(Date())–Year([出生日期])　　D．Year([出生日期])/365

4．将表 A 中的记录添加到表 B 中，要求保持表 B 中原有的记录，可以使用的查询是（　　）。

A．追加表查询　　B．生成表查询　　C．联合查询　　D．传递查询

5．在 Access 的“学生”表中有“学号”、“姓名”、“性别”和“入学成绩”字段。有以下 SELECT 语句：

SELECT 性别,avg(入学成绩) FROM 学生 GROUP BY 性别

其功能是（　　）。

A．计算并显示所有学生的入学成绩的平均值

B．按性别分组计算并显示所有学生的性别和入学成绩的平均值

C．计算并显示所有学生的性别和入学成绩的平均值

D．按性别分组计算并显示性别和入学成绩的平均值

6．在 SQL 查询语句中，用来指定对选定的字段进行排序的子句是（　　）。

A．ORDER BY　　B．FROM　　C．WHERE　　D．HAVING

7．下列关于 SQL 语句的说法中，错误的是（　　）。

A．INSERT 语句可以向数据表中追加新的数据记录

B．UPDATE 语句用来修改数据表中已经存在的数据记录

C．DELETE 语句用来删除数据表中的记录

D. SELECT…INTO 语句用来将两个或更多个表或查询中的字段合并到查询结果的一个字段中。

8．如果表中有一个“姓名”字段，查找姓“王”的记录条件是（　　）。

A．Not“王*”　　B．Like“王”　　C．Like“王*”　　D．“王”

9．在查询中要统计记录的个数，应使用的函数是（　　）。

A．SUM　　B．COUNT(列名)　　C．COUNT(*)　　D．AVG

10．要想查询电话号码中以 6 开头的所有记录（电话号码字段为文本型数据），在“条件”行输入（　　）。

A．like “6*”　　B．like “6?”　　C．like “6#”　　D．like 6*

二、填空题

1．Access 中支持的 5 种查询分别是________、________、________、________和________。

2．创建交叉表查询，必须对行标题和________进行分组操作。

3．在 SQL 的 SELECT 语句中，用________短语对查询的结果进行排序。

4．在 SQL 的 SELECT 语句中，用于实现选择运算的短语是________。

5．若要查找最近 20 天之内参加工作的职工记录，查询条件为________。

6．操作查询共有 4 种类型，分别是删除查询、________、追加查询和生成表查询。

第4章　窗　　体

窗体是Access 2003数据库中的一个非常重要的对象，它为用户提供一个形式友好、内容丰富的数据库操作界面。窗体不仅可以作为输入数据、编辑数据、显示统计和查询数据的常用界面，还可以将整个应用程序组织起来，控制程序流程，形成一个完整的应用系统，是开发数据库应用系统的重用工具。对于普通用户，基本上可以不必了解数据库的使用方法，而直接通过窗体界面来使用应用系统的各种功能即可。窗体是数据库中最灵活的对象，是联系数据库和用户之间的桥梁。

4.1　窗体的基本类型

按照不同的分类方法，Access 2003的窗体对象可分为多种。下面将主要介绍根据数据记录的显示方式和窗体的应用功能两种方法进行分类。

4.1.1　根据数据记录的显示方式划分

1．纵栏式窗体

纵栏式窗体上的每一条记录的各字段都显示在一个独立的行上，并且旁边带有一个标签显示字段名（如图4.1所示）。纵栏式窗体每次只能显示一条记录，当记录数量较少或记录中包含的信息较少时可使用该窗体。

2．表格式窗体

表格式窗体上的每条记录的所有字段都显示在一行上，字段名显示在窗体的顶端（如图4.2所示）。表格式窗体可以同时显示多条记录，当需要同时显示较多的记录时可使用该窗体。

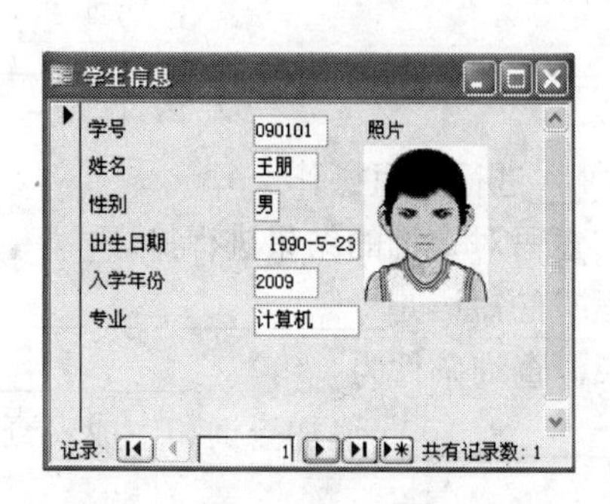

图4.1　纵栏式窗体

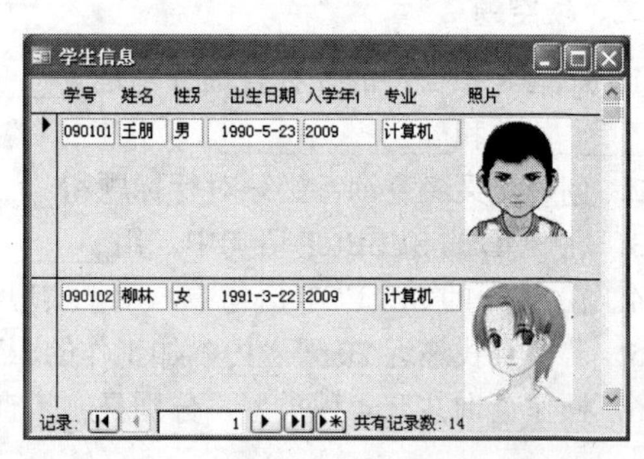

图4.2　表格式窗体

3．数据表式窗体

在数据表式窗体上，以行和列的形式显示数据，即每条记录显示为一行，每个字段显示为一列，字段名显示在窗体的顶端（如图 4.3 所示）。数据表式窗体外观类似于在数据表视图下显示的表。数据表式窗体也可以同时显示多条记录，当需要浏览、打印大量记录时可使用该窗体。

4．数据透视表窗体

数据透视表是一种对大量数据快速汇总和建立交叉列表的交互式表格，它主要用于数据的分析，即对记录进行多种角度的“数据透视”，将分析结果显示为易读、易懂的表（如图 4.4 所示）。

学生信息

学号	姓名	性别	出生日期	入学年份	专业	照片
090101	王朋	男	1990-5-23	2009	计算机	位图图像
090102	柳林	女	1991-3-22	2009	计算机	位图图像
090103	李小妮	女	1989-1-3	2009	计算机	
090104	王仲	男	1993-9-9	2009	计算机	
090105	夏雨	女	1988-2-4	2007	计算机	
090201	赵元	男	1992-4-11	2009	物理	
090202	赵立平	男	1989-8-9	2009	物理	
090203	石磊	男	1994-5-16	2008	物理	
090204	罗琳林	女	1988-8-19	2008	物理	
090205	林三	女	1991-10-10	2008	物理	
090301	程国强	男	1990-7-14	2009	计算机	
090302	李强	男	1992-11-14	2008	计算机	

记录：1 共有记录数：14

图 4.3　数据表式窗体

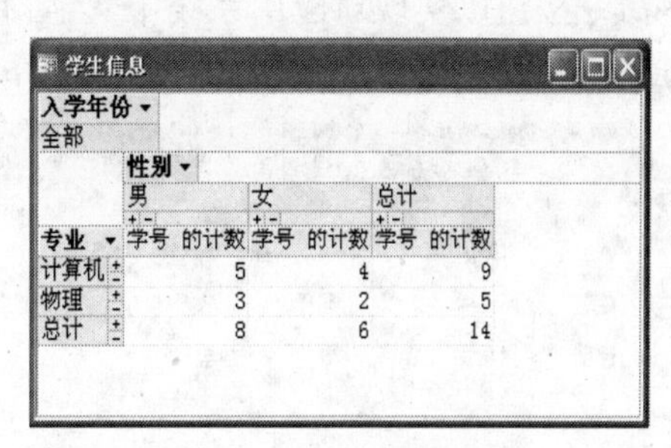

学生信息

入学年份：全部

专业	男 学号 的计数	女 学号 的计数	总计 学号 的计数
计算机	5	4	9
物理	3	2	5
总计	8	6	14

图 4.4　数据透视表窗体

5．图表窗体

图表窗体可以利用图表的方式直观地显示汇总的信息，方便地进行数据对比和分析，直观地显示出数据的变化趋势（如图 4.5 所示）。

6．主/子窗体

子窗体是指在一个窗体中插入的窗体，原窗体称为主窗体，主窗体可含有一个或多个子窗体。当需要显示具有“一对多”关系的表或查询中的数据时可用该种窗体（如图 4.6 所示）。

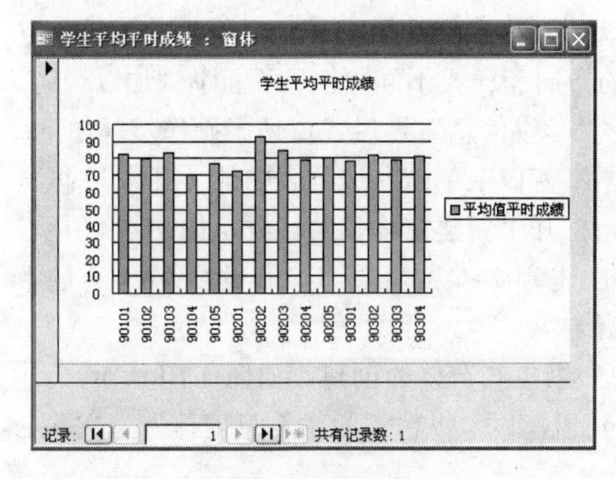

图 4.5　图表窗体

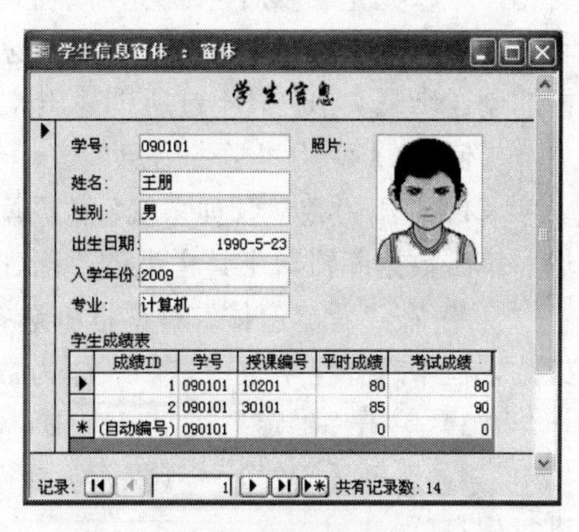

成绩ID	学号	授课编号	平时成绩	考试成绩
1	090101	10201	80	80
2	090101	30101	85	90
(自动编号)	090101		0	0

图 4.6　主/子窗体

4.1.2 按照窗体的应用功能划分

1. 数据交互型窗体

数据交互型窗体主要用于对数据库中的相关数据进行显示、添加、编辑和修改等操作，是数据库应用系统中应用最多的一类窗体。图 4.7 是一个教师基本信息的数据交互型窗体，在该窗体中可以实现对教师基本信息的显示、添加、编辑和修改等操作。

2. 命令选择型窗体

命令选择型窗体主要用于数据库应用系统控制界面的设计。例如，在该类窗体上放置一些命令按钮以实现对应用系统中其他窗体的调用。图 4.8 显示了一个应用系统的主界面，通过单击界面上的不同按钮，可以调用系统的不同功能模块，完成不同的操作。

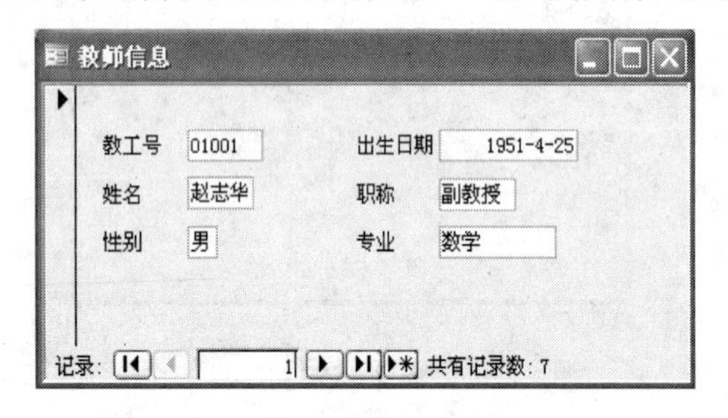

图 4.7 数据交互型窗体

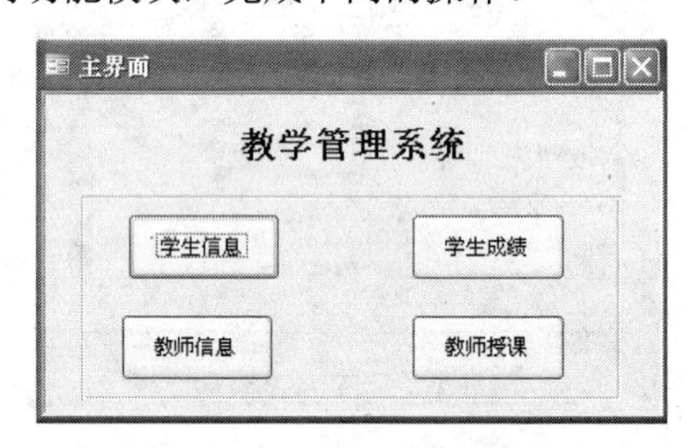

图 4.8 命令选择型窗体

4.2 自动创建窗体

自动创建窗体方法是最简单、最快捷的创建窗体的方法，使用这种方法创建的窗体包含了选定表或查询中所有的字段。窗体的风格和布局等是系统规定的，如果要进行更改或美化，可以在完成以后再通过使用窗体设计视图进行修改。

使用自动创建窗体方法可以快速创建纵栏式、表格式和数据表式 3 种类型的窗体，它们的创建步骤类似，只不过所创建出来的窗体的布局和样式不同而已。下面举例加以说明。

【例 4.1】利用“学生信息”表，创建一个“学生信息”纵栏式窗体。操作步骤如下：

（1）打开“教学管理系统”数据库，在数据库窗口中单击左边列表中的“窗体”对象，然后单击数据库窗口工具栏上的“新建”按钮，打开“新建窗体”对话框，如图 4.9 所示。

（2）在“新建窗体”对话框中选择“自动创建窗体：纵栏式”选项，然后在下方的下拉列表框中选择“学生信息”表作为数据的来源。

（3）单击“确定”按钮，完成“学生信息”纵栏式窗体的创建，如图 4.10 所示。

（4）选择【文件】→【保存】命令，把新建窗体以“纵栏式学生信息窗体”为文件名进行保存。

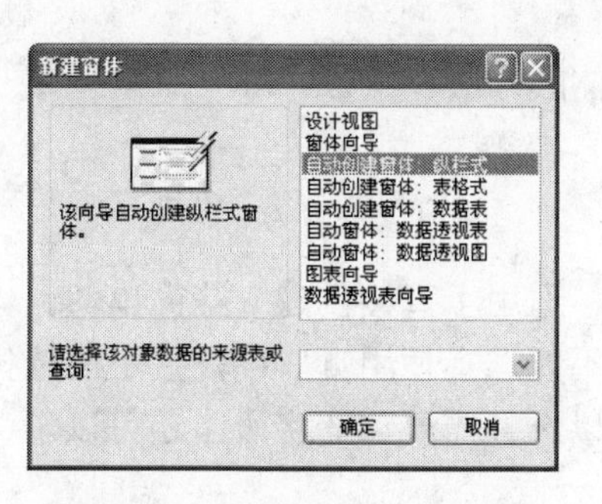

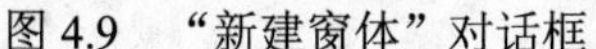

图 4.9 “新建窗体”对话框

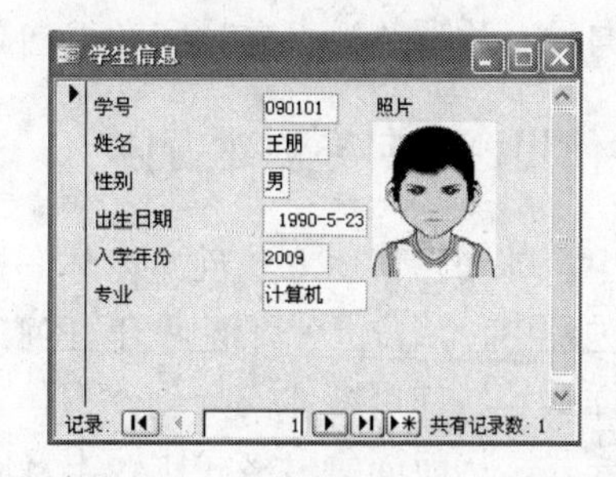

图 4.10 “学生信息”纵栏式窗体

【例 4.2】利用“学生信息”表创建一个“学生信息”表格式窗体。操作步骤如下：

（1）在数据库窗口中单击左边列表中的“窗体”对象，然后单击数据库窗口工具栏上的“新建”按钮，打开“新建窗体”对话框。

（2）在“新建窗体”对话框中选择“自动创建窗体：表格式”选项，然后在下方的下拉列表框中选择“学生信息”表作为数据的来源。

（3）单击“确定”按钮，完成“学生信息”表格式窗体的创建，如图 4.11 所示。

（4）选择【文件】→【保存】命令，把新建窗体以“表格式学生信息窗体”为文件名进行保存。

【例 4.3】利用“学生信息”表，创建一个“学生信息”数据表式窗体。操作步骤如下：

（1）在数据库窗口中单击左边列表中的“窗体”对象，然后单击数据库窗口工具栏上的“新建”按钮，打开“新建窗体”对话框。

（2）在“新建窗体”对话框中选择“自动创建窗体：数据表”选项，然后在下方的下拉列表框中选择“学生信息”表作为数据的来源。

（3）单击“确定”按钮，完成“学生信息”数据表式窗体的创建，如图 4.12 所示。

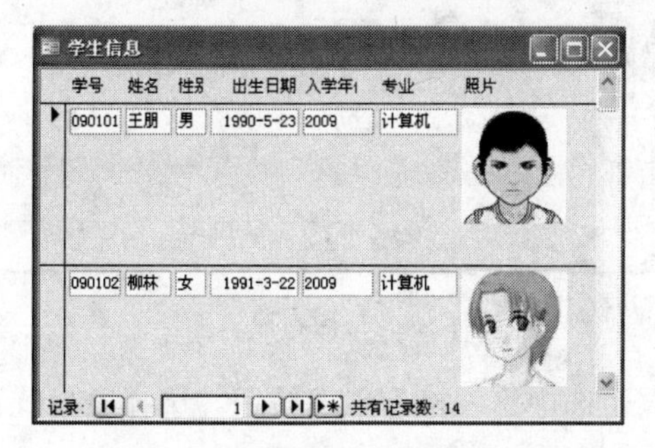

图 4.11 “学生信息”表格式窗体

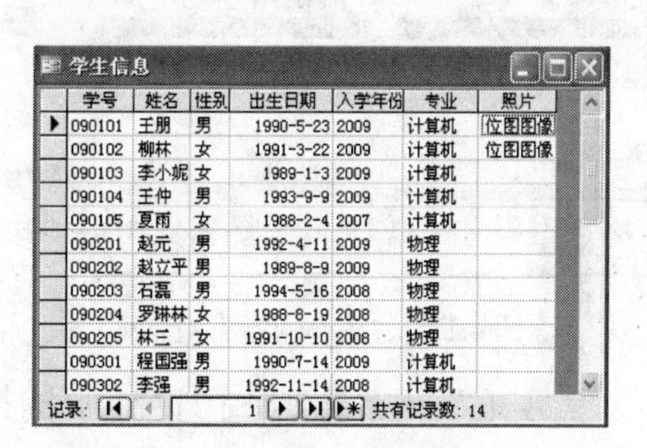

学号	姓名	性别	出生日期	入学年份	专业	照片
090101	王朋	男	1990-5-23	2009	计算机	位图图像
090102	柳林	女	1991-3-22	2009	计算机	位图图像
090103	李小妮	女	1989-1-3	2009	计算机	
090104	王仲	男	1993-9-9	2009	计算机	
090105	夏雨	女	1988-2-4	2007	计算机	
090201	赵元	男	1992-4-11	2009	物理	
090202	赵立平	男	1989-8-9	2009	物理	
090203	石磊	男	1994-5-16	2008	物理	
090204	罗琳林	女	1988-8-19	2008	物理	
090205	林三	女	1991-10-10	2008	物理	
090301	程国强	男	1990-7-14	2009	计算机	
090302	李强	男	1992-11-14	2008	计算机	

图 4.12 “学生信息”数据表式窗体

（4）选择【文件】→【保存】命令，把新建窗体以“数据表式学生信息窗体”为文件名进行保存。

4.3 使用向导创建窗体

使用向导可以快速创建出一般窗体、数据透视表窗体和图表窗体。下面将简单介绍使用窗体向导、数据透视表向导和图表向导创建窗体的方法和步骤。

4.3.1 使用窗体向导创建窗体

使用自动创建窗体方法创建窗体，操作简单，适用于直接创建一些简单的窗体。但是在创建过程中，用户几乎不能做出任何选择，如不能选择使用哪些字段，不能选择表格的布局和样式等。使用窗体向导创建窗体，不仅可以选择需要哪些字段，还可以定义窗体的布局和样式，从而创建出格式比较丰富的窗体。

【例 4.4】使用窗体向导创建一个“教师信息”表格式窗体。要求窗体中包含“教工号”、“姓名”、“性别”、“职称”和“专业”字段，使用“混合”样式。操作步骤如下：

（1）打开“教学管理系统”数据库，在数据库窗口中单击左边列表中的“窗体”对象，然后双击数据库窗口右边的“使用向导创建窗体”选项，打开“窗体向导”对话框，如图 4.13 所示。

（2）在“窗体向导”对话框中选择窗体数据的来源和所用的字段。在“表/查询”下拉列表框中选择数据来源“表：教师信息”。在“可用字段”列表框中显示了该数据源的全部可用字段，“选定的字段”列表框中显示了用户选定的需要在窗体中显示的字段名。用户可将“可用字段”列表框中的字段根据要求添加到“选定的字段”列表框中。选择字段完成后，单击“下一步”按钮，打开窗体布局界面，如图 4.14 所示。

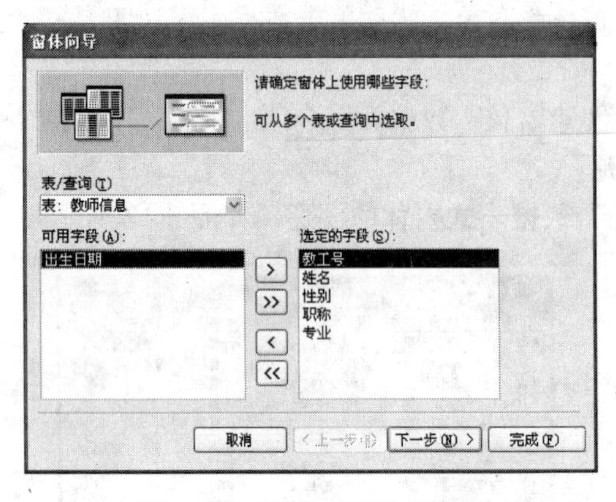

图 4.13 “窗体向导”对话框

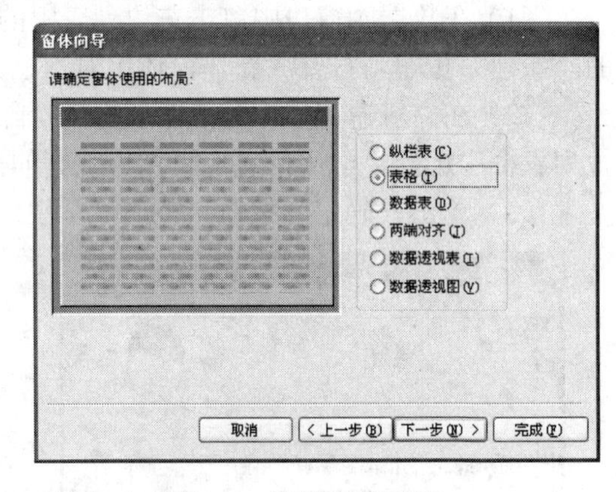

图 4.14 窗体布局界面

（3）在窗体布局界面中选择窗体使用的布局。选中“表格”单选按钮，选择表格式窗体布局，然后单击“下一步”按钮，打开窗体样式界面，如图 4.15 所示。

（4）在窗体样式界面中选择窗体使用的样式。在界面的样式列表框中选择“混合”样式，然后单击“下一步”按钮，打开指定标题界面，如图 4.16 所示。

（5）在指定标题界面中输入窗体的标题。在“请为窗体指定标题”文本框中输入窗体的标题“表格式教师信息窗体”，然后单击“完成”按钮，完成整个窗体的创建。

如果用户对默认的设置不满意，可在该界面下方选中“修改窗体设计”单选按钮，在窗体设计视图中进行设计修改，后面章节将讲到这一点。

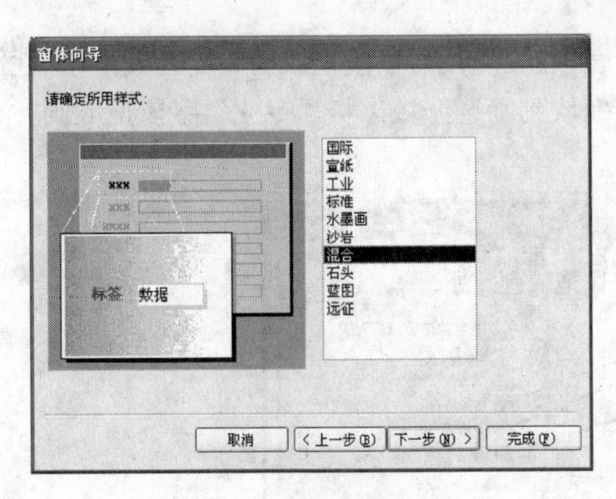

图 4.15　窗体样式界面

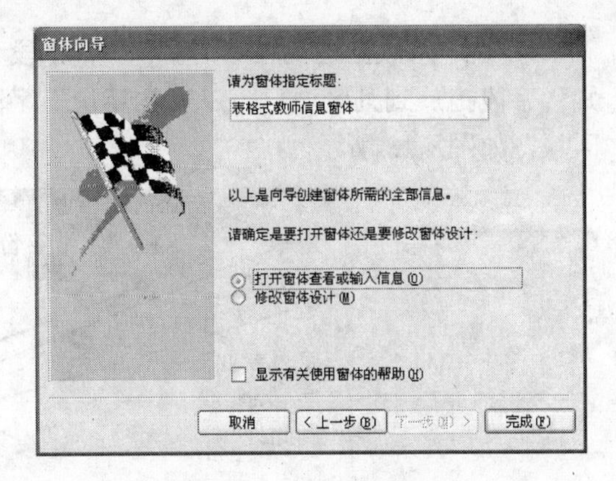

图 4.16　指定标题界面

4.3.2　使用数据透视表向导创建窗体

数据透视表是一种对大量数据快速汇总和建立交叉列表的交互式表格。通过它既可以转换行和列以查看源数据的不同汇总结果，又可以显示不同页面以筛选数据，还可以根据需要显示区域中的明细数据。利用 Access 2003 中提供的数据透视表向导可以快速创建一个数据透视表窗体。

【例 4.5】利用数据透视表向导，创建一个统计各年入学的不同专业男女生人数的数据透视表窗体。操作步骤如下：

（1）在 Access 2003 中打开“教学管理系统”数据库。

（2）在数据库窗口中单击左边列表中的“窗体”对象，然后单击数据库窗口的工具栏上的“新建”按钮，打开“新建窗体”对话框。

（3）在“新建窗体”对话框中选择“数据透视表向导”选项，然后在下方的下拉列表框中选择“学生信息”表作为数据的来源，然后单击“确定”按钮，这时将会弹出显示数据透视表说明的对话框，直接单击“下一步”按钮。

（4）在弹出的“数据透视表向导”对话框中加入所需的字段“学号”、“性别”、“入学年份”和“专业”，然后单击“完成”按钮，如图 4.17 所示。

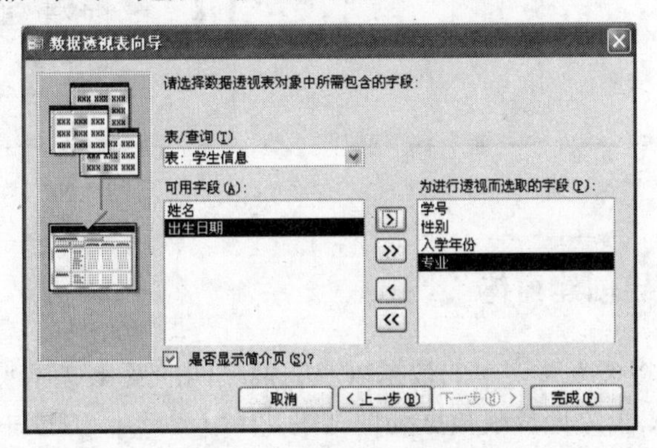

图 4.17　确定数据透视表字段

（5）进入数据透视表布局窗口，将字段列表中的“学号”字段拖放到数据区域，将“性别”字段拖放到列区域，将“入学年份”字段拖放到筛选区域，将“专业”字段拖放到行区域，如图 4.18 所示。

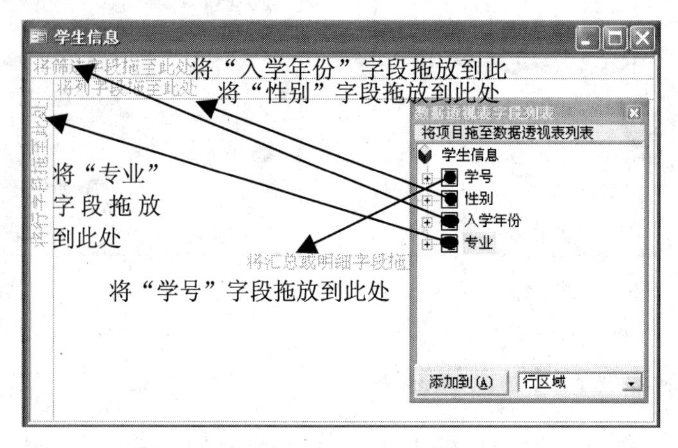

图 4.18　数据透视表布局

（6）将各字段拖放到数据透视表布局窗口的相应区域后，选中数据区域中的“学号”字段标签，然后单击工具栏上的“自动计算”按钮Σ，在弹出的菜单中选择“计数”命令，如图 4.19 所示。

（7）单击行区域中各专业名称右边的“-”号以隐藏明细信息，显示汇总信息，可以通过选择筛选区域中的不同入学年份进行统计。

（8）选择【文件】→【保存】命令，把新建窗体以“男女生人数统计”为文件名进行保存，最后完成的数据透视表窗体如图 4.20 所示。

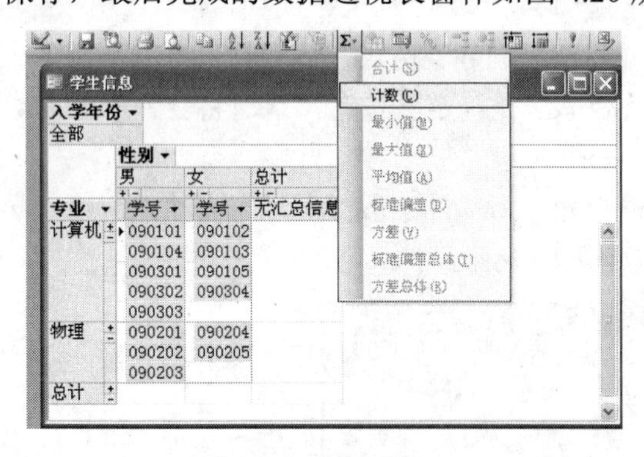

图 4.19　汇总设置

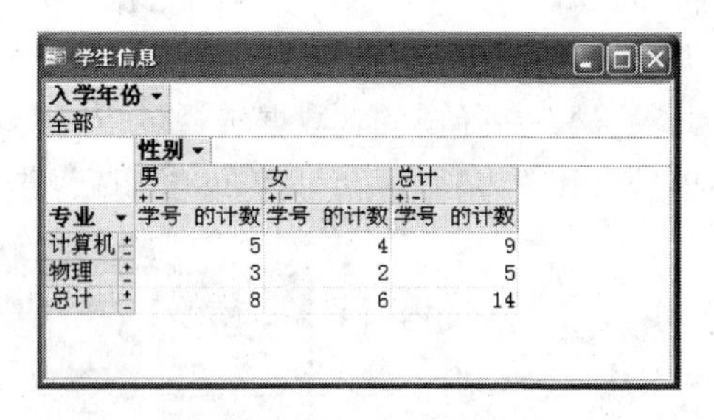

图 4.20　数据透视表窗体

4.3.3　使用图表向导创建窗体

在实际应用中，将表或查询中的数据以及它们之间的变化规律或者发展趋势使用图表来表示可以更加直观、形象地反映数据处理结果。利用 Access 2003 中提供的图表向导可以快速创建一个图表窗体。

【例 4.6】利用图表向导创建一个“学生平均考试成绩”图表窗体。操作步骤如下：

（1）在 Access 2003 中打开“教学管理系统”数据库。

（2）在数据库窗口中单击左边列表中的“窗体”对象，然后单击数据库窗口工具栏上的“新建”按钮，打开“新建窗体”对话框。

（3）在“新建窗体”对话框中选择“图表向导”选项，然后在下方的下拉列表框中选择“学生成绩”表作为数据来源，最后单击“确定”按钮。

（4）在“图表向导”对话框中添加所需的字段“学号”和“考试成绩”，再单击“下一步”按钮，如图 4.21 所示。

（5）在图 4.22 所示的界面中选取第 2 个图表类型即三维柱形图，再单击“下一步”按钮。

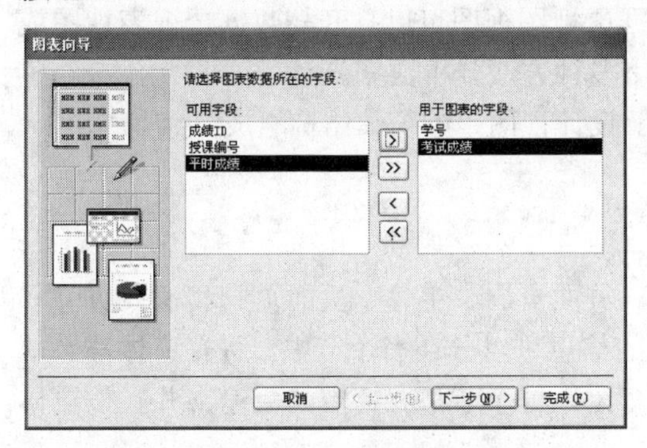

图 4.21　确定图表字段

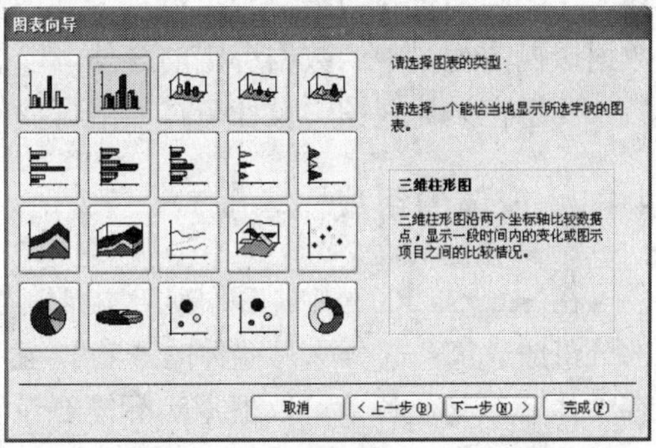

图表向导
请选择图表的类型:
请选择一个能恰当地显示所选字段的图表。
三维柱形图
三维柱形图沿两个坐标轴比较数据点，显示一段时间内的变化或图示项目之间的比较情况。
取消
< 上一步(B)
下一步(N) >
完成(F)

图 4.22　确定图表类

（6）在图 4.23 所示的界面中指定数据在图表中的布局方式。双击“求和考试成绩”标签，将弹出“汇总”对话框，在其中选择“平均值”选项，然后单击“确定”按钮返回图表布局界面，最后单击“下一步”按钮。

（7）在弹出的界面中，输入图表的标题为“学生平均考试成绩”，单击“完成”按钮。

（8）选择【文件】→【保存】命令，把新建窗体以“学生平均考试成绩”为文件名进行保存，最后完成的图表窗体如图 4.24 所示。

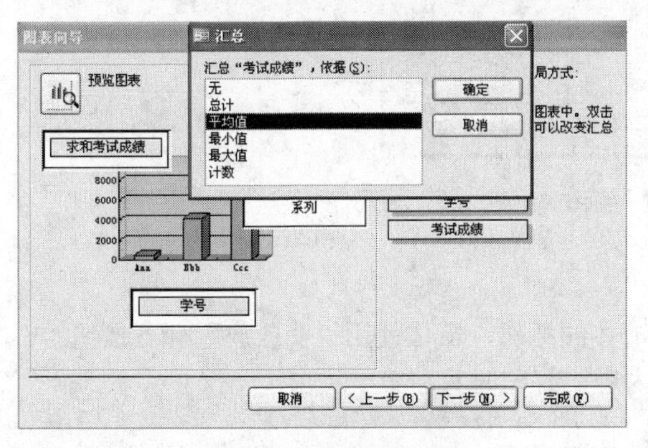

图 4.23　确定图表布局

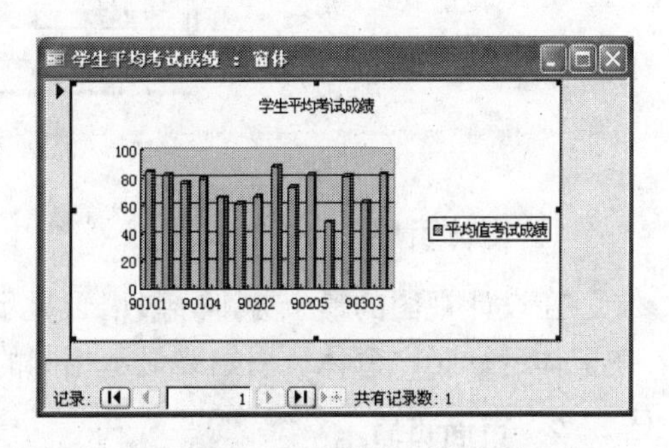

图 4.24　完成后的图表窗体

4.4 使用设计视图创建窗体

窗体的视图是窗体的外观表现形式，窗体的不同视图具有不同的功能和应用范围。在Access 2003 中，有设计视图、窗体视图、数据表视图、数据透视表视图和数据透视图视图5 种视图。设计视图是创建或修改窗体的窗口，任何类型的窗体均可通过设计视图来完成创建。窗体视图是窗体运行时的显示格式，用于查看在设计视图中所建立的窗体的运行结果，在窗体的设计过程中需要经常不断地在这两种视图之间切换，以完善窗体的设计。数据表视图是以行和列的格式显示表、查询或窗体数据的窗口，在数据表视图中可以编辑、修改、删除和查找数据。数据透视表视图和数据透视图视图可以打开与数据透视表视图或数据透视图视图中的数据绑定的窗体，以便使用多种方法分析数据。

要想在设计视图中设计窗体，就需要先了解设计视图中的窗体结构组成。

4.4.1 窗体的组成

在 Access 2003 中，窗体通常由窗体页眉、页面页眉、主体、页面页脚和窗体页脚 5 部分组成，每一部分称为窗体的“节”。窗体中的信息可以分在多个节中，所有窗体都必须有主体节，其他各节可以根据实际需要设置其有无。每个节都有特定的用途，并且按窗体中预览的顺序打印。

在设计视图窗口中，一般默认只看到窗体的主体节，如果需要使用其他节，可以选择【视图】→【页面页眉/页脚】以及【窗体页眉/页脚】命令，如图 4.25 所示。

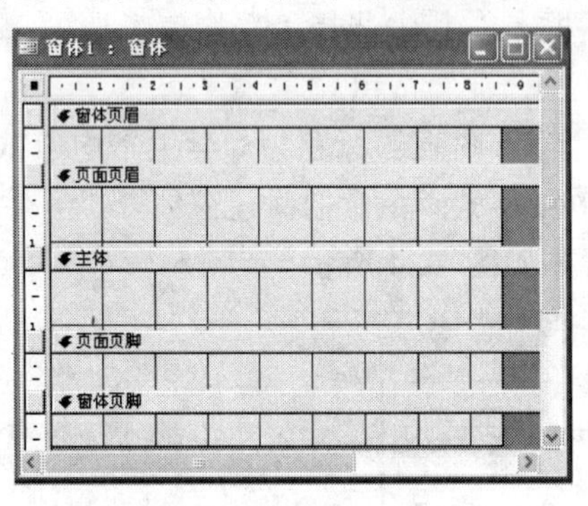

图 4.25 窗体的组成

1. 窗体页眉

在设计视图的最上方，一般用于显示窗体的标题、窗体使用说明或放置任务按钮等。在窗体运行时，窗体页眉始终显示相同的内容，打印时只在第 1 页出现一次。

2. 页面页眉

在窗体页眉的下方，用于设置窗体打印时的页头信息，如标题、字段标题或其他信息。页面页眉只出现在打印的窗体上，打印时出现在每页的顶部。

3．主体

在设计视图的中间，用于显示窗体数据源的记录。主体是窗体必不可少的主要部分，绝大多数的控件和记录都出现在主体节上。

4．页面页脚

在主体的下方，用于设置窗体在打印时的页脚信息，如日期、页码或其他信息。页面页脚只出现在打印的窗体上。

5．窗体页脚

在设计视图的最下方，与窗体页眉的功能基本相同，一般用于显示对记录的操作说明和设置命令按钮等。

窗体的各节既可以隐藏也可以调整大小、设置节属性、放置控件等。但是由于窗体主要用于应用系统与用户的交互，通常在窗体设计时很少考虑页面页眉和页面页脚的设计。

4.4.2 在设计视图中创建窗体

使用自动创建窗体和向导创建窗体方法虽然可以快捷地创建一些比较简单的窗体，但是所创建的窗体内容和格式可选择的余地不大，大部分都是系统设定的，只能满足一般的显示要求。如果想创建能满足实际需要或具有个性化的窗体，需要通过窗体设计视图来进行设计，利用窗体设计视图提供的各项功能和工具箱中的控件，用户可以设计出满足实际需求的窗体。

【例 4.7】利用窗体设计视图创建一个“学生信息”窗体。操作步骤如下：

（1）在 Access 2003 中打开“教学管理系统”数据库。

（2）在数据库窗口中单击左边列表中的“窗体”对象，然后单击数据库窗口工具栏上的“新建”按钮，打开“新建窗体”对话框。

（3）在“新建窗体”对话框中，选择“设计视图”选项，并为新窗体选择数据的来源，从下方的下拉列表框中选择“学生信息”表作为窗体的数据来源，如图 4.26 所示。

（4）单击“确定”按钮，打开窗体设计视图，将创建一个只有主体节的空白窗体。窗体设计视图由标尺、节、网格、工具箱和字段列表等常见元素组成，如图 4.27 所示。

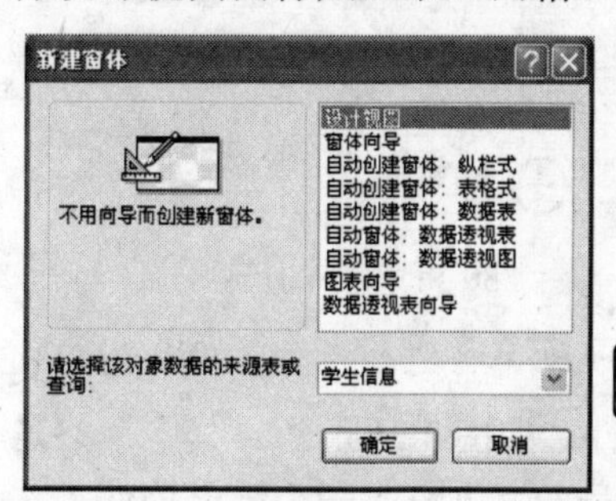

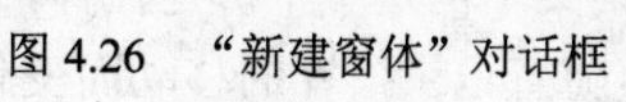
图 4.26 “新建窗体”对话框

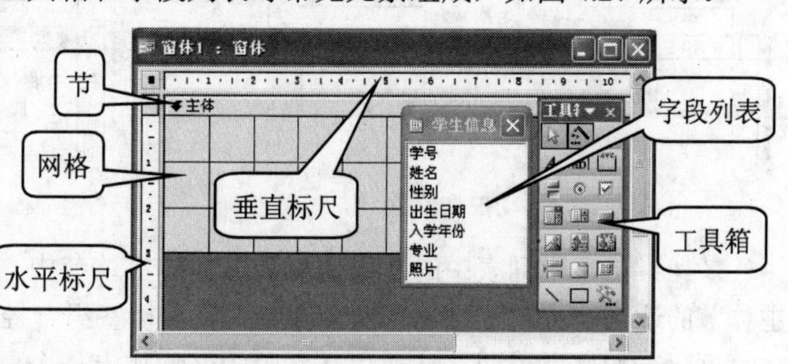

图 4.27 窗体设计视图

（5）选择【视图】→【窗体页眉/页脚】命令，在窗体中添加窗体页眉和页脚节。

（6）在窗体页眉节中添加一个标签控件。先在工具箱中单击“标签”按钮，然后在窗体页眉节中按住鼠标左键绘出一个标签控件，并在光标处输入“学生信息”，最后按 Enter 键确认，如图 4.28 所示。

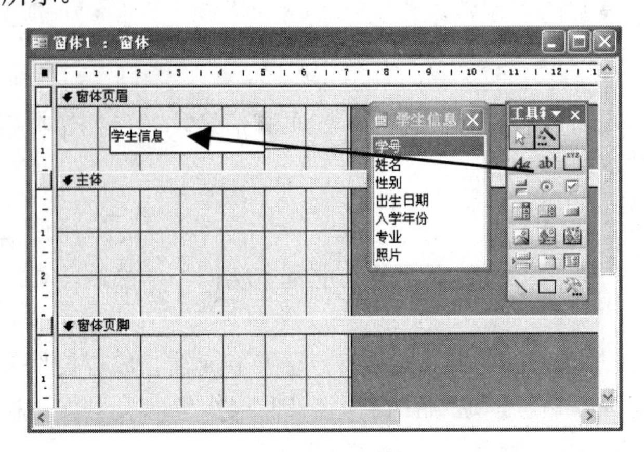

图 4.28　向窗体中添加标签控件

（7）设置标签文本的格式。选中标签控件，在格式工具栏上把文本的字体设置为“华文行楷”，字号为 16 磅。

（8）调整标签控件的位置和大小。将鼠标移到标签控件边框上，待鼠标指针变成手掌形状时，按住鼠标左键将标签控件拖拽到窗体页眉水平中间的位置上，将鼠标放到各控点上，按住鼠标左键拖拽可以改变控件大小，如图 4.29 所示。

注意：将鼠标指向控件左上角最大的控点，鼠标指针变成手指形状时，按住鼠标左键拖动，可以移动控件本身，但不包括和它组合在一起的其他控件；若移动到控件的其他地方，当鼠标指针变成手掌形状时，按住鼠标左键拖动，可以移动整个组合在一起的控件。

（9）调整窗体各节的高度和宽度。把鼠标指向窗体各节的下边线，当鼠标变成形状时，按住鼠标左键向上或向下拖拽，可减小或增加节的高度；把鼠标指向窗体各节的右边线，用同样的方法可改变窗体各节的宽度，如图 4.30 所示。

图 4.29　移动控件位置

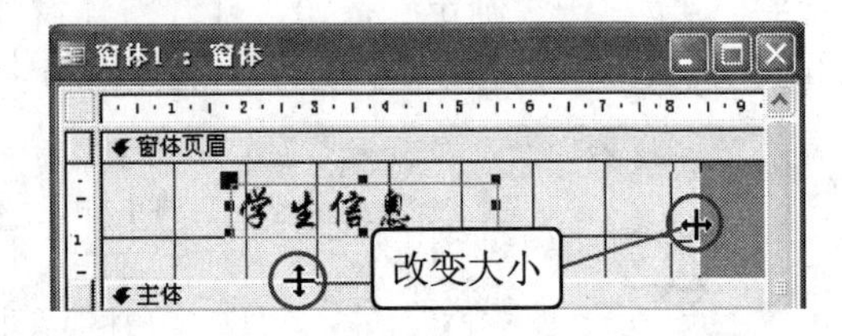

图 4.30　改变节的尺寸

（10）将字段列表中的字段拖放到窗体的主体节中。选中“学号”字段，将其拖放到主体节的适当位置，这时会自动出现文本框和标签组合控件，如图 4.31 所示。其中标签是文本框附带的文字说明，默认值是字段的名称加上一个冒号；文本框是一个绑定控件，它与字段列表中某个字段的数据互相绑定，窗体运行时，其内容随着记录指针的移动而变化。

（11）重复步骤（10）的操作，依次将所有字段拖放到主体窗口的适当位置，如图 4.32

所示。也可以按住 Shift 键或 Ctrl 键，在字段列表中依次选中多个字段，然后按住鼠标左键将选中的字段同时拖放到主体窗口中。

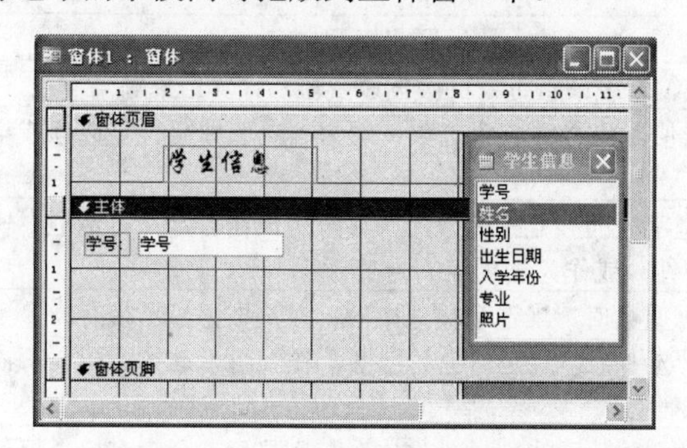

图 4.31 将字段添加到窗体中

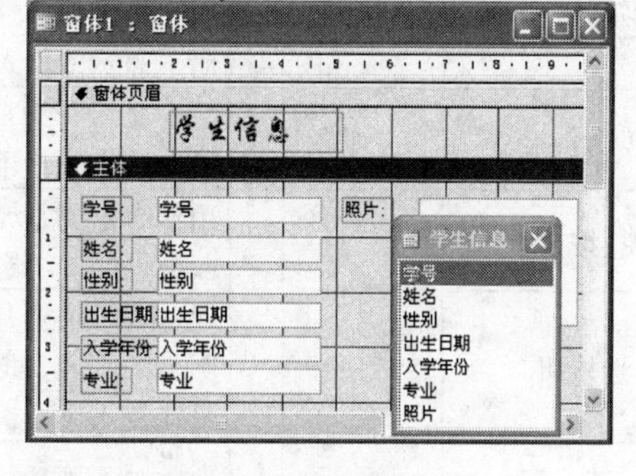

图 4.32 拖入所需字段

（12）对齐控件。选定设计视图窗口中左侧的标签控件，然后选择【格式】→【对齐】→【靠左】命令，所选的控件将以第 1 个被选定的标签为基准左对齐。

（13）选择【视图】→【窗体视图】命令，此时将看到如图 4.33 所示的窗体。

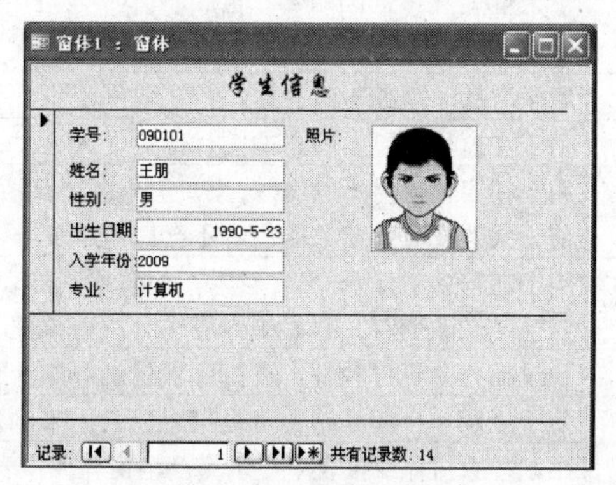

图 4.33 窗体视图

（14）选择【文件】→【保存】命令，把新建窗体以“学生信息窗体”为文件名进行保存。

4.4.3 常用控件及其使用方法

控件是窗体上用于显示或编辑数据、执行操作以及装饰窗体的对象。例如，可以在窗体中使用文本框显示或编辑数据、使用命令按钮打开另一个窗体、使用图像控件显示一幅图像、使用线条或矩形来分隔与组织控件以增强它们的可读性等。

在 Access 2003 中提供了多种类型的控件，包括标签、文本框、选项组、切换按钮、单选按钮、复选框、组合框、列表框、命令按钮、图像、未绑定对象框、绑定对象框、分页符、选项卡、子窗体/子报表、直线、矩形以及其他 ActiveX 控件等，在表 4.1 中列出了各常用控件的作用。通过窗体设计视图中的工具箱可以使用这些控件，如图 4.34 所示。

表 4.1 窗体中的控件及其作用

控件名称	控件图标	控件作用
标签	Aa	用于显示说明性文本，如窗体上的标题或指示文字
文本框	ab|	用于显示、输入或编辑表或查询中的数据以及显示计算结果等
选项组		用于显示一组可选值，只选择一个选项，通常与单选按钮、复选框或切换按钮搭配使用
切换按钮		用作绑定到是/否型字段的独立控件或用于接收用户在自定义对话框中输入数据的非绑定控件，或作为选项组的一部分
单选按钮		通常用于选择是/否型数值，当选项被选中时，单选按钮显示带有一个黑圆点的圆圈，取消选中时，则是白色的圆圈。在一组单选按钮中，每次只能使一个单选按钮有效
复选框		通常用于选择是/否型数值，当选项被选中时，则显示一个含有检查标记的正方形，否则显示一个空的正方形，在一组复选框中，可以有多个复选框有效
列表框		显示可滚动的数值选项列表，从列表中选择某数据时将更新其绑定的字段值
组合框		文本框和列表框的组合，既可以在文本框中输入数据，也可以在列表框中选择数据项
命令按钮		用于启动一项或一组操作，控制程序流程
图像		用于在窗体中显示静态的图片
未绑定对象框		用于在窗体中显示 OLE 对象，但不绑定到所基的表或查询的字段上，当前记录改变时，对象的内容不会跟着改变
绑定对象框		用于在窗体中显示 OLE 对象，但与所基的表或查询的字段进行了绑定，当前记录改变时，对象的内容也会跟着改变
分页符		通过插入分页符控件，在打印窗体上开始一个新页
选项卡		用于展示单个集合中的多页信息，常用来创建多页的选项卡对话框
子窗体/子报表		用于在原窗体或报表中显示另一个窗体或报表，以便显示来自多表的数据
直线		用于在窗体上添加直线，分隔与组织控件以增强它们的可读性
矩形		用于在窗体上添加矩形框，分隔与组织控件以增强它们的可读性
其他		用于向窗体中添加 ActiveX 控件

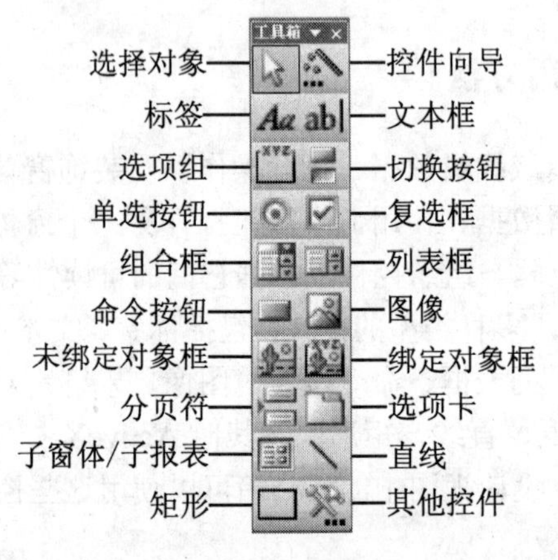

图 4.34 工具箱

1. 文本框

在窗体中，文本框用于显示指定的数据或接收输入的数据，文本框同时还有一个附加的标签控件用来说明其用途。在窗体运行时，文本框控件如果与数据源的某一字段绑定，那么控件显示的就是数据源中该字段的值，当用户对文本框中的数据进行修改时，修改的数据将被写入到该字段中。文本框也可以不绑定到数据源的字段上，用来显示计算的结果或接收用户所输入的数据。在窗体设计视图窗口中，可以通过工具箱上的“文本框”按钮在窗体上添加一个文本框控件。

【例 4.8】在窗体设计视图中，使用文本框控件创建一个“教师信息”窗体。操作步骤如下：

（1）在 Access 2003 中打开“教学管理系统”数据库。

（2）在数据库窗口中单击左边列表中的“窗体”对象，然后单击数据库窗口工具栏上的“新建”按钮，打开“新建窗体”对话框。

（3）在“新建窗体”对话框中，选择“设计视图”选项，并为新窗体选择数据的来源，在下方的下拉列表框中选择“教师信息”表，单击“确定”按钮，打开窗体设计视图。

（4）在窗体主体节中添加一个文本框控件。若工具箱中的“控件向导”按钮未按下，单击此按钮先将其按下，然后在工具箱中单击“文本框”按钮abl，把其添加到窗体中，这时将弹出“文本框向导”对话框，如图 4.35 所示。

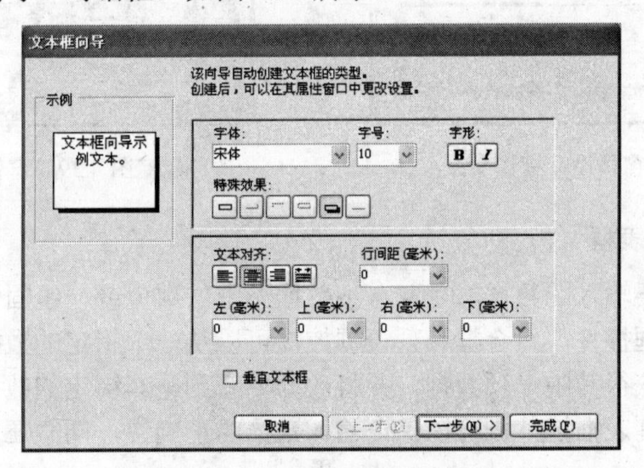

图 4.35　“文本框向导”对话框

（5）在“文本框向导”对话框中，设置文本框的字体为“宋体”，大小为 10 磅，特殊效果为阴影，文本居中对齐，单击“下一步”按钮。

（6）在弹出的对话框中设置当光标移到此对话框时，是否启动中文输入法，选择“输入法开启”，单击“下一步”按钮。

（7）在弹出的对话框中，输入文本框的名称“教工号”，单击“完成”按钮，如图 4.36 所示。

（8）选中文本框控件，单击鼠标右键，在弹出的快捷菜单中选择“属性”命令，将弹出文本框的属性对话框，在该对话框中指定控件来源为“教工号”，以便绑定到“教师信息”表的“教工号”字段上，如图 4.37 所示。

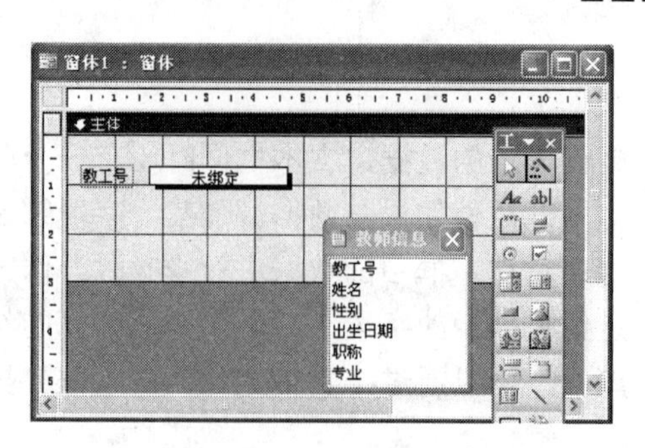

图 4.36　添加文本框

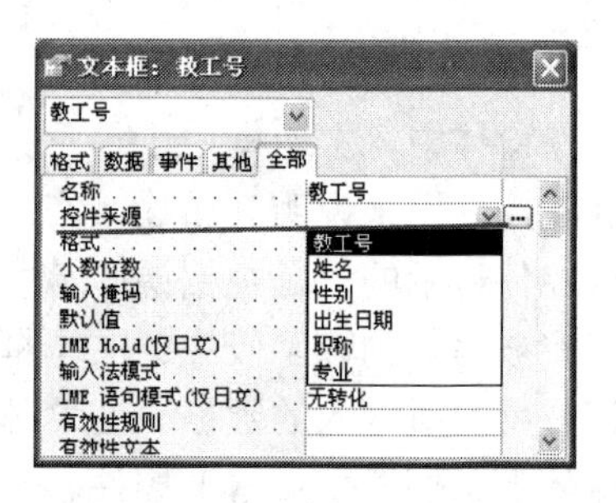

图 4.37　文本框属性对话框

（9）重复上述方法，添加另外 5 个文本框控件，并分别与教师信息表的“姓名”、“性别”、“出生日期”、“职称”和“专业”字段绑定，并调整好各控件的位置，设置完毕后如图 4.38 所示。

（10）选择【视图】→【窗体视图】命令，切换到窗体视图查看效果（如图 4.39 所示），最后把新建窗体以“教师信息窗体”为文件名进行保存。

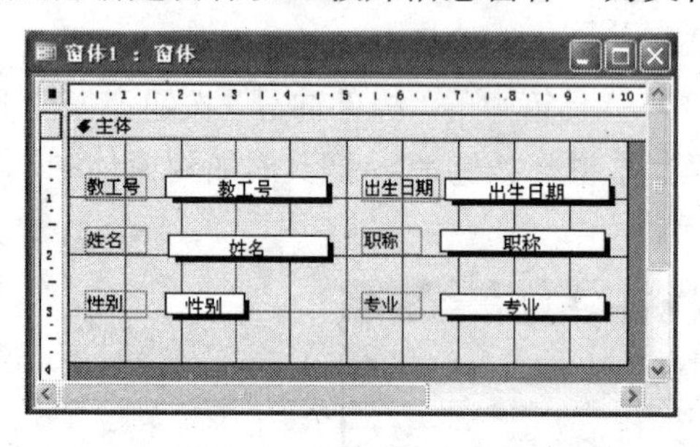

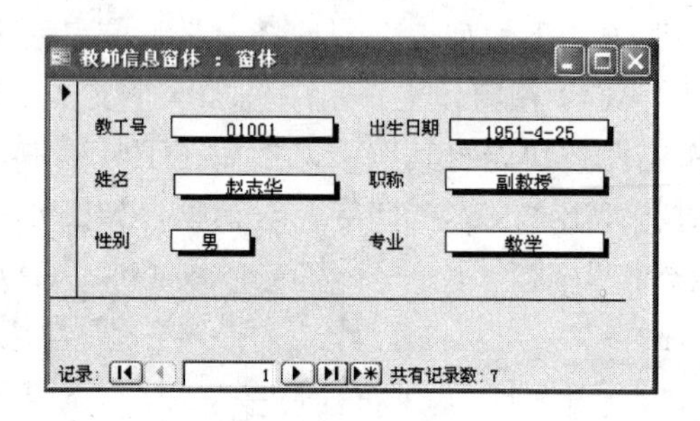

图 4.38　窗体设计视图

图 4.39　窗体运行效果

2. 组合框和列表框

如果在窗体上要输入的数据总是取自某数据源中的数值或一组固定的数值，那么可以使用组合框或列表框控件。组合框和列表框控件可以从一个指定的数据源中取得数据，然后根据用户的选定获得其中一项数据，并将数据更新到与其绑定的数据源对应的字段中。通过使用组合框或列表框控件既可以保证输入数据的正确性，同时还可以提高数据的输入速度。

组合框和列表框控件都可以列表的形式显示多行数据，主要区别在于组合框控件占用较少的窗体空间，但需要单击文本框右边的下拉按钮才可以看到列表框中的数据，而列表框控件的列表总是全部显示的；通过组合框控件的文本框可以随时添加新的数据，也可从列表中选择已有数据，但是在列表框控件中不能添加新数据，只能选择已有的数据。用户可根据实际的需要来选择使用组合框控件还是列表框控件。利用 Access 2003 提供的控件向导可以创建一个组合框控件或列表框控件。

【例 4.9】在窗体设计视图中，修改例 4.8 中创建的“教师信息窗体”，要求将“职称”字段用组合框控件来显示，而“专业”字段用列表框控件来显示。操作步骤如下：

（1）在窗体设计视图中打开“教师信息窗体”，删除“职称”和“专业”文本框。

（2）在窗体上添加组合框控件（注意，先单击工具箱中的“控件向导”按钮），这时将弹出“组合框向导”对话框，选择组合框获得其数值的方式为“自行键入所需的值”（如图 4.40 所示），单击“下一步”按钮。

（3）在弹出的界面中，输入组合框中需要显示的值“教授”、“副教授”、“讲师”和“助教”（如图 4.41 所示），单击“下一步”按钮。

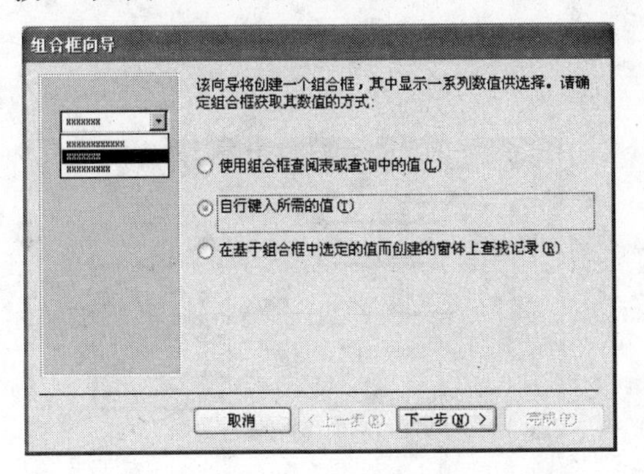

图 4.40 设置组合框获取数值的方式

组合框向导

请确定在组合框中显示哪些值。输入列表中所需的列数，然后在每个单元格中键入所需的值。

若要调整列的宽度，可将其右边缘拖到所需宽度，或双击列标题的右边缘以获取合适的宽度。

列数(C): 1

第 1 列
教授
副教授
讲师
助教

取消 < 上一步(B) 下一步(N) > 完成(F)

图 4.41 输入组合框中显示的值

（4）在弹出的界面中，指定当用户在组合框中选中数值后，将该数值保存到“教师信息”表的“职称”字段中（如图 4.42 所示），单击“下一步”按钮。

（5）在弹出的界面中，指定组合框的标签为“职称”，单击“完成”按钮，并根据实际需要调整好控件的位置和大小。

（6）在窗体上添加列表框控件，这时将弹出“列表框向导”对话框，并选择列表获得其数值的方式为“使用列表框查阅表或查询中的值”，单击“下一步”按钮。

（7）在弹出的界面中，选择为列表框提供数值的表或查询为“表：教师信息”（如图 4.43 所示），单击“下一步”按钮。

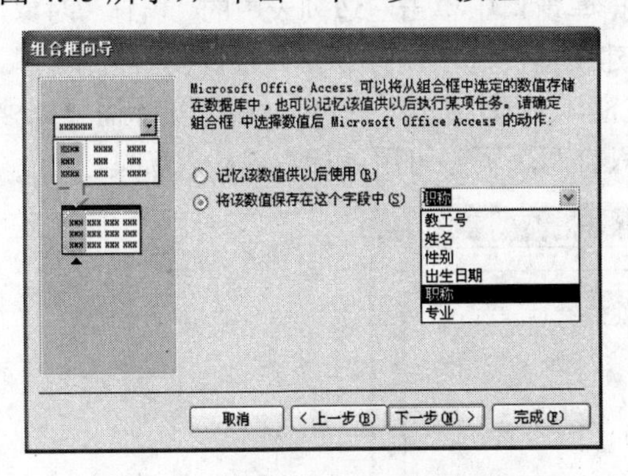

图 4.42 设置组合框的值保存选项

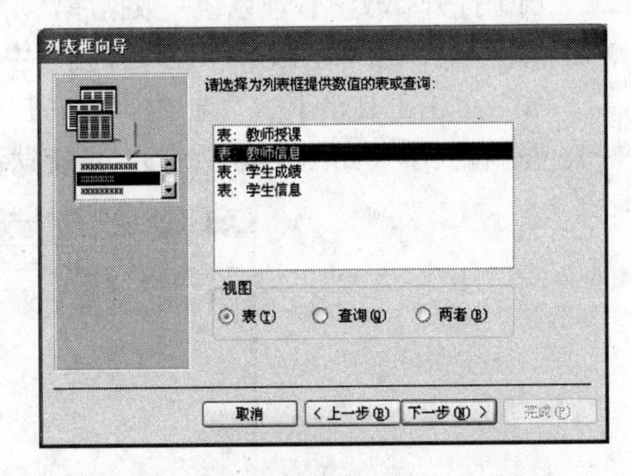

图 4.43 设置列表框获取值的表或查询

（8）在弹出的界面中，选择“教师信息”表的“专业”字段值作为列表框中的列值（如图 4.44 所示），单击“下一步”按钮。

（9）在弹出的界面中，设置列表框中值的排序方式按“专业”字段“升序”排序，单击“下一步”按钮。

（10）在弹出的界面中，根据实际需要设置列表框列的宽度，单击“下一步”按钮。

（11）在弹出的界面中，指定当用户在列表框中选中数值后，将该数值保存到“教师信息”表的“专业”字段中，单击“下一步”按钮。

（12）在弹出的界面中，指定列表框的标签为“专业”，单击“完成”按钮，并根据实际需要调整好控件的位置和大小，最终的运行效果如图 4.45 所示。

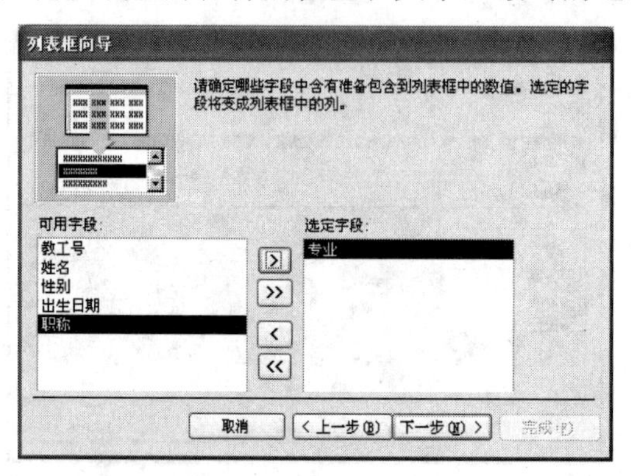

图 4.44　设置列表框的列值

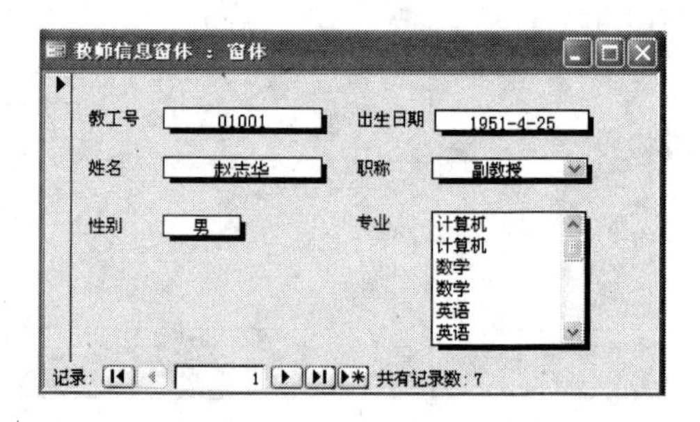

图 4.45　最终的运行效果

3．选项卡

当窗体中的内容比较多而无法在一页中全部显示时，或者要处理的信息需要分类、分组显示时，可以使用选项卡控件来进行分页显示。用户只需单击选项卡上的标签，即可进行页面的切换。在窗体设计视图中利用工具箱上的选项卡按钮可以创建一个“选项卡”控件。

【例 4.10】使用选项卡控件和列表控件，创建一个名为“选项卡窗体”的窗体，一个页面显示学生的信息，另一个页面显示学生的成绩。操作步骤如下：

（1）打开“教学管理系统”数据库，在数据库窗口中单击左边列表中的“窗体”对象，然后双击数据库窗口右边的“在设计视图中创建窗体”选项，打开窗体设计视图窗口。

（2）单击工具箱上的“选项卡”按钮，在窗体上添加选项卡控件，根据实际需要调整好其位置和大小（如图 4.46 所示）。系统默认只有两个页，可用鼠标右键插入新页。

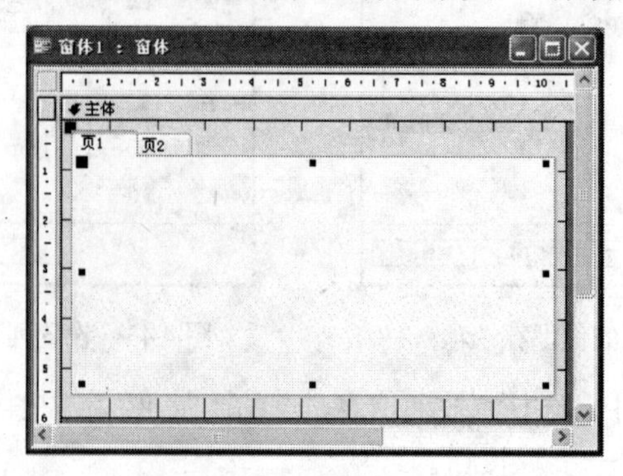

图 4.46　添加选项卡控件

（3）选中选项卡的“页 1”，单击鼠标右键，在弹出的快捷菜单中选择“属性”命令，在打开的属性对话框中，设置“页 1”的标题为“学生信息”，使用同样的方法，设置“页

2”的标题为“课程成绩”。

（4）单击工具箱上的“列表框”按钮（注意先单击工具箱中的“控件向导”按钮），在窗体的“学生成绩”页面上添加一个列表框控件，这时将弹出“列表框向导”对话框，在对话框中选择列表框获得其数值的方式为“使用列表框查阅表或查询中的值”，单击“下一步”按钮。

（5）在弹出的界面中，选择为列表框提供数值的表或查询为“表：学生信息”，单击“下一步”按钮。

（6）在弹出的界面中，选择“学生信息”表中的所有字段值作为列表框中的列值，单击“下一步”按钮。

（7）在弹出的界面中，设置列表框中值的排序方式按“学号”字段“升序”排序，单击“下一步”按钮。

（8）在弹出的界面中，根据实际需要调整列表框列的宽度，单击“完成”按钮。

（9）根据实际需要调整好列表框的位置和大小，并删除列表框的标签，如图 4.47 所示。

（10）按照步骤（4）～（9），在“课程成绩”页面添加一个列表框，列表框中的数据来源为“学生成绩”表，最终完成的效果如图 4.48 所示。

图 4.47　添加列表框控件

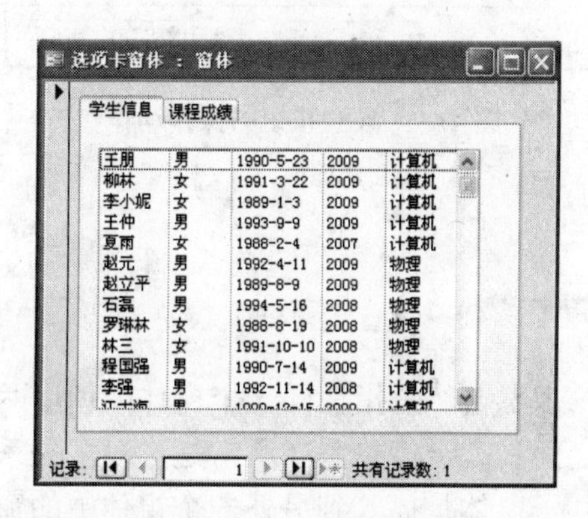

图 4.48　运行效果

4．命令按钮

命令按钮用于接收用户的操作指令以实现某种功能操作。例如，可以创建一个命令按钮来打开另一个窗体；可以创建一组记录导航或记录操作按钮，以实现对窗体中的记录进行往前或往后的导航以及新增、修改、删除等操作。在 Access 2003 中，可以使用控件向导来创建命令按钮。通过使用向导可以为一个命令按钮指定复杂的操作，而不需要用户编写程序代码。

【例 4.11】在窗体设计视图中，修改例 4.8 中创建的“教师信息窗体”，为该窗体设置“往前”、“往后”、“新增”、“修改”、“删除”和“退出”按钮。操作步骤如下：

（1）在窗体设计视图中打开“教师信息窗体”。

（2）在窗体的下方添加命令按钮控件（注意先单击工具箱中的“控件向导”按钮），这时将弹出“命令按钮向导”对话框，在其中选择操作的类别为“记录导航”，操作为“转至前一项记录”（如图 4.49 所示），单击“下一步”按钮。

（3）在弹出的对话框中，指定按钮上显示的文本是“往前”，单击“完成”按钮。

（4）使用同样的方法，添加“往后”按钮，设置其操作为“转至下一项记录”；添加“新增”按钮，设置其类别为“记录操作”，操作为“添加新记录”；添加“修改”按钮，设置其类别为“记录操作”，操作为“保存记录”；添加“删除”按钮，设置其类别为“记录操作”，操作为“删除记录”；添加“退出”按钮，设置其类别为“窗体操作”，操作为“关闭窗体”。

（5）根据实际需要调整好各命令按钮控件的位置和大小，最终的运行效果如图 4.50 所示。

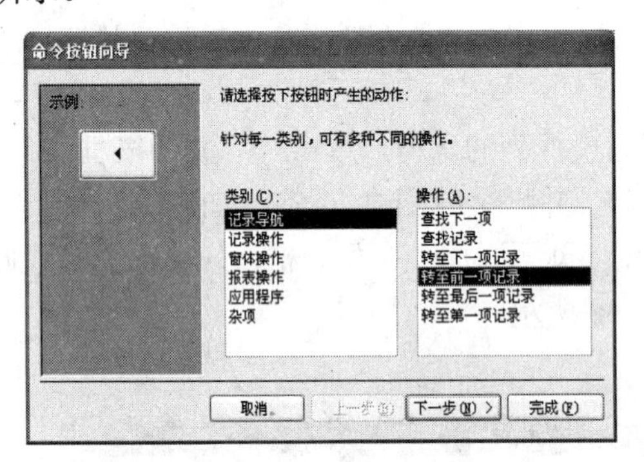

图 4.49　设置按钮的操作动作

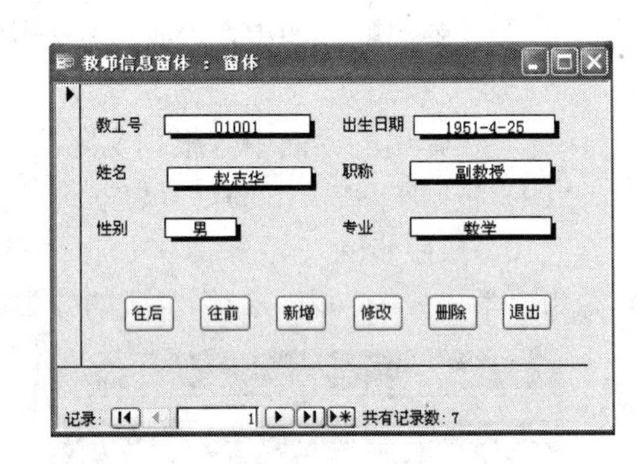

图 4.50　运行效果

4.5　设计多表窗体

多表窗体是指在同一个窗体中使用两个或两个以上的数据表或查询的窗体，这些表彼此之间具有链接关系（通常是一对多关系）和链接字段。多表窗体结构包含主窗体和子窗体，子窗体是插入到另外一个窗体中的窗体，原始窗体称为主窗体，窗体中的窗体称为子窗体。创建多表窗体有两种方法：一种是使用向导，另一种是使用设计视图中的“子窗体/子报表”控件。

4.5.1　使用向导创建多表窗体

通过使用窗体向导可以快速地创建一个多表窗体，下面通过实例来简单说明创建的方法和步骤。

【例 4.12】使用向导创建一个“教师信息与授课课程”的多表窗体。操作步骤如下：

（1）打开“教学管理系统”数据库，在数据库窗口中单击左边列表中的“窗体”对象，然后双击数据库窗口右边的“使用向导创建窗体”选项，打开“窗体向导”对话框。

（2）在“窗体向导”对话框中，选择要作为主窗体的“教师信息”表，然后选择所有的字段加入到“选定的字段”列表框中，如图 4.51 所示。

（3）在“窗体向导”对话框中，选择要作为子窗体的“教师授课”表，然后选择所有的字段加入到“选定的字段”列表框中（如图 4.52 所示），单击“下一步”按钮。

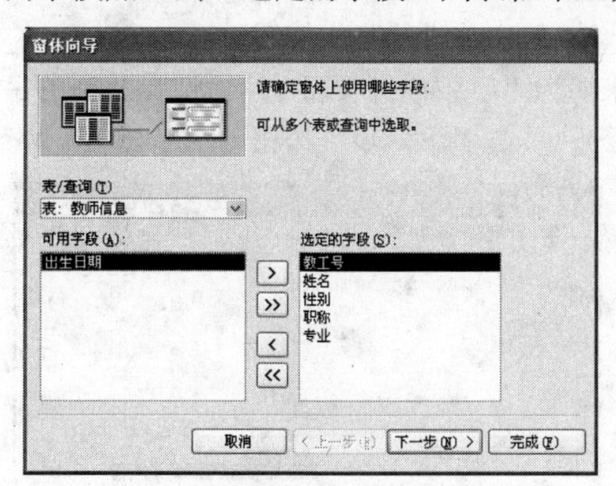

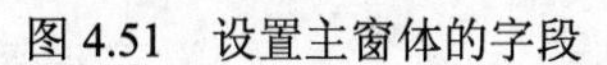
图 4.51　设置主窗体的字段

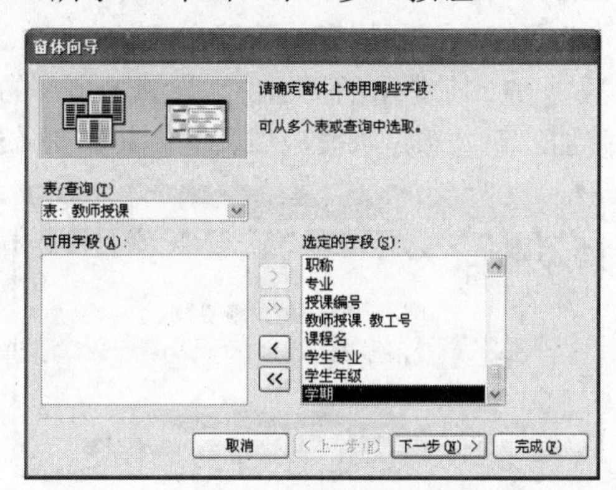

图 4.52　设置子窗体的字段

（4）在弹出的界面中，设置查看数据的方式为“带有子窗体的窗体”，单击“下一步”按钮。

（5）在弹出的界面中，设置窗体布局为“表格式”，单击“下一步”按钮。

（6）在弹出的界面中，设置窗体的样式为“标准”样式，单击“下一步”按钮。

（7）在弹出的界面中，设置主窗体的标题为“教师信息表”，子窗体的标题为“教师授课表”，单击“完成”按钮，最终的运行效果如图 4.53 所示。最后把新建窗体以“教师信息与授课课程窗体”为文件名进行保存。

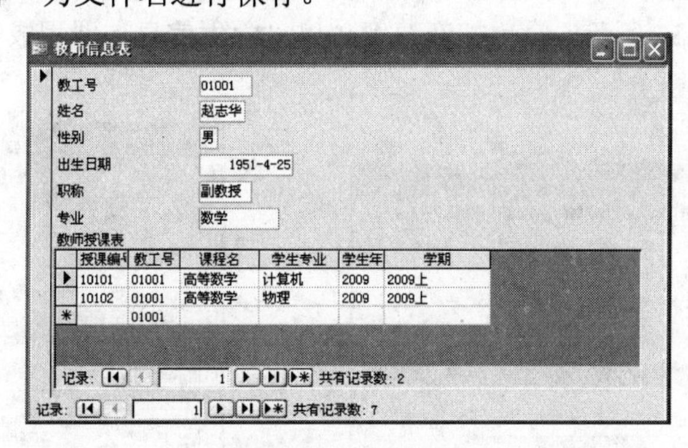

图 4.53　运行效果

4.5.2　使用设计视图创建多表窗体

通过使用窗体设计视图也可以创建一个多表窗体，下面通过实例来简单说明创建的方法和步骤。

【例 4.13】使用窗体设计视图，创建一个“学生信息与课程成绩”多表窗体。操作步骤如下：

（1）打开“教学管理系统”数据库，在窗体设计视图中打开例 4.7 中创建的“学生信息”窗体作为主窗体。

（2）单击工具箱中的“子窗体/子报表”按钮（注意先单击“控件向导”按钮），

在窗体的空白处单击，将弹出“子窗体向导”对话框，在其中选择“使用现有的表和查询”作为子窗体或子报表的数据来源（如图 4.54 所示），单击“下一步”按钮。

（3）在弹出的界面中，设置子窗体的数据来源为“学生成绩”表，然后选择所有的字段加入到“选定字段”列表框中（如图 4.55 所示），单击“下一步”按钮。

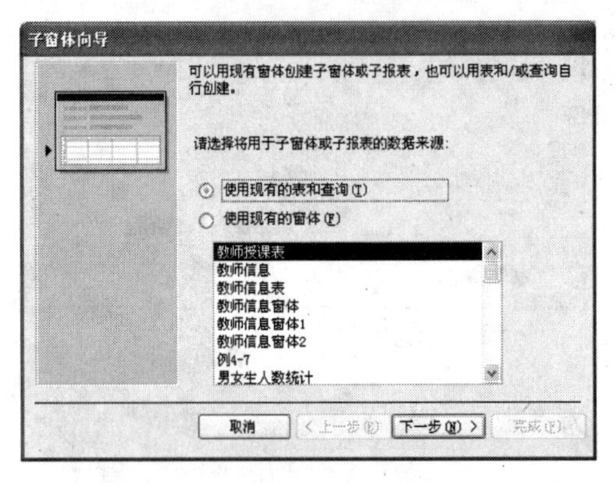

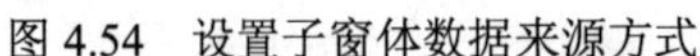
图 4.54　设置子窗体数据来源方式

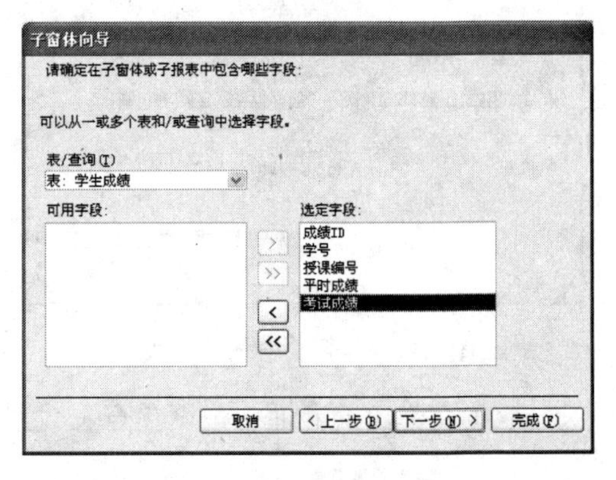

图 4.55　选择数据源字段

（4）在弹出的界面中，选择主窗体链接到该子窗体的字段为“从列表中选择”，选中下方列表框中的“对 学生信息 中的每个记录用 学号 显示 学生成绩”选项（如图 4.56 所示），单击“下一步”按钮。

（5）在弹出的界面中，将子窗体的标题设置为“学生成绩表”，单击“完成”按钮，最终运行效果如图 4.57 所示。最后把新建窗体以“学生信息与课程成绩窗体”为文件名进行保存。

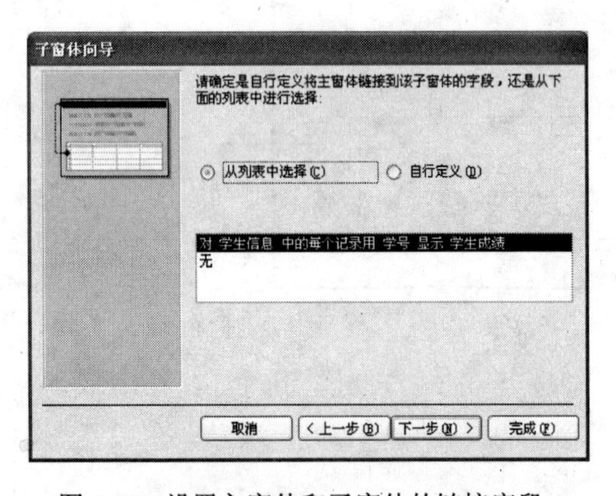

图 4.56　设置主窗体和子窗体的链接字段

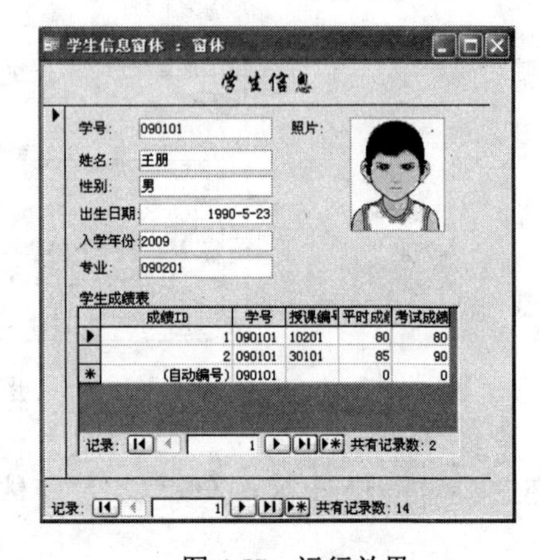

图 4.57　运行效果

4.6　使用窗体创建简单应用系统

为了把前面创建的各窗体组合起来，组成一个实用的数据库应用系统，下面设计一个教学管理应用系统主界面，把前面创建的各窗体组合在这个窗体中。当打开“教学管理系统”数据库时，系统可以自动启动该界面。

【例 4.14】创建一个“系统主界面”窗体，把前面创建的窗体组合到这个界面中，组成一个简单的数据库应用系统。操作步骤如下：

（1）打开“教学管理系统”数据库，在数据库窗口中单击左边列表中的“窗体”对象，然后双击数据库窗口右边的“在设计视图中创建窗体”选项，打开窗体设计视图窗口。

（2）在窗体主体节上部添加一个标签控件，设置其标题为“教学管理应用系统”，字体格式为“华文楷体”，字号 20 磅、加粗、蓝色。

（3）使用工具箱上的直线控件在“教学管理应用系统”标签的下方绘制一条直线，如图 4.58 所示。

（4）在直线控件的下方添加图像控件（注意先单击工具箱中的“控件向导”按钮），这时将弹出“插入图片”对话框，找到预先准备好的图片把其插入到窗体中，并根据实际调整好它的位置和大小，如图 4.59 所示。

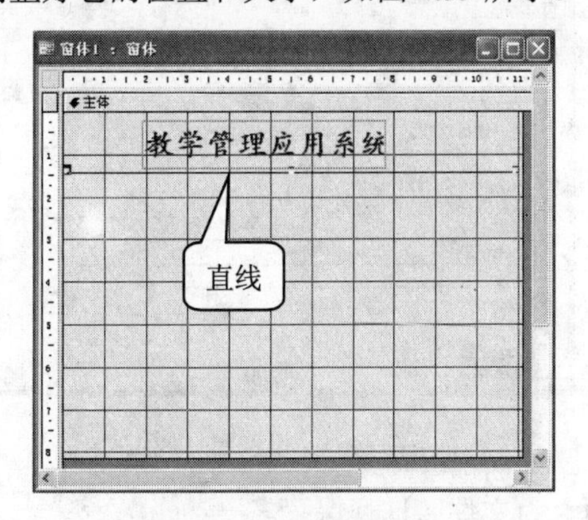

图 4.58　添加直线控件

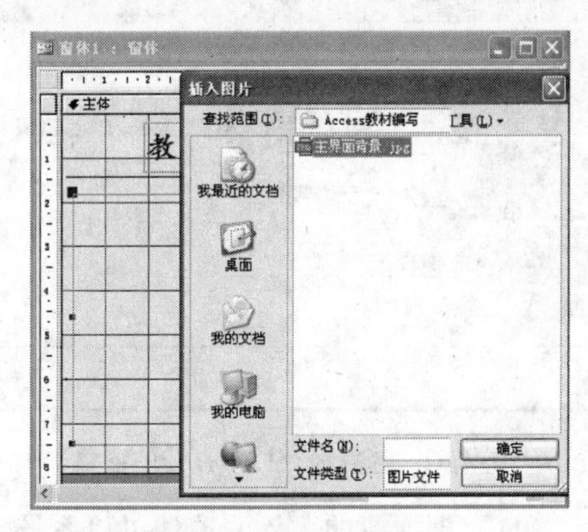

图 4.59　添加图像控件

（5）在图像控件的右侧添加矩形控件，并根据实际调整好它的位置和大小，如图 4.60 所示。

（6）在窗体的矩形中添加命令按钮控件（注意先单击工具箱中的“控件向导”按钮），这时将弹出“命令按钮向导”对话框，在其中选择操作的类别为“窗体操作”，操作为“打开窗体”（如图 4.61 所示），单击“下一步”按钮。

图 4.60　插入矩形控件

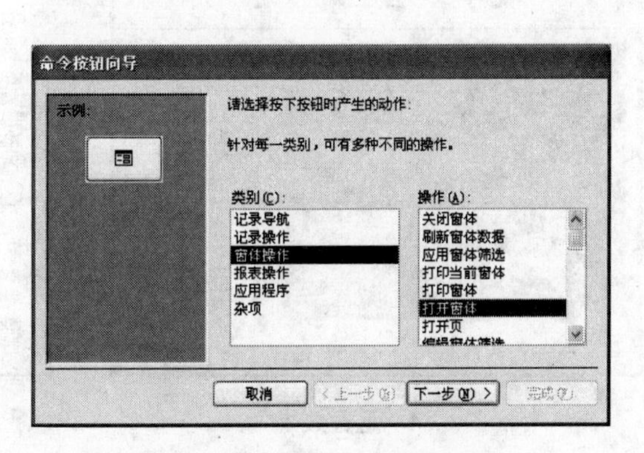

图 4.61　设置按钮的操作动作

（7）在打开的界面的列表框中选择命令按钮打开的窗体为“教师信息窗体”，如图 4.62 所示，单击“下一步”按钮。

（8）在打开的界面中，指定按钮上显示的文本为“教师信息”，单击“完成”按钮。

（9）使用同样的方法，添加“学生信息”按钮，设置其要打开的窗体为“学生信息窗体”；添加“教师授课”按钮，设置其要打开的窗体为“教师信息与授课课程窗体”；添加“学生成绩”按钮，设置其要打开的窗体为“学生信息与课程成绩窗体”；添加“退出系统”按钮，设置其类别为“窗体操作”，操作为“关闭窗体”。最后根据实际调整好各命令按钮控件的位置和大小。

（10）打开窗体属性对话框，将滚动条的属性设置为“两者均无”，“记录选择器”和导航按钮的属性均设置为“否”，如图 4.63 所示。最终运行效果如图 4.64 所示。

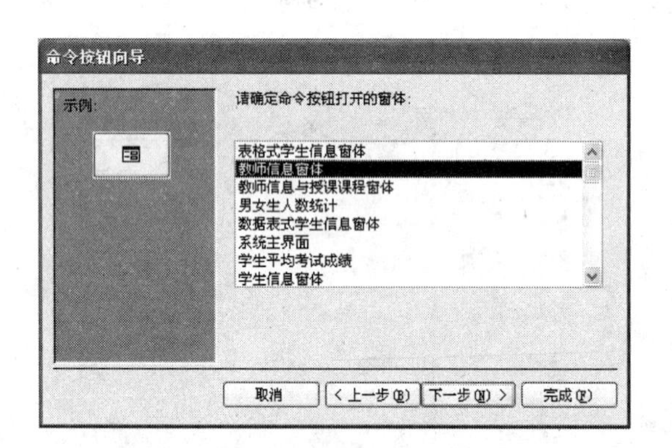

图 4.62　选择命令按钮打开的窗体

窗体

标题	
默认视图	单个窗体
允许“窗体”视图	是
允许“数据表”视图	是
允许“数据透视表”视图	是
允许“数据透视图”视图	是
滚动条	两者均无
记录选择器	否
导航按钮	否
分隔线	是
自动调整	是
自动居中	否
边框样式	可调边框

图 4.63　设置窗体属性

（11）把新建的主界面窗体以“系统主界面”为文件名进行保存。

（12）选择【工具】→【启动】命令，在弹出的对话框（如图 4.65 所示）的“显示窗体/页”下拉列表框中选择“系统主界面”窗体，在“应用程序标题”文本框中输入“教学管理应用系统”，单击“确定”按钮。这样每次打开“教学管理系统”数据库时，“系统主界面”窗体都会被自动执行。

图 4.64　运行效果

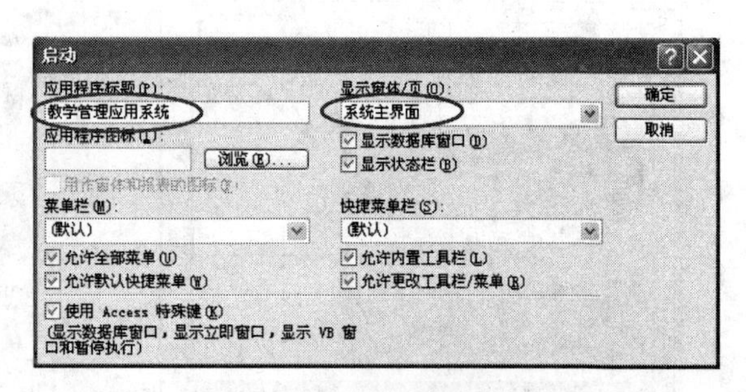

图 4.65　设置启动窗体

习题4

一、选择题

1．在 Access 中，可用于设计输入界面的对象是（　　）。

A．表　　B．报表　　C．查询　　D．窗体

2．以下（　　）不是窗体具备的功能。

A．输入数据　　B．编辑数据

C．修改表结构　　D．显示和查询表中的数据

3．在一个窗体中显示多条记录的内容的窗体是（　　）。

A．数据表式窗体　　B．表格式窗体

C．数据透视表窗体　　D．纵栏式窗体

4．通过建立和使用（　　），可以美化操作界面，提高操作效率。

A．纵栏式窗体　　B．图表窗体　　C．主/子窗体　　D．表格式窗体

5．从外观上看，与数据表和查询显示数据的界面相同的窗体是（　　）。

A．纵栏式窗体　　B．图表窗体　　C．数据表式窗体　　D．表格式窗体

6．下列不是窗体控件的是（　　）。

A．单选按钮　　B．表　　C．命令按钮　　D．直线

7．用来显示说明文本的控件的按钮名称是（　　）。

A．复选框　　B．文本框　　C．标签　　D．控件向导

8．用来输入或编辑字段数据的交互式控件是（　　）。

A．标签控件　　B．文本框控件　　C．复选框控件　　D．列表框控件

9．窗体中可以包含一列或几列数据，用户只能从列表中选择值，而不能输入新值的控件是（　　）。

A．列表框　　B．组合框　　C．列表框和组合框　　D．窗体框

10．能够将一些内容罗列出来供用户选择的控件是（　　）。

A．复选框控件　　B．选项卡控件　　C．文本框控件　　D．组合框控件

二、填空题

1．按照窗体的应用功能划分，可将窗体划分为数据交互型窗体和________。

2．Access 提供了一个可视化的窗体设计工具是________。

3．在窗体的“窗体”视图中，可以对表中的数据进行________。

4．组合框和列表框的主要区别是能否在框中________。

5．控件是窗体上用于显示数据、________和修饰窗体的对象。

6．使用窗体设计器，既可以创建窗体，也可以________。

7．窗体的 Caption 属性的作用是________。

8．窗体中的数据来源主要包括表和________。

9．要改变窗体的数据源，应设置的属性是________。

10. 创建主/子窗体时，要确定主窗体的数据源与子窗体的数据源之间存在着_______的关系。

三、简答题

1．窗体主要有哪些作用？

2．窗体有哪几种类型？各具有什么特点？

3．创建窗体的主要方法有哪些？各有什么优缺点？

4．简述如何使用窗体向导创建一般窗体。

5．简述如何使用数据透视表向导创建数据透视表窗体。

6．简述如何使用图表向导创建图表窗体。

7．窗体由哪几部分组成？各有什么用途？

8．简述如何使用窗体设计视图创建窗体。

9．控件工具箱中有哪些常用的控件？各有什么作用？

10．如何在窗体设计视图中移动或对齐控件以及调整控件之间的水平或垂直间距？

11．如何使用标签和文本框控件创建一个窗体？

12．组合框和列表框控件的主要区别是什么？如何创建一个组合框和列表框控件？

13．如何创建一个带有选项卡控件的窗体？

14．如何在窗体上创建命令按钮控件？

15．创建多表窗体的方法有哪几种？如何创建带子窗体的窗体？

16．如何利用窗体和控件构建一个简单的应用系统？

第5章　报　　表

5.1　报表的基本概念

报表是Access数据库的对象之一，利用报表可以将数据库中需要的数据提取出来进行分析、整理和计算，显示经过格式化并分组的信息，并将它们打印出来。

5.1.1　报表概述

报表是用于打印数据库信息的组件，它能十分有效地以打印的格式表现用户的数据，可以通过控制报表上的每个控件的大小和外观，实现按所需方式显示信息。报表可以通过预览功能输出到屏幕上，也可以传送到打印设备上。

前面章节中我们学习了窗体，它和报表是两个不同的数据库对象，两者显示数据的形式类似，但输出的目的不同。窗体和报表的主要区别和联系如下。

窗体是为在窗口中显示而设计的，采用交互式界面，用户可以通过窗体对数据进行筛选、分析，也可以对数据进行输入和编辑。窗体的主要用途是在一个处理流程中输入或查询一条或多条记录。用户可以通过工具箱中的控件，如命令按钮、选择按钮、复选框等，来改变基本表中的数据。

报表是为打印而设计的，不具有交互性。Access报表不接受用户从选择按钮、复选框及类似的控件中的输入，它包含较多的控件是文本框和标签，以实现报表的分类、汇总等功能。

5.1.2　报表的结构

打开一个报表设计窗口，如图5.1所示。可以看出报表的结构由7个节组成，分别为报表页眉、页面页眉、组页眉、主体、组页脚、页面页脚和报表页脚。每一节的任务不同，适合放置不同的数据。每个节名的左侧都有一个小方块，称为节选器。单击节选器、节栏内的任意位置或节背景的任何位置均可选定节。水平标尺左侧的小方块称为报表选定器，单击报表选定器可以选定报表。

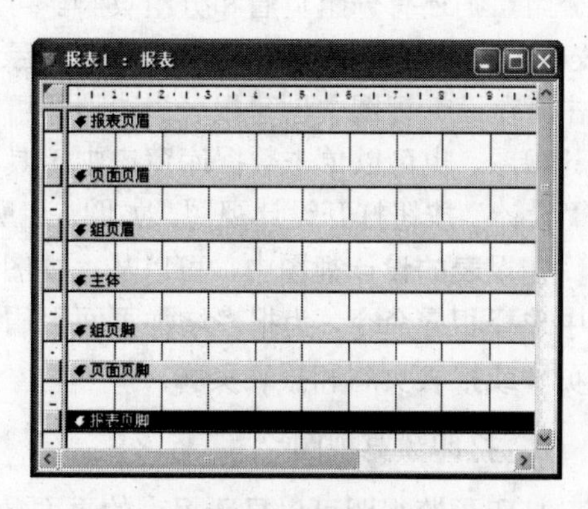

图5.1　报表的节

1．主体

主体用于显示报表中各记录的详细内容。其字段内容均需通过文本框或其他控件（主要是复选框和绑定对象框）绑定显示。可以包含计算出的字段数据。此节在设计窗口中的高度等于打印后一条记录的高度。

2．报表页眉和报表页脚

报表页眉只出现在整个报表的开始处，即在报表的第 1 页打印一次。主要用于显示报表的标题、徽标等标识报表的内容，还可以是关于整个报表的说明性文字。一般来说，报表页眉主要用于制作封面。

报表页脚只出现在整个报表的末尾处，在所在主体和组页脚输出完成后才会打印在报表的最后。用于显示关于整个报表的总结性文字，如显示整个报表的计算汇总或其他的统计数据。

3．页面页眉和页面页脚

页面页眉出现在每页报表的顶部。通常，它用来显示数据的列标题。打印时，页面页眉会出现在报表的每一页上。

页面页脚出现在每页报表的底部，一般包含页码或控制项的合计内容。

4．组页眉和组页脚

组页眉出现在每个分组的开始处，主要用于显示报表的分组标题、有关该分组的说明性文字等。组页脚出现在每个分组的末尾处，主要用于显示该分组的总结性文字，如组内的小计、平均值等。

5.1.3　报表的视图

Access 系统提供了 3 种视图窗口，即设计视图、打印预览视图和版面预览视图。

1．设计视图

设计视图用于创建和编辑报表的结构，在该视图中常见的有 5 个节，分别为报表页眉、报表页脚、页面页眉、页面页脚和主体，后 3 个节为默认节。如果在报表设计时增加了统计分组，则还有分组页眉和分组页脚。可以在 Access 的数据库窗口中单击“报表”对象，再双击“在设计视图中创建报表”选项即可打开设计视图。也可以单击数据库窗口中工具栏上的“设计”按钮打开设计视图，如图 5.2 所示。

在报表的设计视图中，可以从“视图”菜单中选择相应命令，为报表增加页面页眉和页面页脚或报表页眉和报表页脚。

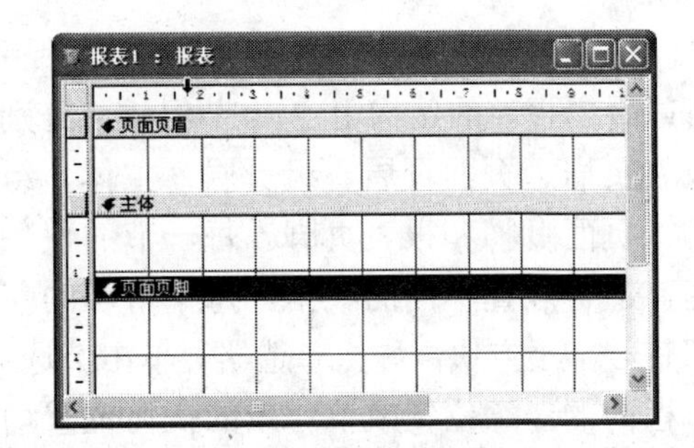

图 5.2　报表设计视图

2．打印预览视图

打印预览视图可以显示报表的页面数据输出形态，同时运行所有相关的查询，并在报表中显示所有数据。有3种方法可以打开打印预览视图。

（1）单击数据库窗口中工具栏上的“预览”按钮。

（2）在系统工具栏上单击“打印预览”按钮。

（3）在报表设计视图中，单击工具栏上“视图”按钮旁的下拉按钮，从弹出的下拉列表中选择“打印预览”选项。

3．版面预览视图

通过版面预览视图可以查看报表的版面设置。它近似地显示报表打印时的样式，能够很方便地浏览报表的版面。在版面预览视图中，显示全部的节及主体节中的数据分组的排序，但仅使用示范数据，并且忽略所有基本查询中的准则和连接。

可以在报表设计视图中，单击工具栏上“视图”按钮旁的下拉按钮，从弹出的下拉列表中选择“版面预览”选项即可打开版面预览视图。

5.1.4 报表的分类

Access 报表主要分为以下4种类型。

1．纵栏式报表

纵栏式报表也称窗体报表，一般在一页中的主体区内采用垂直方式显示一条或多条记录内容，每个字段占一行，左侧是控件标签，用来显示字段的标题名称，右侧是字段中的值，如图5.3所示。

图5.3 纵栏式报表打印预览视图

2．表格式报表

表格式报表以类似数据表的形式显示数据。通常一行显示一条记录，一页显示多条记录。每一列显示一个字段的数据。此类报表适合显示记录较多的数据表。与纵栏式报表不同，其记录数据的字段标题信息不是被安排在每页的主体节区显示，而是安排在页面页眉节区显示。表格式报表的设计视图如图5.4所示，打印预览视图如图5.5所示。

图 5.4　表格式报表的设计视图

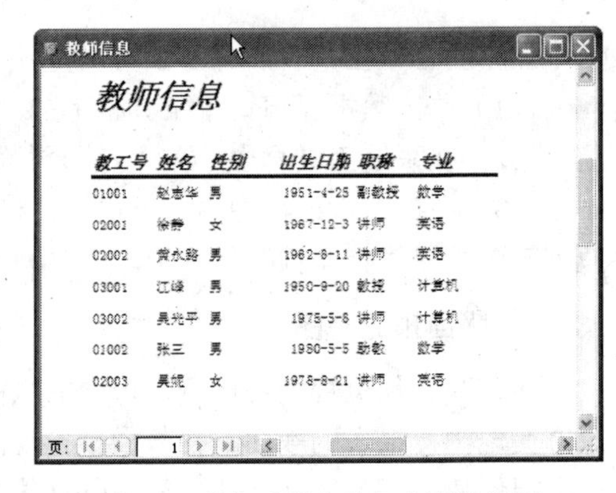

图 5.5　表格式报表的打印预览视图

3．图表报表

图表报表是指包含图表显示的报表类型，它将表或查询中的数据以图表格式显示，能够直观地显示出数据之间的关系，如图 5.6 所示。

4．标签报表

标签报表是一种特殊形式的报表，可以用来制作名片、信封、介绍信、通知等，如图 5.7 所示。

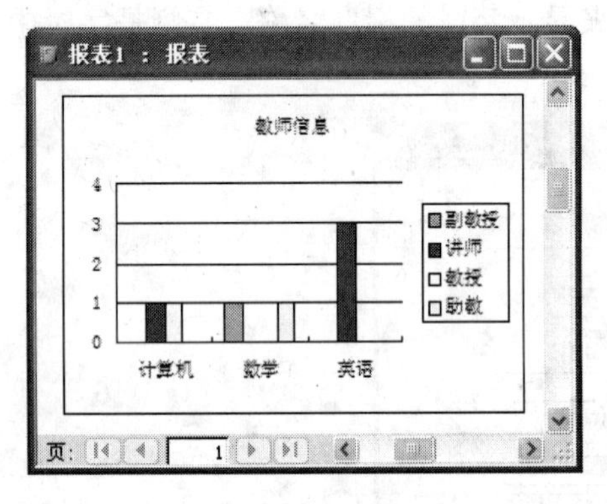

图 5.6　图表报表

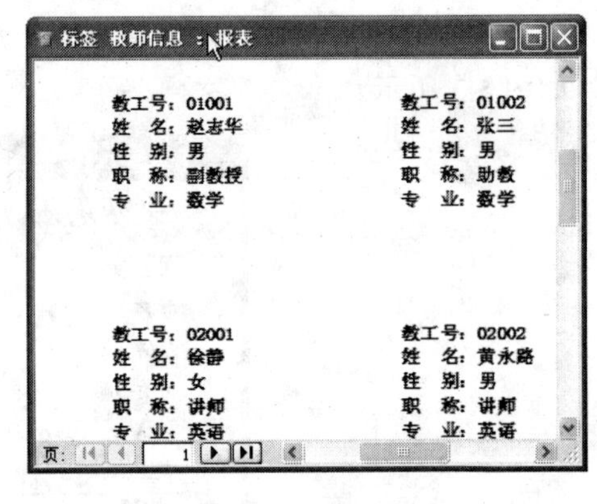

图 5.7　标签报表

5.2 创 建 报 表

在 Access 中，主要有两种方法创建报表，即使用报表向导和在报表设计视图中创建报表。而使用报表向导又分为自动创建报表（可用于创建纵栏式和表格式报表）、报表向导、图表向导和标签向导 4 种方式。本节介绍使用这 4 种报表向导创建报表的方法。

5.2.1　自动创建报表

使用自动创建报表可以创建纵栏式报表和表格式报表。

1. 创建纵栏式报表

纵栏式报表每个字段占用一行，这类报表将浪费大量的纸张。

【例 5.1】对于“教学管理系统”数据库中的“课程信息”表使用自动创建报表方式创建纵栏式教师信息报表。操作步骤如下：

（1）在 Access 中打开“教学管理系统”数据库，在数据库窗口中单击“报表”对象，再单击“新建”按钮。

（2）弹出“新建报表”对话框，选择“自动创建报表：纵栏式”选项，在“请选择该对象数据的来源表或查询”下拉列表框中选择“教师信息”表，最后单击“确定”按钮，如图 5.8 所示。

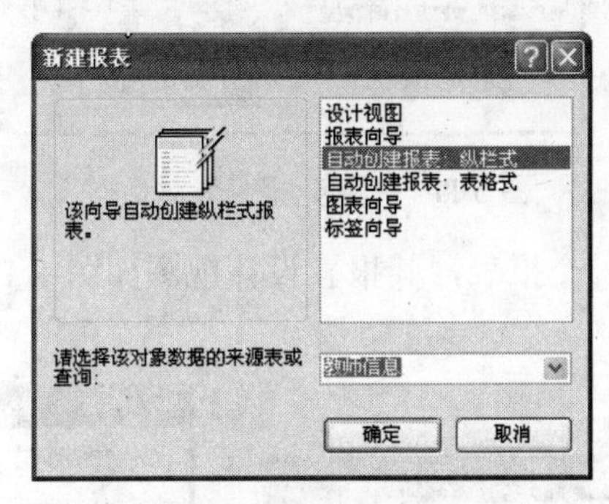

图 5.8 “新建报表”对话框

（3）Access 自动生成一个报表，其报表设计视图如图 5.9 所示，其报表预览视图如图 5.10 所示。

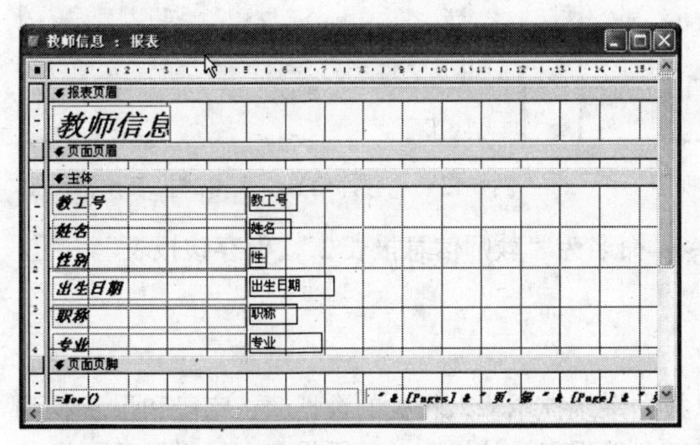

图 5.9 “教师信息”表纵栏式报表设计视图

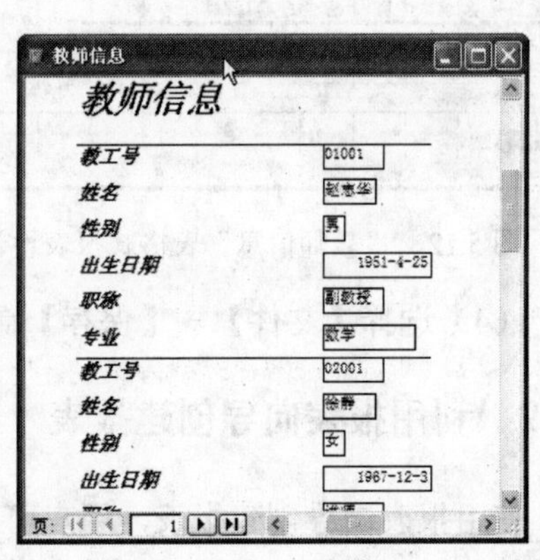

图 5.10 “教师信息”表纵栏式报表预览视图

（4）选择【文件】→【保存】命令，命名为“教师信息报表 1”，保存该报表。

2. 创建表格式报表

表格式报表每条记录占用 1 行，是最常用的报表形式。

【例 5.2】对于“教学管理系统”数据库中的“教师信息”表，使用自动创建报表方法创建表格式教师信息报表。

（1）在 Access 中打开“教学管理系统”数据库，在数据库窗体中单击“报表”对象，再单击“新建”按钮。

（2）弹出“新建报表”对话框，选择“自动创建报表：表格式”选项，在“请选择该对象数据的来源表或查询”下拉列表框中选择“教师信息”表，最后单击“确定”按钮，如图 5.11 所示。

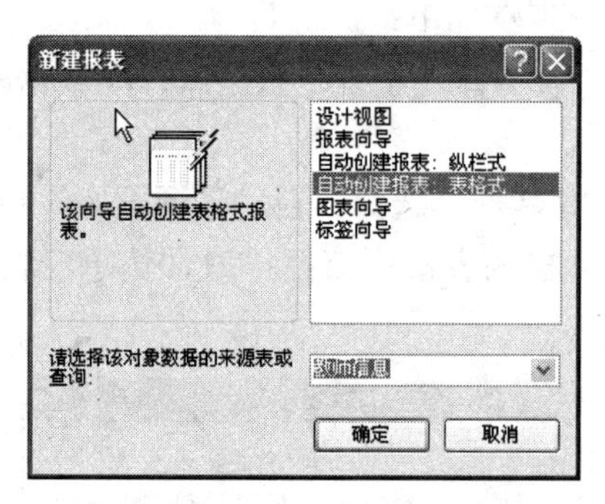

图 5.11　“新建报表”对话框

（3）Access 自动生成一个报表，其报表设计视图如图 5.12 所示，其报表预览视图如图 5.13 所示。

图 5.12　“教师信息”表格式报表设计视图

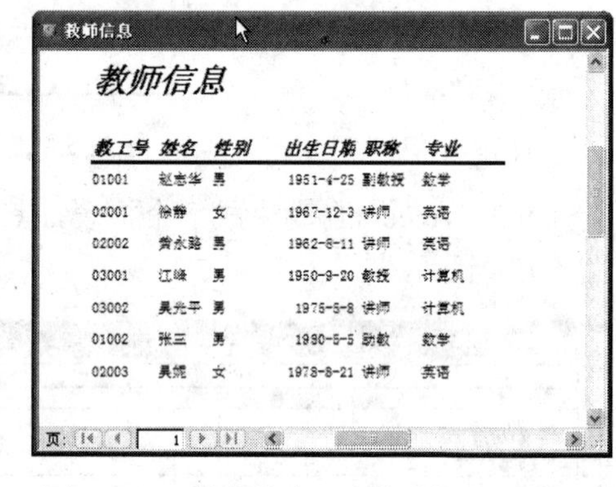

图 5.13　“教师信息”表格式报表预览视图

（4）选择【文件】→【保存】命令，命名为“教师信息报表 2”，保存该报表。

5.2.2　利用报表向导创建报表

使用报表向导创建报表，用户可以根据系统提示输入相关的数据源、字段和报表版面格式等信息，根据向导提示可以完成大部分的报表设计操作。使用报表向导以及后面将介绍的使用设计视图创建报表方法，可以弥补纵栏式报表和表格式报表在标题及格式等方面的不足。

【例 5.3】使用报表向导创建如图 5.14 所示的“学生信息”报表。操作步骤如下：

（1）在 Access 中打开“教学管理系统”数据库，在数据库窗体中单击“报表”对象，再单击“新建”按钮。

（2）弹出“新建报表”对话框，选择“报表向导”选项，在“请选择该对象数据的来源表或查询”下拉列表框中选择“学生信息”表，最后单击“确定”按钮，如图 5.15 所示。

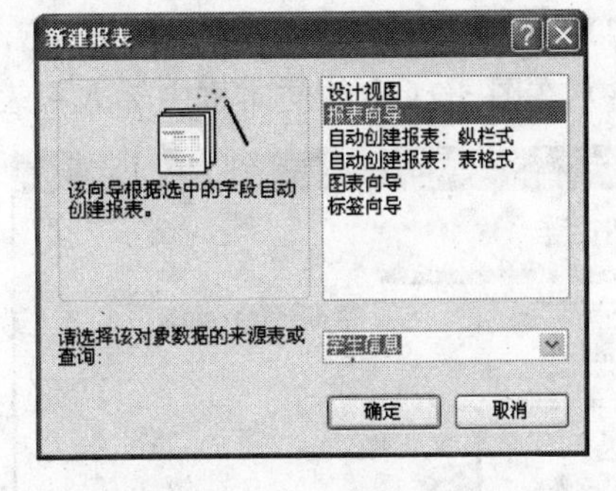

图 5.14 “学生信息”报表　　图 5.15 “新建报表”对话框中选择“报表向导”

（3）在打开的“报表向导”对话框中，逐一将要出现在报表中的字段添加到“选定的字段”列表框中，如图 5.16 所示，单击“下一步”按钮。

（4）在打开的对话框中设置分组。双击“专业”字段以此为分组依据，如图 5.17 所示，单击“下一步”按钮。

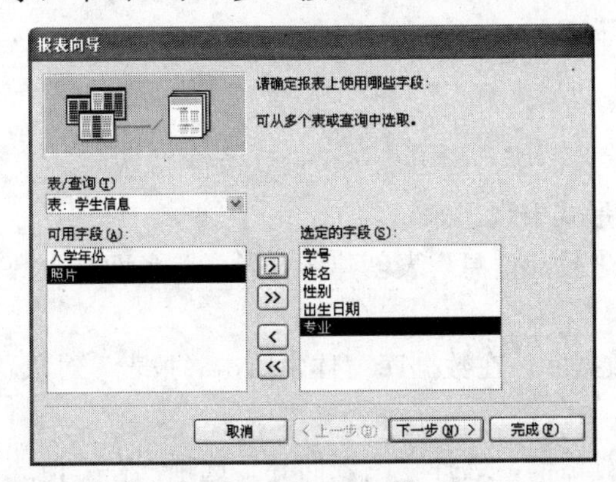

图 5.16 选取报表字段

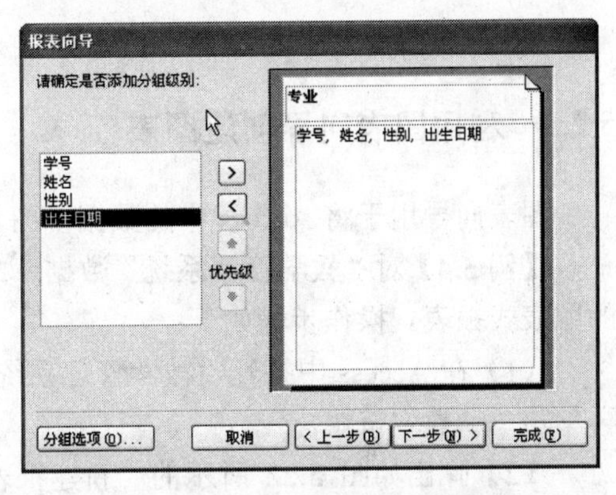

图 5.17 设置分组依据

（5）指定排序字段。在如图 5.18 所示的对话框中，选取“学号”、“升序”选项，表示预览及打印时，按“学号”字段的值升序排序。也可设置多级排序关键字，完成后单击“下一步”按钮。

（6）在图 5.19 中选中“左对齐 1”和“纵向”单选按钮，完成后单击“下一步”按钮。

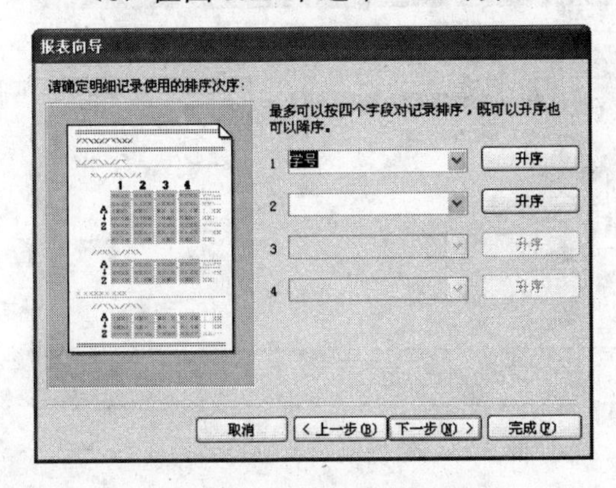

图 5.18 指定排序字段

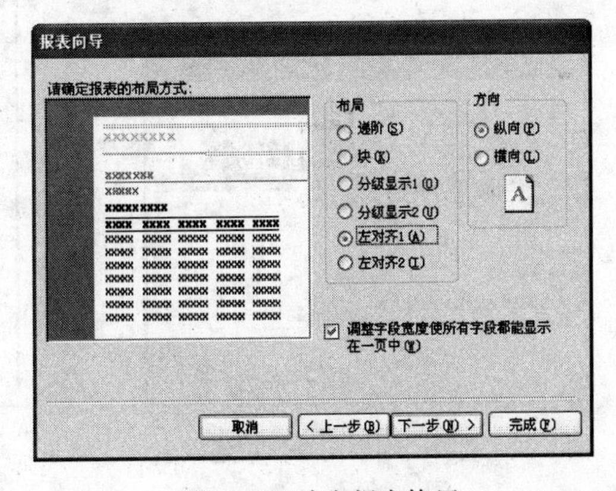

图 5.19 确定报表格局

（7）在图 5.20 中选择“正式”选项，完成后单击“下一步”按钮。

（8）在图 5.21 中的文本框中输入报表名称“学生信息”，单击“完成”按钮。

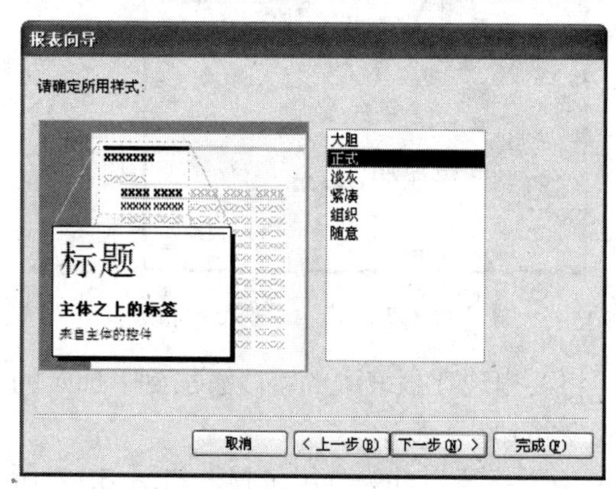

图 5.20　指定报表样式

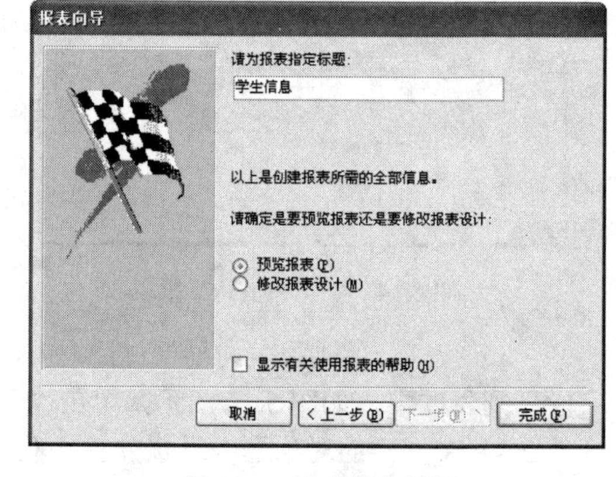

图 5.21　指定报表标题

按以上步骤即可完成如图 5.14 所示的按专业分组显示的“学生信息”报表。

5.2.3　利用图表向导创建图表

图表向导用于将 Access 中的数据以图表的形式表现出来。

【例 5.4】对“教学管理系统”数据库中的“教师信息”表创建统计各学院各职称人数的图表式报表。操作步骤如下：

（1）在 Access 中打开“教学管理系统”数据库，在数据库窗体中单击“报表”对象，再单击“新建”按钮。

（2）弹出如图 5.22 所示的“新建报表”对话框，选择“图表向导”选项，在“请选择该对象数据的来源表或查询”下拉列表框中选择“教师信息”表，最后单击“确定”按钮。

（3）在打开的如图 5.23 所示的对话框中，选择报表所需的相关字段。本例中选择“职称”和“专业”两个字段，将它们添加到“用于图表的字段”列表框中，完成后单击“下一步”按钮。

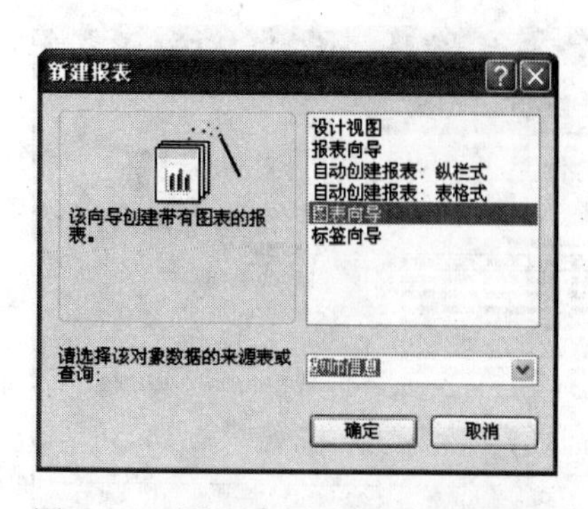

图 5.22　选择“图表向导”新建报表

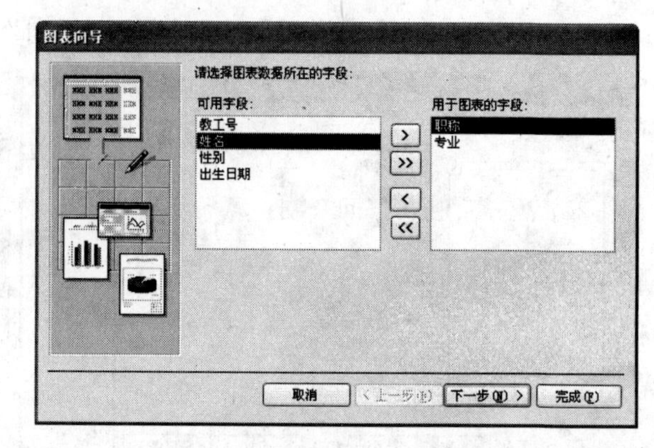

图 5.23　选择取图表中的字段

（4）选择图表类型。本例中选择第 1 行第 1 列的“柱形图”，完成后单击“下一步”按钮，如图 5.24 所示。

（5）为报表选择布局方式。如图 5.25 所示，系列采用“职称”，分类采用“专业”。若图表中包括数据的计算，可在数据栏中选择统计的方式，完成后单击“下一步”按钮。

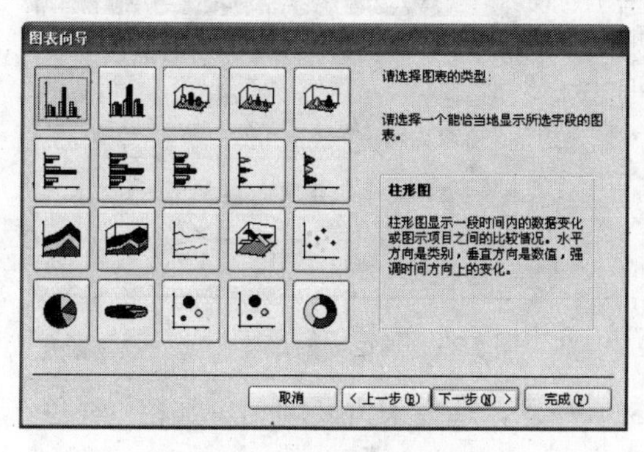

图 5.24　选择图表类型

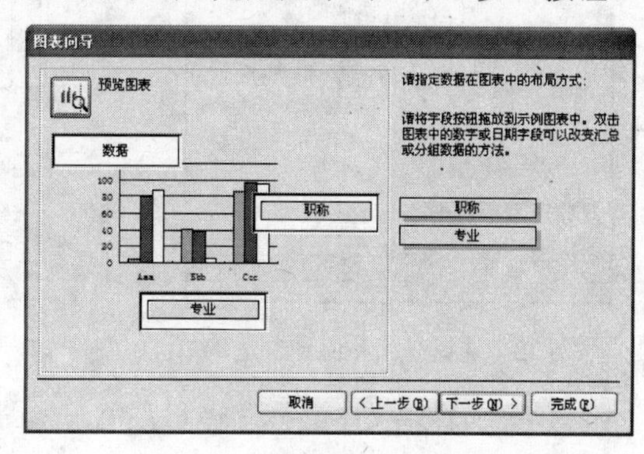

图 5.25　确定图表布局

（6）如图 5.26 所示，为图表报表指定标题为“职称统计”，完成后单击“完成”按钮。

操作完以上步骤后，将产生如图 5.27 所示的图表报表。

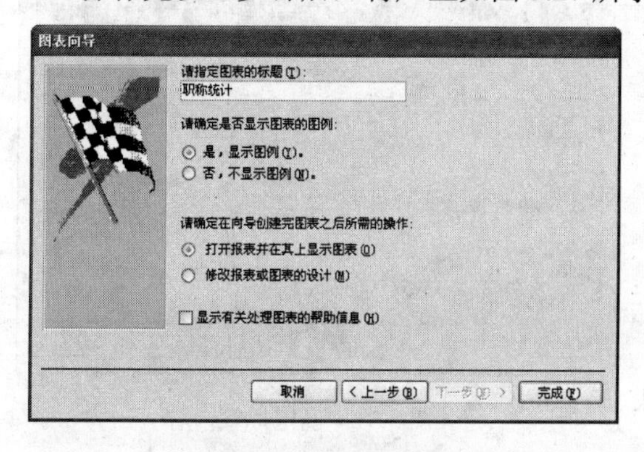

图 5.26　指定图表标题

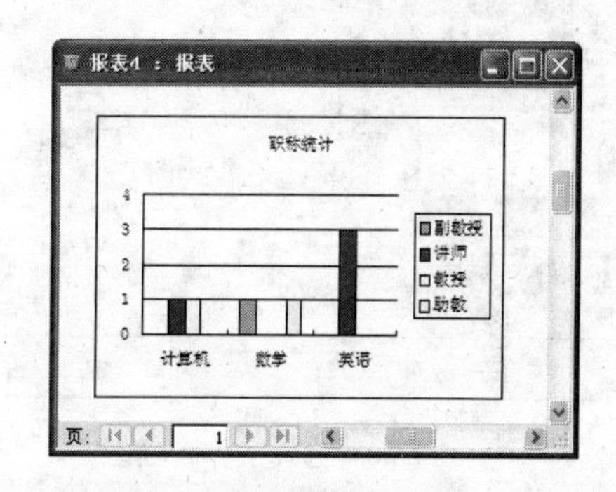

图 5.27　职称统计报表的“预览”视图

5.2.4　利用标签向导创建标签

标签向导用于将 Access 中的数据以标签的形式显示出来，可用于打印名片、标签和信封等。

【例 5.5】使用标签向导对“教学管理系统”数据库中的“职工信息”表创建相关的标签报表。操作步骤如下：

（1）在 Access 中打开“教学管理系统”数据库，在数据库窗体中单击“报表”对象，再单击“新建”按钮。

（2）弹出“新建报表”对话框，选择“标签向导”选项，在“请选择该对象数据的来源表或查询”下拉列表框中选择“教师信息”表，最后单击“确定”按钮，如图 5.28 所示。

（3）为标签报表选择标签尺寸，选中第 1 个尺寸，如图 5.29 所示，完成后单击“下一步”按钮。

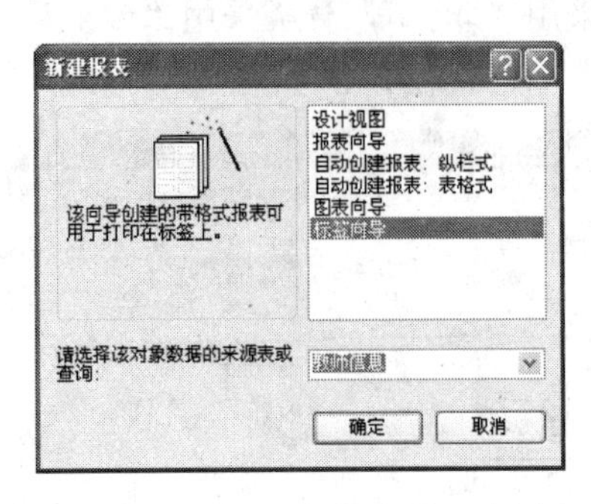

图 5.28　选择“标签向导”选项

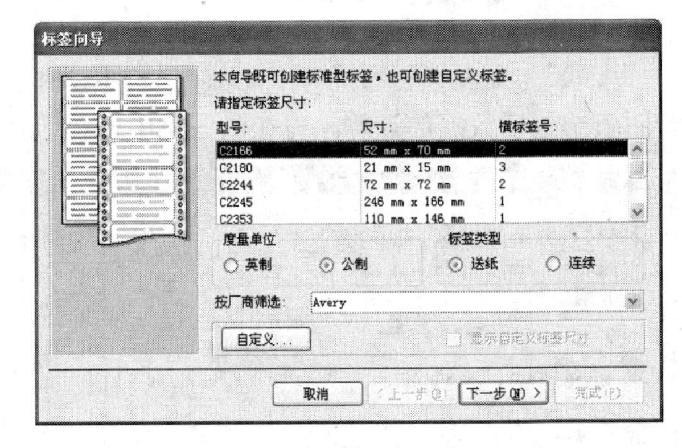

图 5.29　确定标签尺寸

（4）为标签文本选择字体和颜色。如图 5.30 所示，选择宋体、14 号、加粗、黑色，完成后单击“下一步”按钮。

（5）选择标签中要显示的内容。可直接输入文本，也可以将左侧“可用字段”列表框中的字段添加到“原型标签”列表框中，如图 5.31 所示，完成后单击“下一步”按钮。

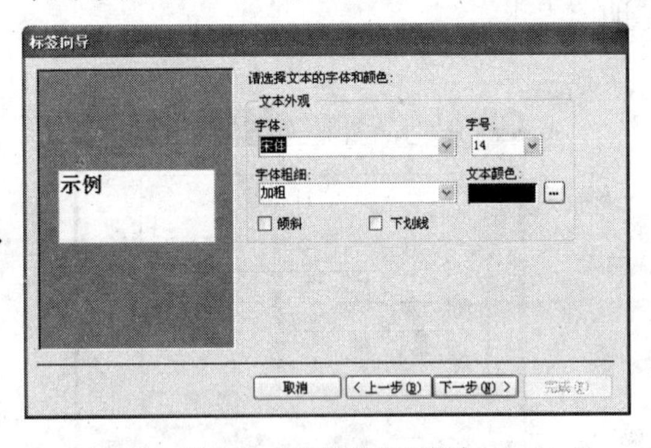

图 5.30　选择字体和颜色

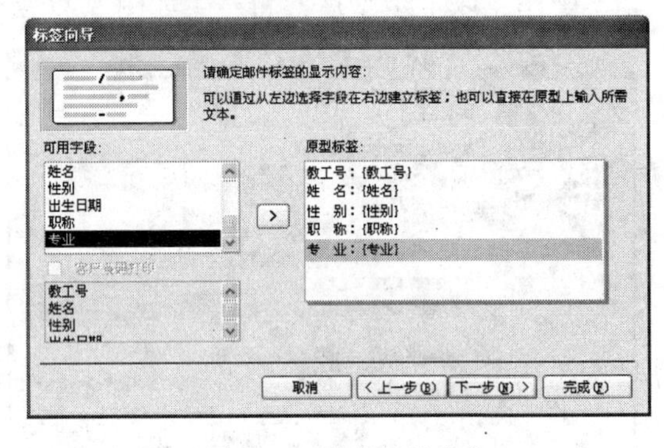

图 5.31　确定标签内容

（6）为标签报表选择排序依据。从“可用字段”列表框中选择相应的字段添加到“排序依据”列表框中，如图 5.32 所示，完成后单击“下一步”按钮。

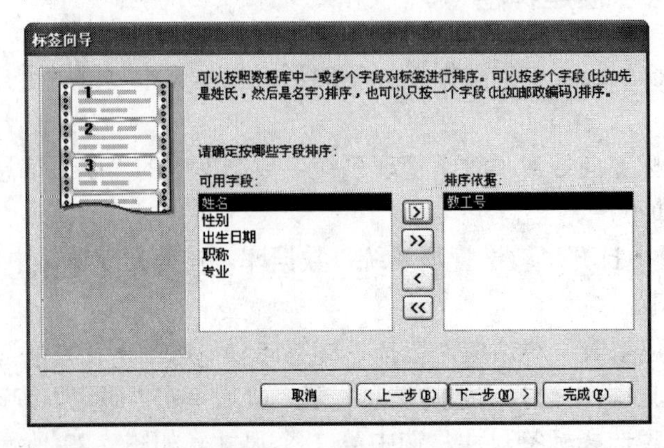

图 5.32　选择排序字段

（7）给做好的标签报表命名为“教师信息标签”，如图 5.33 所示，完成后，单击“完成”按钮。

操作完成后，打开如图 5.34 所示的预览视图。

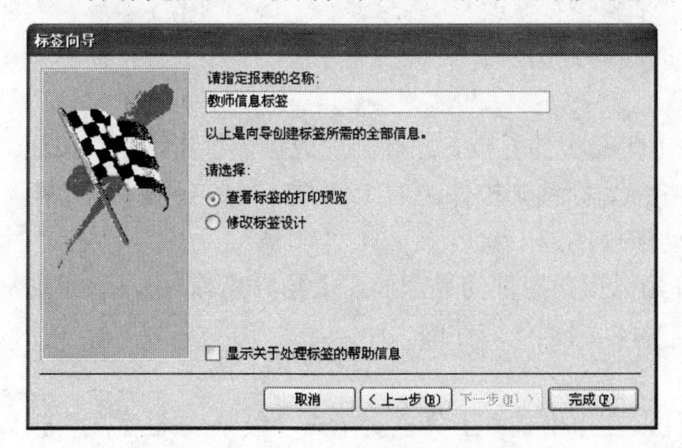

图 5.33　选定标签报表标题

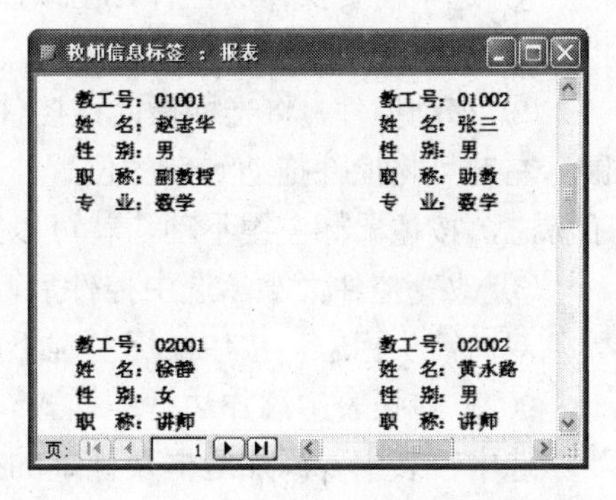

图 5.34　“教师信息”标签报表的预览视图

5.3　使用报表设计器创建报表

5.3.1　使用报表设计视图创建报表

使用自动创建报表和报表向导等方法可以很方便的创建报表，但生成报表的形式有时不符合用户的要求，这时可以通过报表设计视图对报表进行手动修改，也可以直接利用报表设计视图进行报表的设计。

使用报表设计视图创建报表时，一般先创建一张空白报表，然后再为报表指定数据源，添加各种控件，并调整控件的位置。如有设计需要，还可对报表进行分组或做统计。

1．报表中的控件

控件是报表中用来显示数据、执行操作或装饰报表的各种对象，在报表设计过程中所使用的控件都在报表工具箱中。Access 的报表中主要包括的控件有标签、文本框、选项组、切换按钮、单选按钮、复选框、列表框、命令按钮、图像、未绑定对象框、绑定对象框、分页符、子窗体/子报表、直线、矩形以及 ActiveX 自定义控件等。与窗体中使用的控件功能相同。

报表中的控件也分为 3 种类型。

- 绑定型。控件与表和查询中的字段相连，主要用于显示数据库中的字段。可与控件绑定的字段类型包括文本、数字、日期/时间、是/否、图像和备注型字段。
- 未绑定型。没有数据来源，主要用来显示说明性信息、线条、矩形及图像。
- 计算型。以表达式作为数据来源。表达式中可以使用报表中数据源的字段值，也可以使用报表上其他控件中的数据，通常会使用文本框。

2．改变报表的布局

（1）改变控件的位置和大小

报表中控件的位置和大小可通过以下步骤进行修改：

① 选中需要操作的控件，在该控件的四周会出现 8 个黑色小方块，称为界点，标示该控件被选中。

② 移动控件，将光标指向该控件左上角最大的界点，光标会变成黑色手指形状，按住鼠标左键可将控件拖动到新的位置。或者将光标移到控件的边缘位置，光标会变成黑色小手标志，按住鼠标左键不动，就可以拖动该控件。

③ 改变控件大小，选中控件后，将光标指向控件的界点（左上角界点除外），会出现黑色双向箭头标志，按住鼠标左键不放，可以调整该控件的大小。

（2）在报表中添加边框和样式

选中报表中要添加边框及样式的控件，在“格式”工具栏上单击“线条/边框宽度”按钮旁的下拉按钮，从弹出的下拉列表框中选择需要的边框样式。

选中控件后，可通过单击鼠标右键，在弹出的快捷菜单中选择“属性”命令，来设置控件中文字的格式及控件的外观，如边框、颜色和视觉效果等。

3．用报表设计视图创建报表

【例 5.6】利用报表设计视图创建“教学管理系统”数据库中的“学生信息表”报表。操作步骤如下：

（1）创建空白报表

① 在 Access 中打开“教学管理系统”数据库，在数据库窗体中单击“报表”对象，再单击“新建”按钮。

② 弹出如图 5.35 所示的“新建报表”对话框，选择“设计视图”选项，在“请选择该对象数据的来源表或查询”下拉列表框中选择“学生信息”表，最后单击“确定”按钮。创建的空白报表如图 5.36 所示。

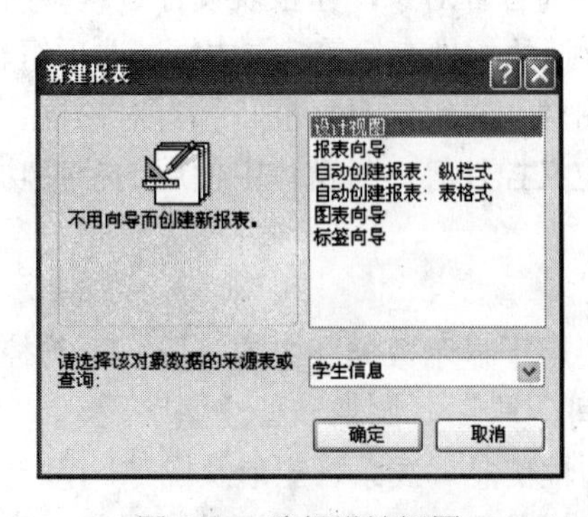

图 5.35　选择设计视图

图 5.36　在设计视图中创建空白报表

默认情况下，在设计视图中创建的空白报表包含页面页眉、页面页脚和主体 3 部分，但不包括报表页眉和报表页脚。用户可根据需要，利用设计视图窗口中的“视图”菜单进行添加。

（2）添加控件

① 将“学生信息”表字段列表中的字段添加到报表中。双击字段列表的标题栏，选中所有字段，再按住鼠标左键拖放到报表主体节中，调整到合适的位置，如图 5.37 所示，也可按需添加字段。

本例中，将字段“学号”、“姓名”和“专业”拖到主体节后，将各附加标签的冒号删除（如“学号:”），再将这 3 个标签剪切并粘贴到“页面页眉”节。然后在“页面页眉”节中创建 1 个标签，其标题为“学生信息表”，格式设为宋体、14 号、加粗。

② 将控件按需要调整好位置后，按图 5.38 所示位置画出表格线，包括 4 条竖线和 8 条横线，生成如图 5.38 所示的预览视图。

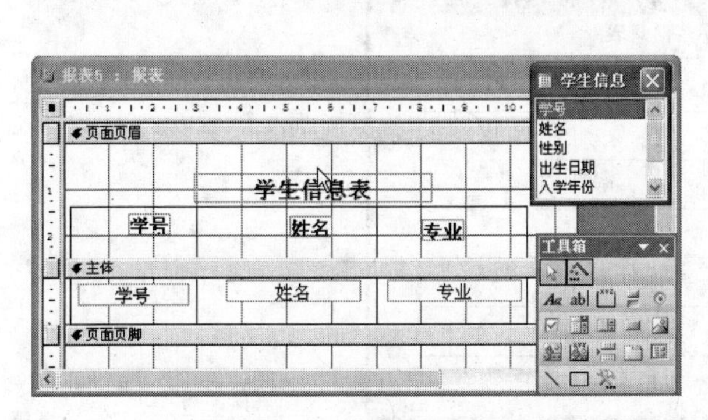

图 5.37　报表布局设计

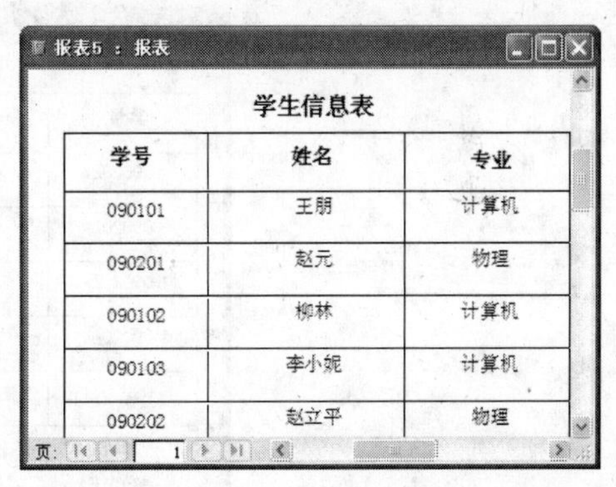

图 5.38　“学生信息表”报表的预览视图

5.3.2　对记录进行排序和分组

在完成报表主体设计之后，可以对报表中的数据按指定字段排序和分组，便于数据的查询和统计。

【例 5.7】将例 5.6 生成的“学生信息表”报表按“专业”进行分组并按“学号”升序排序。操作步骤如下：

（1）在 Access 中打开“教学管理系统”数据库，在数据库窗口中单击“报表”对象，选中“学生信息表”报表，单击数据库窗口工具栏上的“设计”按钮，在设计视图中打开该报表。

（2）单击工具栏上的“排序与分组”按钮，显示“排序与分组”对话框，如图 5.39 所示。

（3）单击“字段/表达式”单元格右边的下拉按钮，在弹出的对话框中选择“专业”选项，在“排序次序”列选择“降序”。然后在“字段/表达式”列的第 2 行选择“学号”，在“排序次序”列的第 2 行选择“升序”。若要显示分组信息，则将“组属性”栏中的组页眉或组页脚设置为“是”，否则在报表的各分组之间没有分隔空间。如图 5.40 所示为设置了组页脚的对话框，本例中设置为“否”。

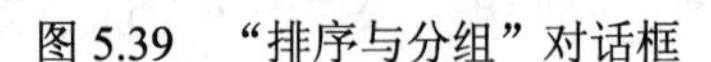

图 5.39 “排序与分组”对话框

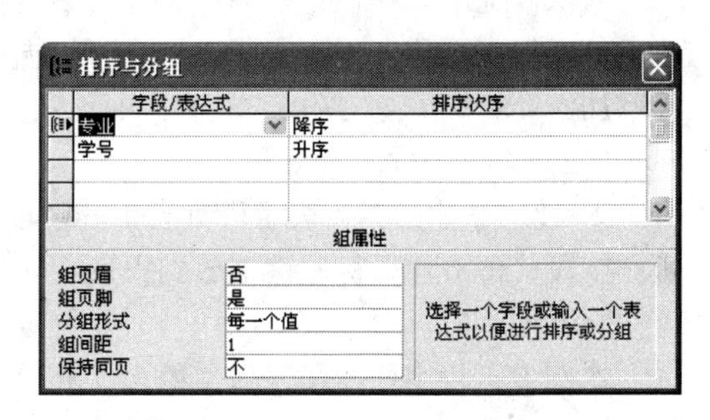

图 5.40 设置了分组的对话框

（4）单击对话框右上角的“关闭”按钮，关闭“排序与分组”对话框。单击“打印预览”按钮，屏幕显示如图 5.41 所示的结果，显示已按“专业”分组并按“学号”升序排序。

报表5 : 报表

学生信息表

学号	姓名	专业
090201	赵元	物理
090202	赵立平	物理
090203	石磊	物理
090204	罗琳林	物理
090205	林三	物理
090101	王朋	计算机

图 5.41 分组排序后的报表预览视图

5.3.3 报表的统计功能

分组和计算是报表的重要功能。报表不仅能够提供显示数据的功能，还能够对数据进行计算，如可以对数值型数据进行分类汇总、求和、求平均值、求最大值、求最小值和计算百分比等。可以使用两种方法进行统计计算。

1. 使用报表向导

【例 5.8】 使用报表向导创建以“学号”为分组的报表。操作步骤如下：

（1）创建一个“成绩查询”查询，其对应的 SQL 语句如下。

SELECT 学生信息.学号, 学生信息.姓名, 教师授课.课程名, 学生成绩.考试成绩

FROM 学生信息 INNER JOIN(教师授课 INNER JOIN 学生成绩 ON 教师授课.授课编号=学生成绩.授课编号)ON 学生信息.学号=学生成绩.学号;

（2）在 Access 中打开“教学管理系统”数据库，在数据库窗口中单击“报表”对象，再单击“新建”按钮。

（3）弹出“新建报表”对话框，选择“报表向导”选项，在“请选择该对象数据的来源表或查询”下拉列表框中选择“成绩查询”选项，最后单击“确定”按钮。

（4）弹出如图 5.42 所示的对话框，在“可用字段”列表框中逐一双击要添加的字段，完成后单击“下一步”按钮。

（5）在图 5.43 中设置分组，选择“通过学生信息”选项，完成后单击“下一步”按钮。

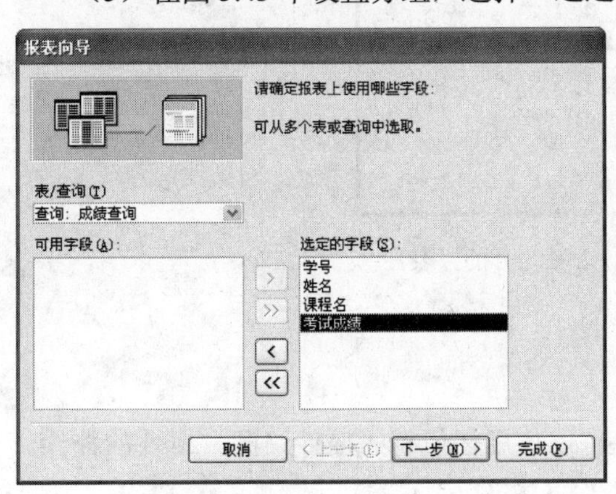

图 5.42　选取报表中的字段

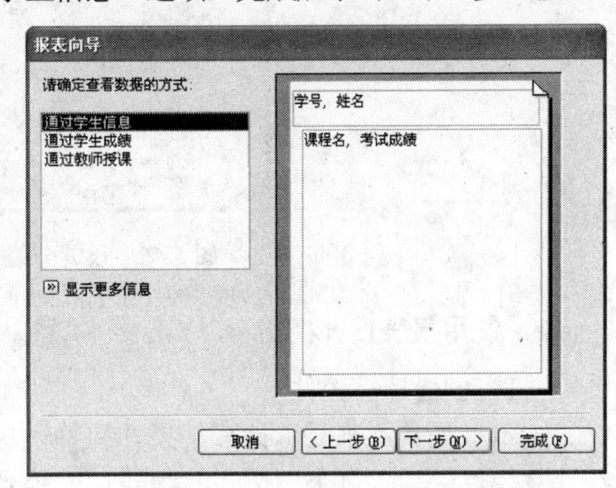

图 5.43　确定数据的查看方式

（6）设置分组层次，本例中没有设置此项，单击“下一步”按钮。

（7）在图 5.44 中，设置按“课程名”升序排列，按“考试成绩”降序排列，单击“汇总选项”按钮。

（8）在打开的对话框中选中“平均”复选框，单击“确定”按钮，如图 5.45 所示，返回设置排序的对话框后，再单击“下一步”按钮。

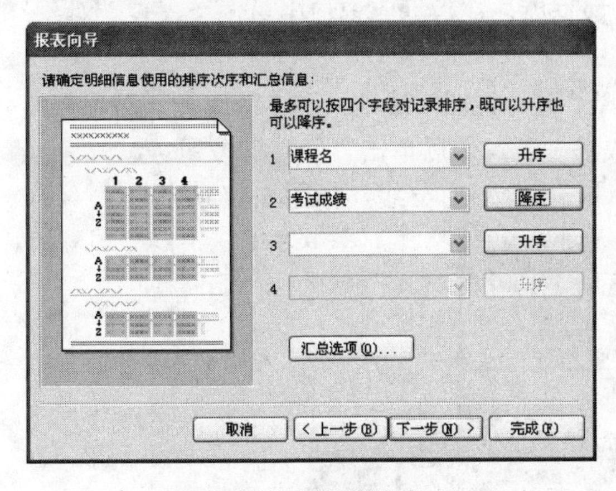

图 5.44　设置排序次序

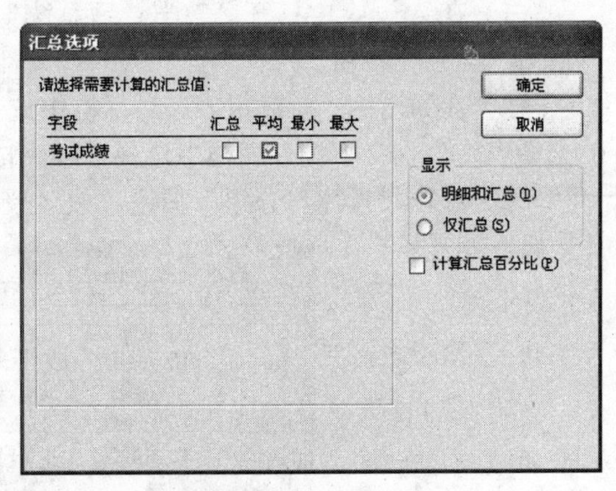

图 5.45　汇总选项

（9）在“布局”对话框中，选择“递阶”选项，完成后单击“下一步”按钮。

（10）使用“正式”为报表样式，完成后单击“完成”按钮。

按此步骤即可完成如图 5.46 所示的报表。

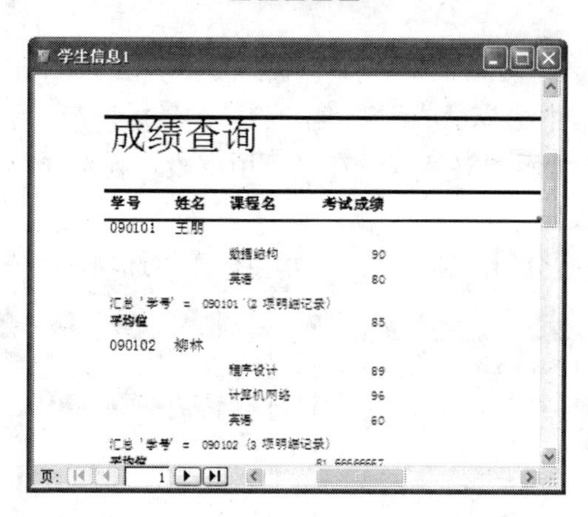

图 5.46　设置分组、求平均分的报表

2. 使用报表设计视图

（1）创建计算控件

文本框是常用来显示计算结果的控件，也可以使用任何有“控件来源”属性的控件。在计算控件中输入每个表达式前都要加上等号（=）运算符。

（2）使用公式或函数进行计算

在计算控件中，可以使用表达式或函数进行计算，获得计算结果。常用的函数有 Avg（用于计算平均值）、Sum（用于求和）、Count（用于计数）、Max（用于求最大值）、Min（用于求最小值）。

【例 5.9】对“教学管理系统”数据库中的“学生成绩”表创建报表，统计每门课程为 80～90 分的人数。操作步骤如下：

（1）在 Access 中打开“教学管理系统”数据库，在数据库窗口中单击“报表”对象，再单击“新建”按钮。

（2）在弹出的“新建报表”对话框中选择“设计视图”选项，在“请选择该对象数据的来源表或查询”下拉列表框中选择“学生成绩”表，最后单击“确定”按钮。

（3）单击“排序与分组”按钮，按“授课编号”进行分组，如图 5.47 所示。

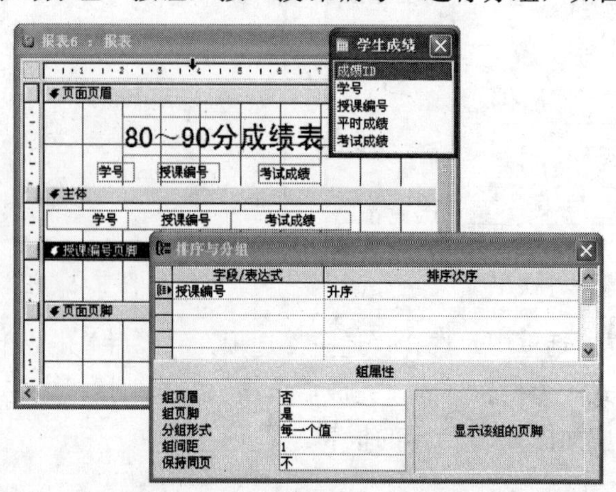

图 5.47　按“授课编号”进行分组

（4）将一个文本框拖放到报表的“授课编号页脚”中，将其中的标签的标题改为“小计”，将其中的文本框的“控件来源”属性设为“=Str(Count【考试成绩】)”，采用同样方法添加平均分标签和文本框，如图 5.48 所示。产生的预览视图如图 5.49 所示。最后以“成绩单查询”为标题保存。

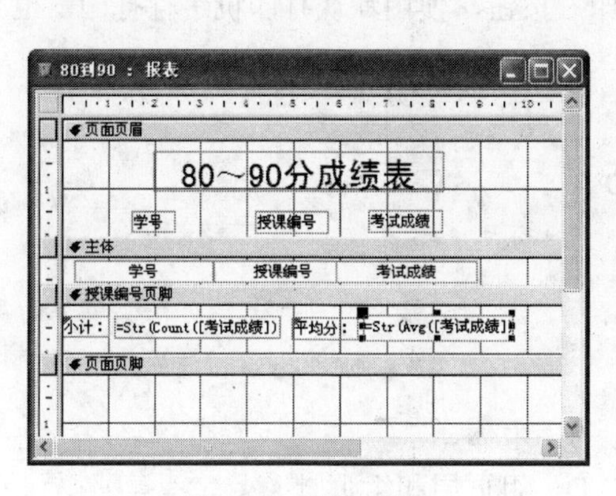

图 5.48 设计视图

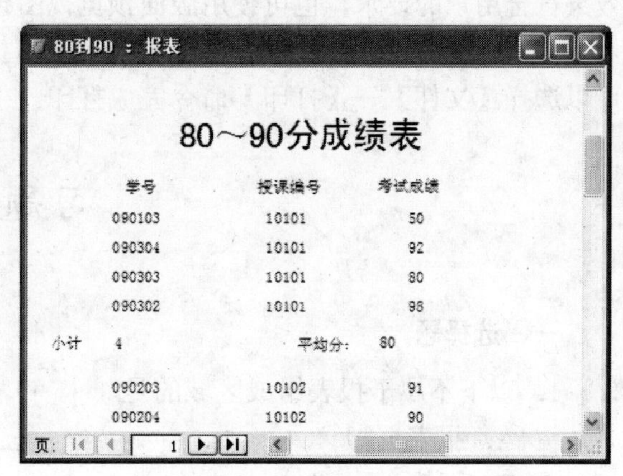

图 5.49 预览视图

5.4 报表的打印

报表设计完成后，一般要进行页面设置，再进行打印设置，就可以打印报表了。

5.4.1 页面设置

在报表的设计视图中，可通过选择【文件】→【页面设置】命令，打开如图 5.50 所示的“页面设置”对话框。在其中可设置页面边距，系统默认的上、下、左、右边距为 25.4mm（1 英寸）。报表中的数据则打印输出在指定的范围之内。

若报表中的字段数量不多，可使用多列报表，以节省打印纸。设置界面如图 5.51 所示，可通过修改“列数”的值，实现多列报表的打印。

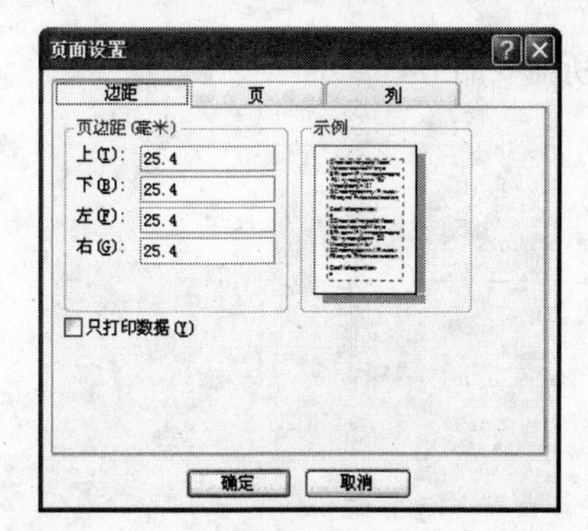

图 5.50 报表页面设置的“边距”选项卡

图 5.51 报表页面设置的“列”选项卡

5.4.2 打印设置

在报表打印之前，一般要先打开打印预览视图进行预览，以调整页面的布局，使打印效果符合用户的要求，也可使用版面预览视图查看版面的设置情况。

打印报表时，可以直接单击工具栏上的“打印”按钮，使用默认打印机进行打印，也可以选择【文件】→【打印】命令完成打印。

习题 5

一、选择题

1．以下不属于报表组成区域的是（　　）。

A．报表页脚　　B．主体

C．标签　　D．组页眉和组页脚

2．在报表视图中最多可以有（　　）。

A．5 个节　　B．8 个节　　C．7 个节　　D．6 个节

3．如果要在某报表结尾处添加整个报表的数量总计，可以将 Sum 函数放在（　　）。

A．主体　　B．页面页眉　　C．报表页眉　　D．报表页脚

4．下面（　　）不是报表视图。

A．设计视图　　B．打印预览视图

C．版面预览视图　　D．数据表视图

5．要添加“未绑定对象”控件到报表中，可以使用（　　）。

A．“常用”工具栏　　B．工具箱

C．“格式”工具栏　　D．报表设计工具栏

二、简答题

1．简述报表和窗体的区别。

2．创建报表的方法有几种？各有什么特点？

3．报表分节有什么意义？如何为报表添加所需要的节？

4．如何为报表指定记录源？

5．如何在报表中对记录进行排序和分组？

6．如何以名片形式输出表中的数据？

第 6 章　数据访问页

6.1　数据访问页的基本概念

数据访问页是 Access 2000 新增加的数据库对象，它使得用户可以在浏览器上查看和操作数据库中的数据。数据访问页中使用 HTML 代码、HTML 内部控件和一组称为 Microsoft Office Web Components 的 Active X 控件来显示网页上的数据。数据访问页具有数据编辑、交互式报表和分析数据的功能。

Access 2003 提供了 3 种有关数据访问页的视图：设计视图、页面视图和网页预览。创建和使用数据访问页时可根据需要在这 3 种视图间进行切换。

6.1.1　窗体、报表和数据访问页的比较

数据访问页和窗体、报表的功能类似，但具体选择哪一种，要根据具体的任务来定。当要在 Access 中进行数据的录入、编辑和交互式处理时，可以使用窗体和数据访问页，而不能使用报表；通过 Internet 或 Intranet 在 Access 数据库外输入、编辑和交互处理活动数据时，只能使用数据访问页；当要打印发布数据时，可以使用报表、窗体或数据访问页；要获得好的效果，最好使用报表。

数据访问页与显示报表相比具有以下优点：

- 由于与数据绑定的页连接到数据库，因此这些数据访问页显示当前数据。
- 数据访问页是交互的。用户可以只对自己所需要的数据进行筛选、排序和查看。
- 数据访问页可以通过电子邮件以电子方式进行分发，也可通过网络发布。

6.1.2　数据访问页的存储和调用方式

1．数据访问页的存储方式

数据访问页的存储方式不同于其他数据库对象，它是以独立的文件形式保存在 Access 数据库文件之外的，是一种特殊类型的网页，文件扩展名为.htm。在数据库的数据访问页对象窗口中，只保存一个快捷方式。

2．数据访问页的调用方式

（1）使用浏览器打开数据访问页

创建数据访问页的目的是为 Internet 用户提供访问数据库的界面，通常情况下，使用

Internet 浏览器打开数据访问页。数据访问页既可存于本地计算机中，也可发布到网络服务器上，供用户使用。

（2）在 Access 中打开数据访问页

在 Access 中使用数据访问页主要是用于测试。可在数据库窗口对象中选中“页”，在打开的“页”对象选项卡中，选取需要打开的数据访问页名，双击即可打开。

6.2 创建数据访问页

Access 为数据访问页提供了“自动创建数据页”、“数据页向导”、“设计视图”和“编辑现有网页”等创建方式。

6.2.1 自动创建数据访问页

“自动创建数据访问页”操作和窗体、报表一样，要由用户指出数据来源。数据访问页中的数据可以来源于基本表、查询和视图，使用它创建的数据访问页为纵栏式。

【例 6.1】利用“自动创建数据访问页”方式创建一个基于“教学管理系统”数据库中“教师信息”表的数据访问页——“教师信息”页。操作步骤如下：

（1）在 Access 中打开“教学管理系统”数据库，在数据库窗口中单击“报表”对象，再单击“新建”按钮。

（2）弹出“新建数据访问页”对话框，选择“自动创建数据页：纵栏式”选项，在“请选择该对象数据的来源表或查询”下拉列表框中选择“教师信息”表，最后单击“确定”按钮，如图 6.1 所示。

（3）屏幕上会出现如图 6.2 所示的创建好的数据访问页窗口。

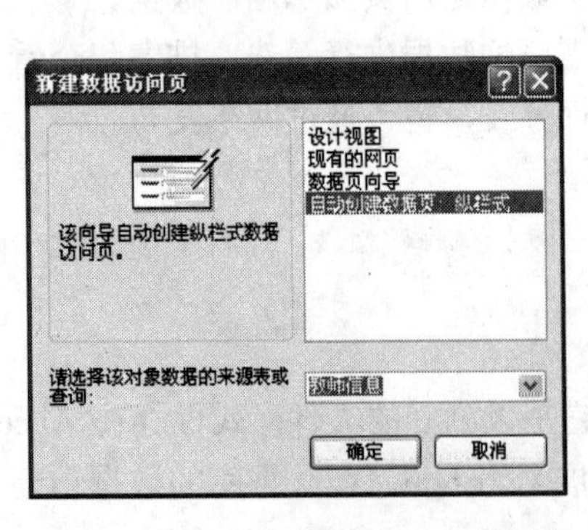

图 6.1 “新建数据访问页”对话框

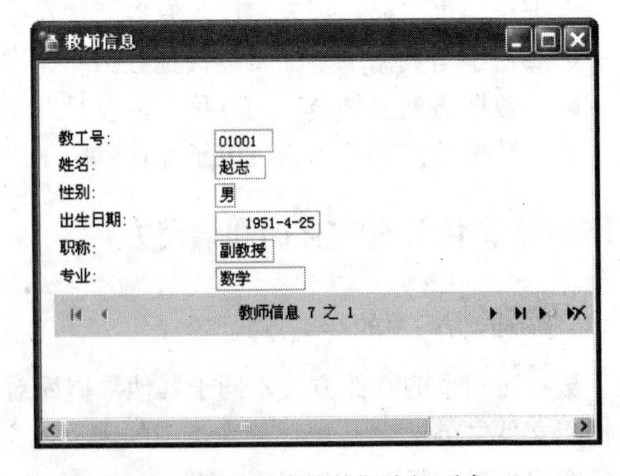

图 6.2 自动创建的数据访问页窗口

页视图窗口与窗体的窗体视图窗口类似。但在页视图窗口中，记录浏览器的一组按钮以控件的形式出现在窗口中，并且还增加了几个工具按钮，能够完成诸如下一个、保存、撤销、排序和筛选等功能。页视图中的按钮如图 6.3 所示。

教师信息 7 之 1

图 6.3 页视图中的按钮

（4）单击页视图窗口右上角的“关闭”按钮，弹出询问是否保存对数据访问页设计的对话框，单击“是”按钮，弹出“另存为数据访问页”对话框。

（5）在“另存为数据访问页”对话框中输入“教师信息.htm”，设置保存位置（目前设置为绝对路径，若要在网络中发布，可设为网络路径），单击“保存”按钮。

如果生成的 Web 页与用户的需求有差异，可以在设计视图中进行修改。

6.2.2 使用数据页向导创建数据访问页

利用数据页向导创建数据访问页，与自动创建相比有了更多的选项，可以选择数据源、字段和记录的排序与分组。

【例 6.2】利用数据页向导创建学生的成绩发布数据页。操作步骤如下：

（1）在 Access 中打开“教学管理系统”数据库，在数据库窗口中单击“页”对象，双击“使用向导创建数据访问页”选项，打开“数据页向导”对话框。

（2）在如图 6.4 所示的对话框中，在“表/查询”下拉列表框中选择“查询：成绩查询”选项，在“可用字段”列表框中选择“学号”、“姓名”、“课程名”和“考试成绩”字段，添加到“选定的字段”列表框中，完成后单击“下一步”按钮。

（3）在如图 6.5 所示的界面中，选择“课程名”作为分组。一旦设置了分组级别，生成的数据访问页是只读的，完成后单击“下一步”按钮。

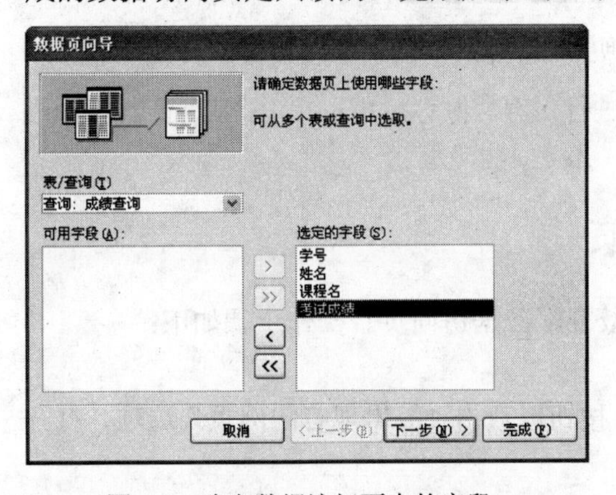

图 6.4 确定数据访问页中的字段

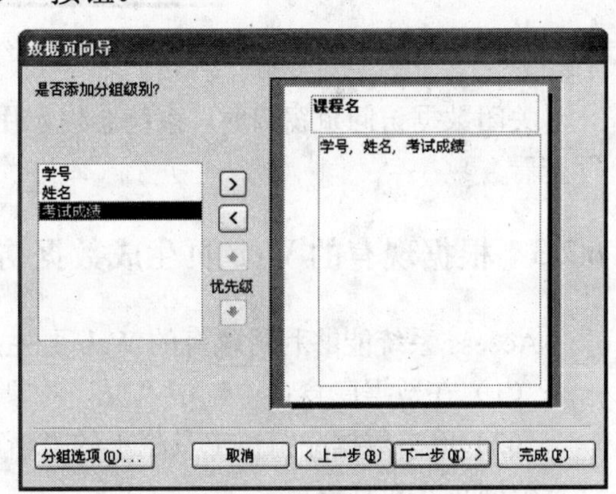

图 6.5 添加分组字段

（4）选择排序字段。如图 6.6 所示，选择“学号”、“升序”，完成后单击“下一步”按钮。

（5）为数据页设置标题。如图 6.7 所示，标题设置为“成绩查询”，单击“完成”按钮。

（6）系统创建的数据访问页如图 6.8 所示。页面中“课程名”旁有一个带加号的按钮，称为“展开/折叠”按钮，它与 Windows 中文件夹的折叠功能一样，单击可以展开，显示“程序设计”课程中学生的成绩，加号按钮此时变为减号按钮。通过“浏览”工具条上的按钮可以完成浏览全部学生成绩的功能。

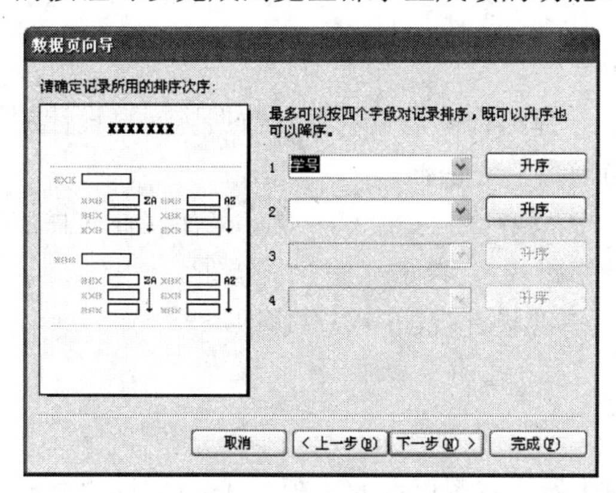

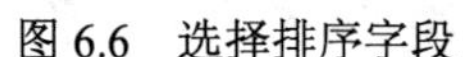
图 6.6　选择排序字段

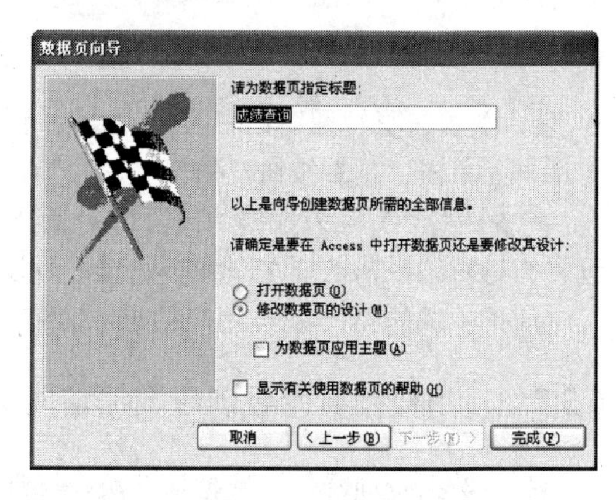

图 6.7　设置标题

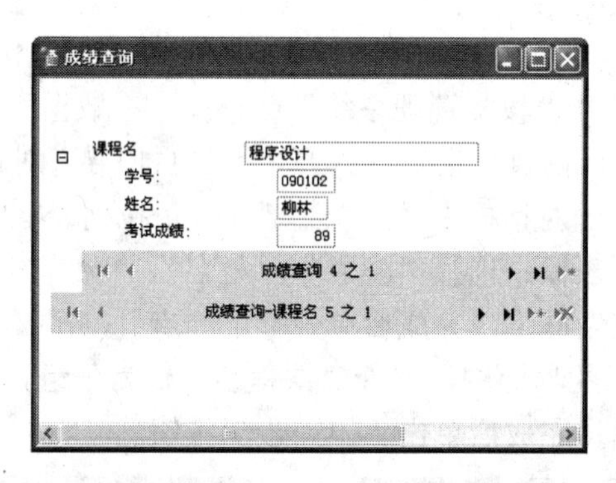

图 6.8　“成绩查询”页视图窗口

关闭数据访问页窗口时，系统会提示用户进行保存。保存后可以用 IE 等浏览器打开进行查看。

6.2.3　根据现有的 Web 页生成数据访问页

Access 系统能够利用现有的 Web 页生成 Access 数据访问页。操作步骤如下：

（1）在数据库窗口中选中“页”对象。

（2）单击数据库窗口工具栏上的“新建”按钮或双击“编辑现有的网页”选项，打开“定位网页”对话框。

（3）在“定位网页”对话框中查找并选择要打开的 Web 页或 HTML 文件。

（4）单击“打开”按钮，将在设计视图中显示所选择的页。

（5）在页的设计视图中可以对页进行设计修改。

6.3　在设计视图中生成数据访问页

与向导相比，设计视图能够更好地对数据访问页进行字段的设计，还能够更详细地设置属性、添加控件、进行修饰等。数据访问页的设计视图与窗体的设计视图在控件设计、属性设置等概念上存在不同。下面介绍如何利用设计视图完成一个数据访问页的设计。

6.3.1 数据访问页设计视图的组成

数据访问页的设计视图主要由以下 3 部分组成。

1．数据访问页的设计窗口

设计窗口是创建和修改数据访问页的主要位置，是数据访问页的设计模板，窗口中的节用来显示和分组数据。在设计窗口中，可以设置数据访问页的页面属性、节属性、对象属性和元素属性等。这些属性设置的对话框均可通过在设计视图中，用鼠标右键单击相应的区域，在弹出的快捷菜单中选择相应的命令来打开。

2．数据访问页的工具栏

与数据访问页相关的工具栏包括“格式（页）”工具栏和“页设计”工具栏。“页设计”工具栏所包含的按钮大体上可分为以下两类：

- 专用于数据访问页的按钮，如视图、电子邮件、升级、降低和按表分组等。
- 常规按钮，包括字段列表、工具箱、排序与分组、属性和数据库等。

3．数据访问页的工具箱

在数据访问页的工具箱中包括了专门用于数据访问页的控件，如滚动文本、展开、超链接、Office 电子表格和 Office 图表等，它们是在窗体和报表工具箱中没有遇到过和使用过的控件。

6.3.2 数据访问页控件工具箱

在进入到数据访问页的设计视图后，单击工具栏上的“工具箱”按钮，或者选择【视图】→【工具箱】命令，均可打开数据访问页的工具箱。与数据库中其他对象的工具箱相比，数据访问页的工具箱增加了一些用于 Web 的控件，如图 6.9 所示。

图 6.9 数据访问页工具箱中的控件

各控件的功能如表 6.1 所示。

表 6.1 工具箱中的按钮及其功能

按 钮	功 能	按 钮	功 能
	选择对象		滚动文字
	控件向导		选项组
	标签		单选按钮
	绑定范围		复选框
	文本框		下拉列表

续表

按　钮	功　能	按　钮	功　能
	列表框		超链接
	命令按钮		图像超链接
	展开，将展开按钮添加到页上		影片
	记录浏览		图像
	Office 数据透视表		直线
	Office 图表		矩形
	Office 电子表格		其他控件

6.3.3 数据访问页属性

1．设置页、节和控件的属性

在设计视图中，可以根据用户的要求设置页或页上的节、控件等的属性，重新为页定义主题，添加、删除或更改页眉、页脚或其他节的设置。

在设计视图中打开要设置属性的数据访问页、节或控件，单击工具栏上的“属性”按钮，弹出相应的属性窗口，在其标题栏中显示了所选对象的名称，在对象的属性窗口中设置对象属性的方法与在窗体和报表中设置对象属性的方法相似，此处不再赘述。

2．数据访问页及控件的常用属性

数据访问页及控件的常用属性介绍如下。

（1）ID（标识）

ID 属性值将作为一个数据页的唯一标识。

（2）DataEntry（数据输入）

将 DataEntry 属性设置为 True，那么当在页面视图或 IE 中打开数据访问页时，将显示一个新的空白记录；否则将显示与页链接的数据库的第 1 个记录。

（3）MaxRecords（记录个数）

MaxRecords 为数据访问页中所允许访问数据的最大个数，恰当合理地设置此参数可以有效减轻网络数据传输负载。

（4）Width（宽度）和 High（高度）

Width 和 High 所显示页的宽和高的像素（px）、厘米（cm）、英寸（in）或磅（pt）的数值，分别用于指定数据页的宽度和高度。

（5）TextAlign（文本对齐）

TextAlign 可以指定数据访问页中的文本对齐方式。

（6）Dir（页显示方向）

将 Dir 属性设置为 rtl，则指明数据访问页是从左向右的；若设置为 ltr，则指明数据访问页是从右向左的。

（7）ReadOnly（数据读写）

选择要禁用的控件，单击工具栏上的“属性”按钮，将 ReadOnly 的属性设置为 True 即可完成设置；若设置为 False，则允许在该控件上写数据。

3．设置页的主题

主题是项目符号、字体、水平线、背景图像和其他数据访问页元素的设计和颜色方案的统一体。Access 为数据访问页对象设置提供了一系列的主题样式，用户只需要选择某种主题，就能够实现对主题的整体设计。

在数据访问页的设计视图中，选择【格式】→【主题】命令，会出现如图 6.10 所示的“主题”对话框。

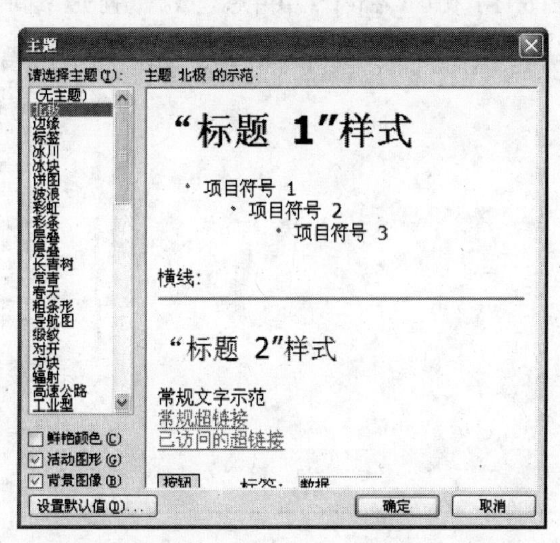

图 6.10 “主题”对话框

在“请选择主题”列表框中，选择要使用的主题名称，在右侧的主题示范框中可看到该主题的样式。在对话框的左下脚有 3 个复选框，分别为“鲜艳颜色”、“活动图形”和“背景图像”，用户可根据需要进行选择。设置完成后，单击“确定”按钮关闭对话框。

6.3.4 在设计视图中生成数据访问页

【例 6.3】使用设计视图创建学生信息数据访问页。操作步骤如下：

（1）在 Access 中打开“教学管理系统”数据库，在数据库窗口中单击“页”对象，双击“在设计视图中创建数据访问页”选项，如图 6.11 所示，打开数据页设计视图，在“字段列表”中选择“学生信息”表，如图 6.12 所示。也可以在数据库窗口中单击“新建”按钮，在打开的“新建数据访问页”对话框中选择“设计视图”选项，在“请选择该对象数据的来源表或查询”下拉列表框中选择“学生信息”表。

（2）展开“字段列表”中的“学生信息”表（单击表名左侧的+号），列出表中所有的字段名，将需要出现在数据访问页中的字段拖动到数据访问页的设计窗口中，并调整位置及设置字体字号。在标题区输入标题“学生信息”。

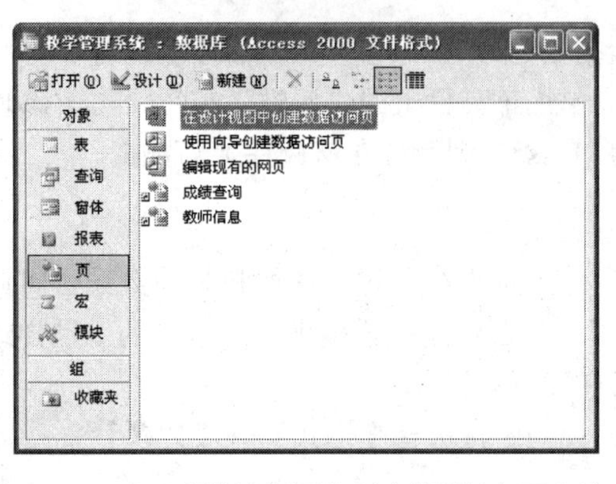

图 6.11　双击“在设计视图中创建数据访问页”选项

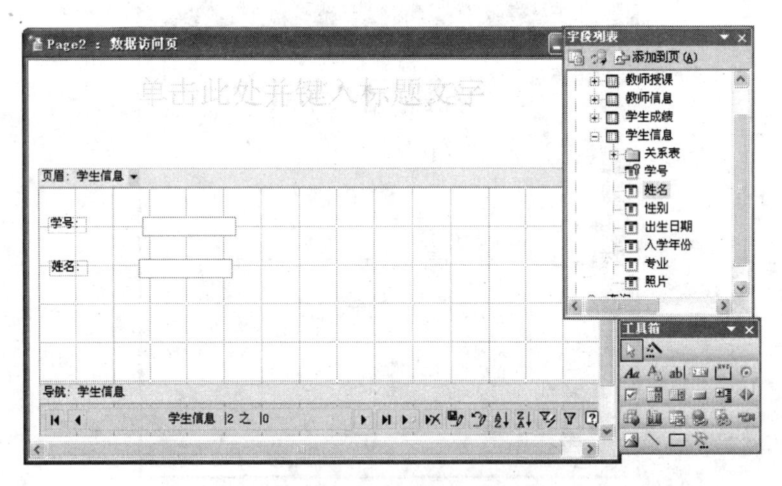

图 6.12　将字段拖入设计视图中

（3）单击工具栏上的“保存”按钮，将文件保存为“学生信息发布页”。在页面视图中打开，如图 6.13 所示。

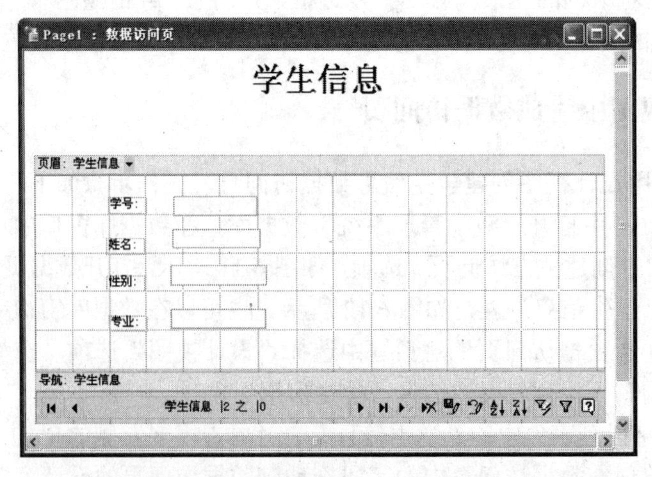

图 6.13　生成的数据访问页的页面视图

（4）可以向页中添加控件，增强显示的效果，如添加标题。步骤（3）中通过单击系统提示的“单击此处并键入标题文字”，直接输入标题。也可以利用工具箱中的标签控件向数据页中添加标题。标题文字输入完毕后，可在工具栏中选择字号和字形。

（5）添加滚动文字。单击工具栏中的“滚动文字”按钮，并在页的适当位置单击定位，屏幕上出现一个矩形区域，可以在其中输入要滚动显示的文字，也可以将显示的内容和某个字段绑定。方法是，用鼠标右键单击滚动文字的矩形区域，在弹出的快捷菜单中选择“元素属性”命令，在打开的属性对话框中选择“数据”选项卡，在其中的ControlSource下拉列表框中选择一个字段（本例中选择“入学年份”），如图6.14所示。

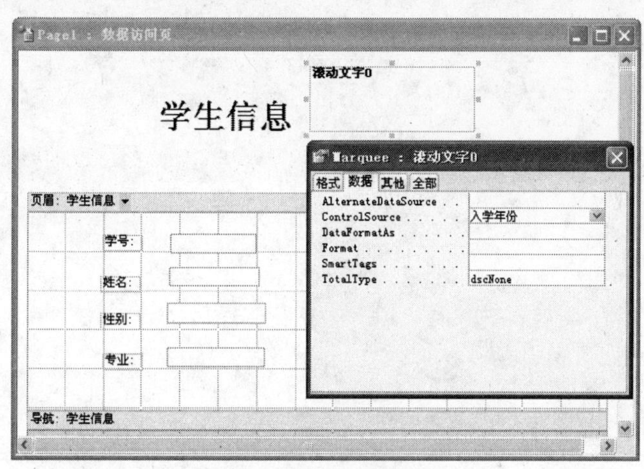

图6.14 添加滚动文字控件

创建完成的数据访问页，可以通过设计视图菜单栏中的“格式”菜单进行背景颜色、背景图片、字体和主题等的设置，使页设计更加美观。

习题6

一、选择题

1．将Access数据库的数据发布到网络上可以通过（　　）。

A．窗体　　B．报表　　C．数据访问页　　D．查询

2．下面（　　）不是Access数据库提供的用于数据访问页的。

A．页面视图　　B．浏览视图　　C．打印视图　　D．设计视图

3．在数据访问页的工具箱中，为了插入一段滚动文字，可以使用图标（　　）。

A．　　B．　　C．　　D．abl

4．与窗体、报表工具箱中的工具相比，下面（　　）是数据访问页的工具箱独有的。

A．　　B．　　C．Aa　　D．

5．Access数据库通过数据访问页发布的数据（　　）。

A．只有静态数据　　B．只能是数据库中保持不变的数据

C．只能是数据库中变化的数据　　D．是数据库中保存的数据

二、简答题

1．数据访问页和静态网页有什么不同？
2．数据访问页的存储和其他数据库对象的存储有什么不同？
3．数据访问页有几个视图？各有什么特点？
4．创建数据访问页的方法有几种？各有什么特点？

第 7 章　宏

宏是 Access 数据库管理系统中很特别的对象，它不是可以独立的数据库对象，如表、查询、窗体等，宏要完成的工作一般是调用其他的对象或执行一些特殊的操作，但它又不是完整的编程语言，如 VBA、C++语言等。

从实质上说，宏就是由一系列命令、指令组成的有执行顺序的序列，使用宏实现自动化的任务执行，可以有效地提高工作效率。

7.1　宏 概 述

7.1.1　宏的概念和功能

Microsoft Office 软件套装的各个组件，如 Word、Excel 等都有宏的功能，以提供反复执行某些常规任务的能力，如 Word 中的宏就是由一系列命令、指令组成的有执行顺序的序列，用户执行“宏”就相当于顺序执行了这些命令和指令，从而实现自动化的任务执行，有效地提高工作效率。

在 Access 中，可以将宏看作一种简化的编程语言。宏是指由一个或多个操作组成的集合，其中每个操作都实现特定的功能。操作也可称为命令，如打开表或报表、运行查询等大多数操作都需要参数。

图 7.1 是宏的一个简单示例，利用这个宏，首先打开“学生成绩”表，随后通过计算机的扬声器发出“嘟，嘟”蜂鸣声。

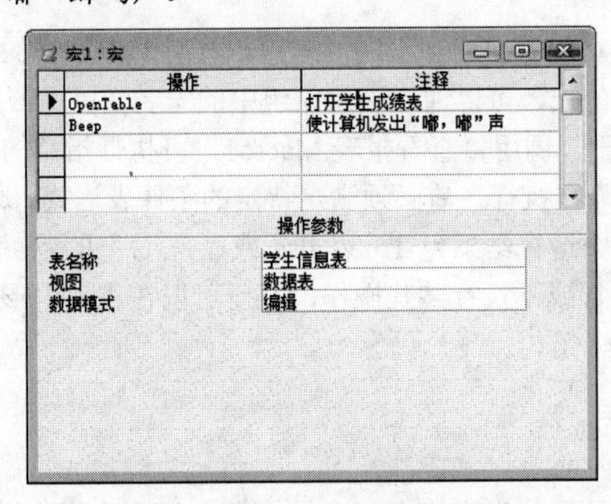

图 7.1　宏的示例

7.1.2 宏的种类

宏可分为顺序宏、宏组和条件宏三大类。

宏是操作的集合，在默认情况下，创建的宏将会从第 1 个命令顺序执行到最后一个命令，我们把这样的宏称为“顺序宏”或“序列宏”。顺序宏是宏的最基本形式，类似于高级语言的顺序语句。图 7.1 所展示的就是一个顺序宏。

在实际应用中，我们往往希望同一个宏有多个逻辑组成部分，以实现相近但有一定差异的多个功能。假设某公司的管理系统中有一个“查看报表”宏，各个部门可以利用同一个“查看报表”宏实现报表的预览，那么这个“查看报表”宏必须满足各部分不同的需求：人力资源部希望打开“人事档案”报表，而生产技术部希望打开“设备档案”报表，不一而足。可以利用“宏组”实现这个宏。

宏组就是共同存储在一个宏名下的相关宏的集合，可以为宏组中的每个宏指定名称。如图 7.2 所示，名为“查看报表”的宏组中有两个宏，宏名分别为 Macro1 和 Macro2，前者负责打开“人事档案”报表，后者打开“设备档案”报表。

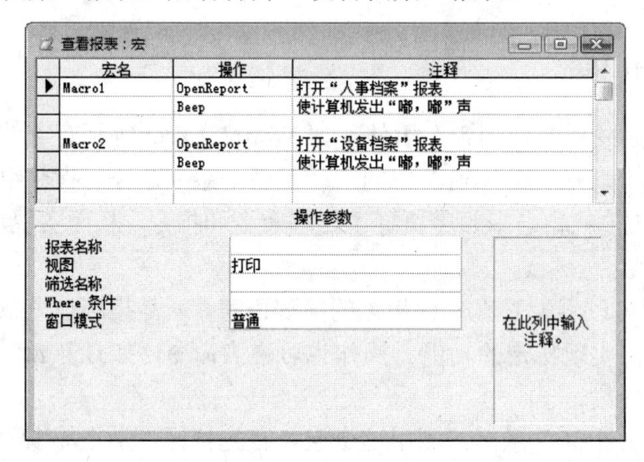

图 7.2　宏组的示例

把具有相关、相近功能的宏分到不同的宏组，将有助于对宏的管理，减少编写宏的工作量。执行某个宏组中的宏，可以通过引用宏组中的宏名（以“宏组.宏名”的形式）来实现，如图 7.2 所示的例子，调用“查看报表.Macro1”可执行指定的宏。

另外，可以指定操作在执行之前必须满足特定的条件表达式，这样的宏被称为条件宏。所谓条件表达式，即一个运算结果为 True/False 或“是/否”的逻辑表达式。宏将根据条件表达式的结果，选择执行或不执行某些操作，甚至可以在逻辑上形成分支，这类似于高级语言中的 If…Then…Else 语句。

7.1.3 常用的宏操作

宏是由若干个独立的操作组成的，Access 提供了 50 多个操作以方便用户的使用，其中常用的宏操作如表 7.1 所示。

表 7.1 常用的宏操作

宏 操 作	说 明
打开或关闭 Access 数据库各类对象	
OpenTable	打开指定的数据表对象
OpenQuery	打开指定的查询对象
OpenForm	打开指定的窗体对象
OpenReport	打开指定的报表对象
Close	关闭指定的对象
执行外部指令	
RunSQL	执行指定的 SQL 语句
RunApp	执行指定的外部应用程序
RunCommand	执行 Access 内置命令（也可运行 VBA 函数）
RunMacro	运行宏
StopMacro	停止当前正在执行的宏
Quit	结束 Access 运行
设置值	
SetValue	设置对象属性值
数据库对象控制	
Save	保存指定的 Access 对象，不指定则保存使用中的对象
CopyObject	复制指定的数据库对象到 Access 数据库中
DeleteObject	删除指定的数据库对象
查询控制和记录定位	
Requery	使指定的控件重新实施查询，以更新数据
ApplyFilter	对表、窗体或报表中的数据应用过滤器，通常用来实现记录的筛选和排序
FindRecord	查找满足指定条件的第 1 条记录
FindNext	查找满足指定条件的下一条记录
GoToRecord	指定当前记录
窗体控制	
Maximize	最大化指定的窗体
Minimize	最小化指定的窗体
Restore	还原窗体的大小
用户提示	
Beep	使计算机发出“嘟，嘟”的声响
MsgBox	显示消息框，提示用户
SetWarnings	设置是否打开系统消息
数据导入和导出	
TransferDatabase	从其他数据库导入和导出数据
TransferText	从文本文件导入和导出数据

7.2 宏的创建和使用

为了实现一连串某些特定的操作，可以创建 Access 宏。宏的优势在于，其创建的难度远远小于编程，也不需要对代码进行编辑，更不用掌握、记忆太多语法。下面通过一些例子，由浅至深、循序渐进地介绍如何创建和使用各类作用不同的宏。

7.2.1 创建顺序宏

【例 7.1】创建“教师授课情况”宏。

“教师授课情况”宏可通过宏设计视图进行创建，操作步骤如下：

（1）在数据库窗口中，单击“宏”对象，再单击“新建”按钮，将出现宏设计视图。

（2）单击第 1 行“操作”列右侧的下拉按钮，在弹出的下拉列表中选择宏操作 OpenQuery，表示本操作将执行一个查询。

（3）在“注释”行中输入“执行教师授课查询。”。

（4）在“操作参数”栏中为本操作选择适当的参数。单击“查询名称”右侧的下拉按钮，在弹出的下拉列表中选择已有的“教师授课查询”，表示本操作将执行该查询；“视图”选择默认的“数据表”；“数据模式”设置为“只读”，表示只能显示而不能修改原有的数据，如图 7.3 所示。

（5）单击工具栏上的“保存”按钮，弹出“另存为”对话框，宏名称设为“教师授课情况”，单击“确定”即可保存该宏。

宏创建完成后，单击右上角的“关闭”按钮可关闭宏设计视图。

如例 7.1 所示，宏/宏组的建立和修改在宏设计视图中进行。在数据库窗口中，单击“宏”对象，然后单击“新建”按钮，便可打开宏设计视图，如图 7.4 所示。

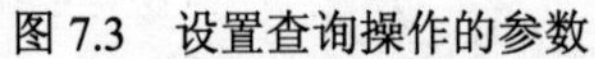
图 7.3 设置查询操作的参数

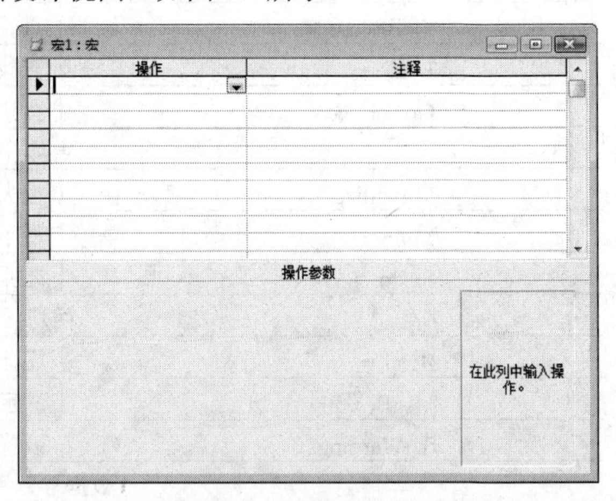

图 7.4 宏设计视图

宏设计视图分为上下两部分。上半部分的每一行代表一个具体的操作，每行有“宏名”、“条件”、“操作”和“注释”4 列，其中“宏名”和“条件”两列默认为隐藏状态，单击

Access 主窗口工具栏上的“宏名”按钮和“条件”按钮即可将这两列显示出来；下半部分为“操作参数”，用于指定宏操作的一个或多个参数。

设置宏操作的具体方法如下：

（1）单击指定行“操作”列右侧的下拉按钮，在弹出的 Access 支持的操作下拉列表中指定宏操作（如表 7.1 所示）。

（2）在“注释”行填写必要的注释文字。注释用于对特定的操作进行简单的说明，以方便日后的维护和修改，所填字数以不超过本列宽度为宜。

（3）在“操作参数”栏，为该操作选择适当的参数。需要说明的是，对于不同的操作，需要设置的参数也会有所区别。

在各操作参数中，最常见、也最普遍的参数是“视图”，而对于不同的宏操作，“视图”有不同的选项。OpenQuery 的视图有 5 种方式可选：数据表、设计、打印预览、数据透视表和数据透视图。选择“数据表”，表示将以数据表（即二维表）形式显示该查询；选择“设计”，表示将打开“查询设计视图”供用户编辑该查询；选择“打印预览”，可供用户观察最终打印效果并进行打印；选择“数据透视表”和“数据透视图”可帮助用户分析数据，前面已有过介绍，此处不再赘述。

“数据模式”有只读、编辑和增加 3 个选项。“只读”表示用户只能查看而不能修改数据；“编辑”可使用户实时编辑当前显示的数据，这也是默认的选项；选择“增加”选项，用户只能增加新的数据，将看不到也无法修改原有的数据。

在宏的操作中，其中一部分用于打开（包括执行）Access 数据库的对象，如 OpenTable、OpenQuery、OpenForm 等，要添加这类宏操作，可以通过直接拖拽对象到宏设计视图来完成。

【例 7.2】 创建“学生信息”宏。操作步骤如下：

（1）创建新宏，打开宏设计视图。

（2）打开“窗口”菜单，选择“垂直平铺”命令，数据库主窗口和宏设计视图将在屏幕上平铺，如图 7.5 所示。

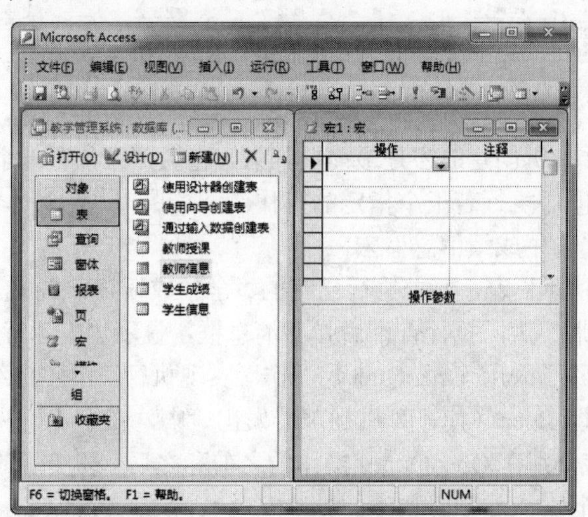

图 7.5　数据库主窗口和宏设计视图的平铺

（3）在数据库主窗口中，选择要打开的“学生信息”表，拖拽到宏设计视图的第 1 行“操作”列上。

拖拽完成后，在“操作”栏上会出现 OpenQuery 宏操作，而在该操作的“操作参数”栏中会自动填上一部分参数，在本例中，“表名称”参数被设置为“学生信息”。

（4）保存该宏，命名为“学生信息”，随后关闭该宏。

在例 7.2 中，拖拽表、查询、窗体和报表等数据库对象到宏设计视图后，Access 会为这些对象添加宏操作，并设置相应的操作参数。需要注意的是，拖拽的方法只能创建和 Access 数据库对象相关的少数宏操作，对其他的操作并不适用。

单击选择要运行的宏，再单击数据库窗口中的“运行”按钮，Access 即运行选定的宏。对例 7.1 来说，单击选择“教师授课情况”，再单击“运行”按钮，即可显示运行结果，执行“教师授课查询”，如图 7.6 所示。

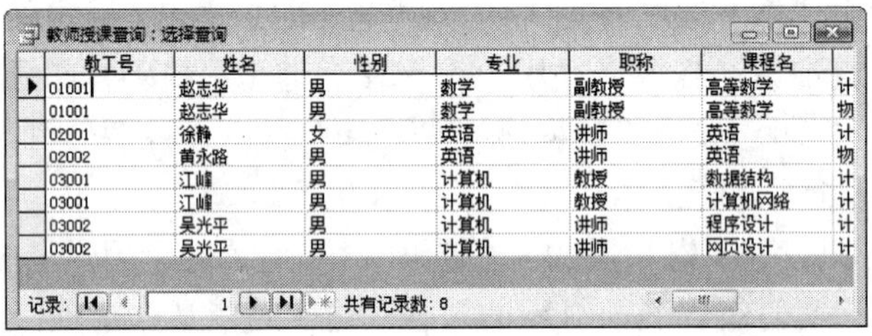

教师授课查询 : 选择查询

教工号	姓名	性别	专业	职称	课程名	
01001	赵志华	男	数学	副教授	高等数学	计
01001	赵志华	男	数学	副教授	高等数学	物
02001	徐静	女	英语	讲师	英语	计
02002	黄永路	男	英语	讲师	英语	物
03001	江嵘	男	计算机	教授	数据结构	计
03001	江嵘	男	计算机	教授	计算机网络	计
03002	吴光平	男	计算机	讲师	程序设计	计
03002	吴光平	男	计算机	讲师	网页设计	计

记录: 1 共有记录数: 8

图 7.6　“教师授课情况”宏运行结果

双击宏也可运行该宏，如双击“学生信息”宏，可显示运行结果，即打开“学生信息”表，如图 7.7 所示。

学生信息 : 表

学号	姓名	性别	出生日期	入学年份	专业	照片
090101	王朋	男	1990/5/23	2009	计算机	
090102	柳林	女	1991/3/22	2009	计算机	
090103	李小妮	女	1989/1/3	2009	计算机	
090104	王仲	男	1993/9/9	2009	计算机	
090105	夏雨	女	1988/2/4	2007	计算机	
090201	赵元	男	1992/4/11	2009	物理	
090202	赵立平	男	1989/8/9	2009	物理	
090203	石磊	男	1994/5/16	2008	物理	
090204	罗琳琳	女	1988/8/19	2008	物理	
090205	张三	女	1991/10/10	2008	物理	
090301	程国强	男	1990/7/14	2009	计算机	

记录: 1 共有记录数: 18

图 7.7　“学生信息”宏运行结果

在例 7.1 和例 7.2 中所创建的宏是最简单的宏，它们都只包含一个操作。随后，将创建一个顺序宏，它可以顺序执行若干个指定的操作。

【例 7.3】 创建“学生成绩信息”宏。

创建“学生成绩信息”宏，要求执行已有的“学生成绩查询”，在执行该查询前使计算机扬声器发出“嘟，嘟”声，执行查询后弹出消息框，显示“宏运行结束”。

根据要求，该宏除了采用 OpenQuery 操作（实现执行“学生成绩查询”）外，还必须完成两个附加操作，即 Beep（使计算机扬声器发出“嘟，嘟”声）和 MsgBox（弹出消息框），这两个操作应该分别在 OpenQuery 操作的之前和之后，即实现的宏中必须实现以上 3 个操作，并按顺序执行。操作步骤如下：

（1）创建新宏，打开宏设计视图。

（2）单击第 1 行的“操作”列右侧的下拉按钮，在弹出的下拉列表中选择 Beep 选项，该操作可使计算机扬声器发出“嘟，嘟”声。在本行“注释”列中输入文字“使计算机发出嘟嘟声。”。

（3）单击第 2 行的“操作”列右侧的下拉按钮，在弹出的下拉列表中选择 OpenQuery 选项，在“操作参数”栏中，单击“查询名称”右侧的下拉按钮，在弹出的下拉列表中选择已有的“学生成绩查询”；“视图”选取默认的“数据表”；“数据模式”设置为“编辑”。在本行“注释”列中输入“执行学生成绩查询。”。

（4）单击第 3 行的“操作”列右侧的下拉按钮，在弹出的下拉列表中选择 MsgBox 选项，在“操作参数”栏中，在“消息”列中输入“宏运行结束！”；单击“类型”右侧的下拉按钮，在弹出的下拉列表中选择消息类型“信息”。在本行的“注释”列中输“弹出消息框，提示宏运行已结束。”

以上 3 行的设置如图 7.8 所示。

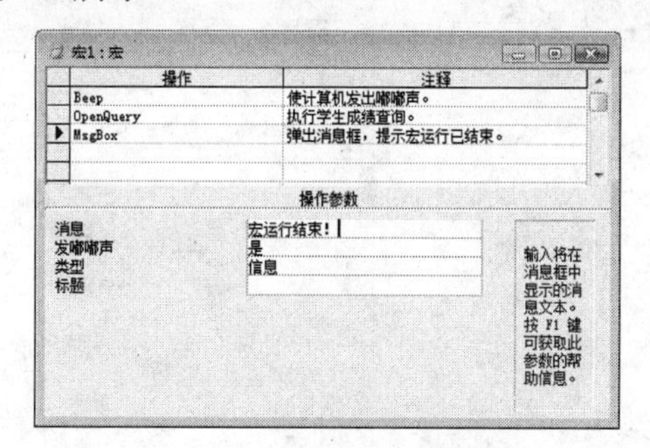

图 7.8　“学生成绩信息”宏

（5）保存该宏，命名为“学生成绩信息”，随后关闭该宏。

双击“学生成绩信息”宏，或选择该宏后单击“运行”按钮，会首先听到计算机扬声器发出“嘟，嘟”声，学生成绩查询结果显示在屏幕上，显示完毕后 Access 弹出“宏运行结束！”消息框，如图 7.9 所示。

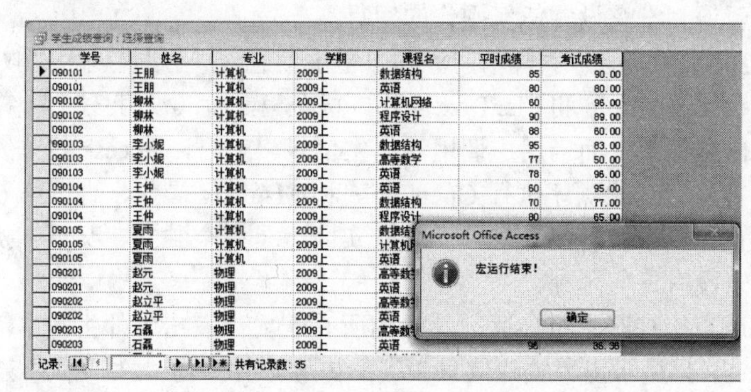

图 7.9　“学生成绩信息”宏运行结果

7.2.2　创建宏组

宏组就是共同存储在一个宏名下的相关宏的集合，执行某个宏组中的宏，可以通过引用宏组中的宏名（以“宏组.宏名”的形式）来实现，图 7.2 就是一个宏组的例子。

【例 7.4】 创建宏组“师生基本信息”，包含“教师信息”和“学生信息”两个宏。

使多个宏组合成为宏组，必须在宏组内为每个独立的宏设定名称，即“宏名”。“宏名”是宏设计视图中的 4 个列之一，但默认为隐藏状态，单击 Access 主窗口工具栏的“宏名”按钮即可将该列显示出来。

（1）创建新宏，打开宏设计视图。注意观察设计视图的上半部分是否显示“宏名”一列，如未显示，单击 Access 主窗口工具栏中的“宏名”按钮，“宏名”列将出现在“操作”栏左侧，如图 7.10 所示。

（2）在宏设计视图中设置“教师信息”和“学生信息”两个宏，使这两个宏分别打开“教师信息”表和“学生信息”表，并分别弹出消息框“教师信息宏运行完毕”和“学生信息宏运行完毕”。具体实现可参考例 7.3，如图 7.11 所示。

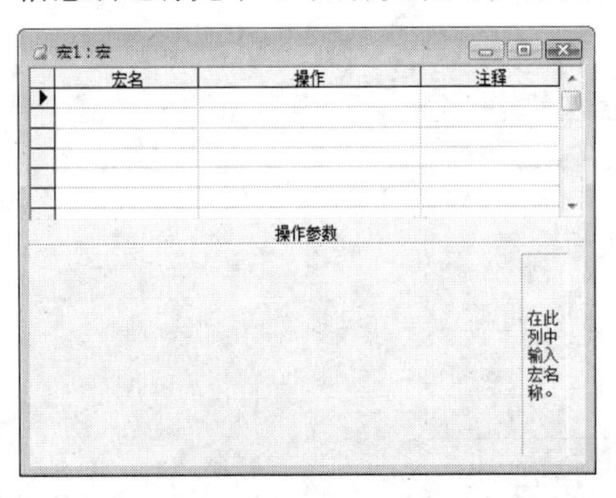

图 7.10　已显示“宏名”列的宏设计视图

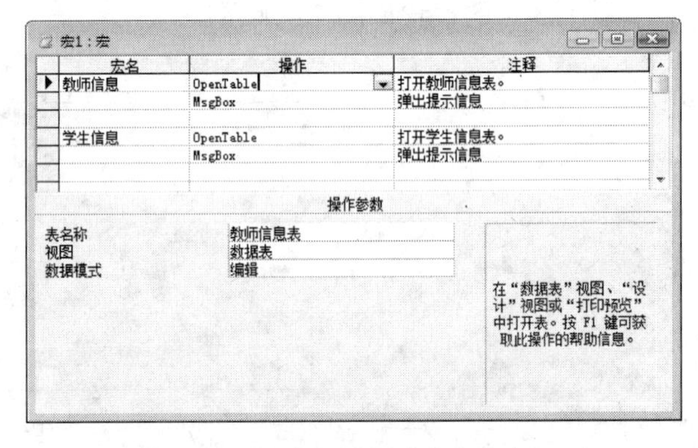

图 7.11　宏组“师生基本信息”

（3）保存该宏组，命名为“师生基本信息”，随后关闭该宏。

宏组包括一个或多个宏，各个宏的宏名是必须定义的，否则所定义的宏将无法被调用。Access 执行宏组中的宏时，将按顺序执行宏名所在列中的操作以及紧跟在其后“宏名”列为空的操作，直至遇到没有设置任何操作的空行。

【例 7.5】 定义了两个宏“教师信息”和“学生信息”，当用户调用“教师信息”宏时，Access 将顺序执行 OpenTable 和 MsgBox 操作，直至第 3 行（没有任何操作的空行）停止，不会运行“学生信息”宏；而当用户调用“学生信息”宏时，Access 找到宏名为“学生信息”的第 4 行，从本行开始顺序执行 OpenTable 和 MsgBox 操作，直至第 6 行（没有任何操作的空行）停止。由于空行的存在，两个宏实际上是完全独立、互不干扰的，这和定义两个独立的顺序宏没有任何区别。

所以不能通过直接打开宏组来运行其中的所有宏。当双击“师生基本信息”宏组时，可以观察到 Access 只显示出“教师信息”表的内容，并弹出“教师信息宏运行完毕!”消息框，并没有显示“学生信息”表和相应的消息框提示，如图 7.12 所示。只有采用“宏组.宏名”的形式进行调用，才能运行宏组的每一个宏。

【例 7.6】 利用窗体调用宏组“师生基本信息”中的宏。

利用窗体调用宏组中的宏实现一些基本的数据库操作，是在应用中比较常用的做法。我们不需要为此编写代码，实现较简单，易于调试，而且由于具体的宏操作都集中在宏组，维护更方便，通用性更强。操作步骤如下：

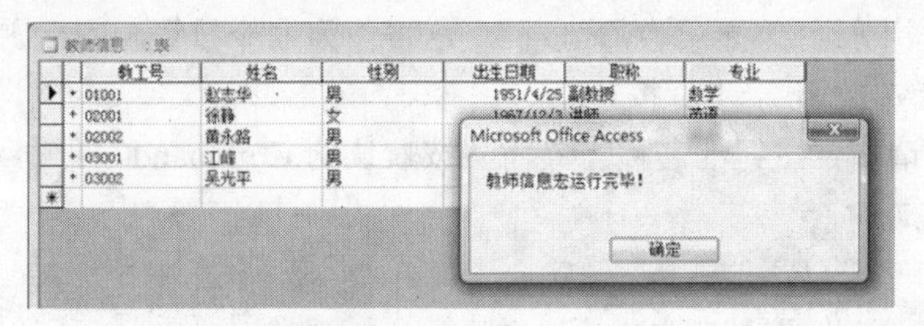

图 7.12　宏组的直接运行

（1）单击数据库主窗口中的“窗体”对象，再双击“在设计视图中创建窗体”选项。在窗体主体上放置标签控件 Label0，Label0 标题为“师生基本信息”，字体为黑体，字号为 20，如图 7.13 所示。

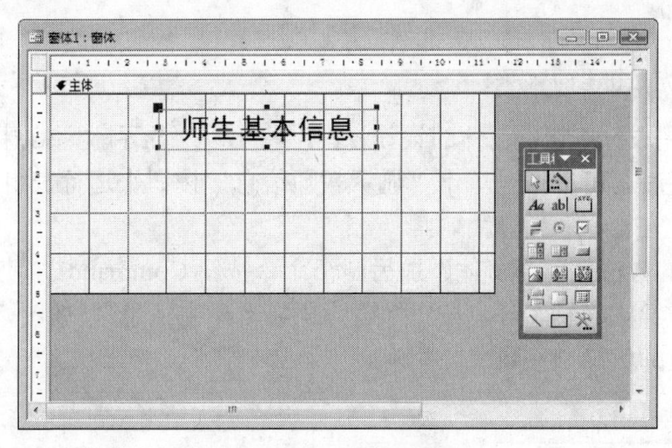

图 7.13　设计窗体

（2）在窗体主体上放置命令按钮控件 Command0，弹出“命令按钮向导”对话框，在其中的“类别”列表框中选择“杂项”选项，操作设置为“运行宏”，单击“下一步”按钮，如图 7.14 所示。

（3）打开“请确定命令按钮运行的宏”界面，定义好的所有宏的名称都在其中的列表框中显示，选择“师生基本信息.教师信息”选项，表示单击该命令按钮将运行宏组“师生基本信息”中的“教师信息”宏，如图 7.15 所示，单击“下一步”按钮。

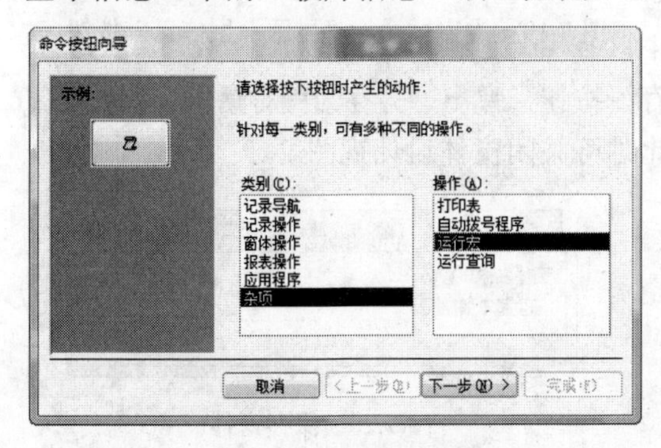

图 7.14　为命令按钮选择动作

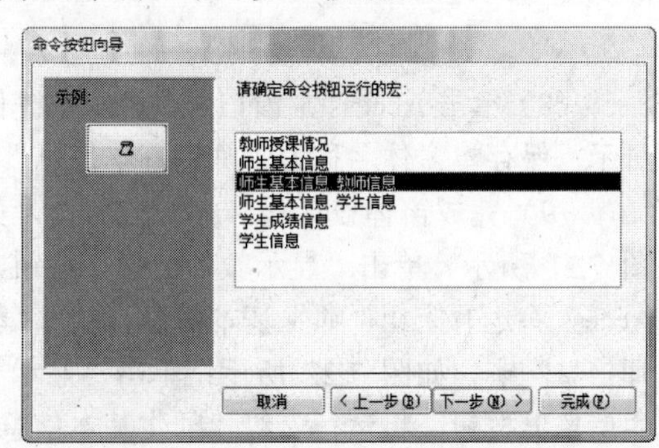

图 7.15　确定命令按钮运行的宏

（4）打开“请确定在按钮上显示文本还是显示图片”界面，选中“文本”单选按钮，并在右侧的文本框中输入“显示教师信息”，这将作为命令按钮上的标题文字被显示出来，如图 7.16 所示，单击“下一步”按钮。

（5）打开“请指定按钮的名称”界面，按默认的 Command0 即可，如图 7.17 所示。

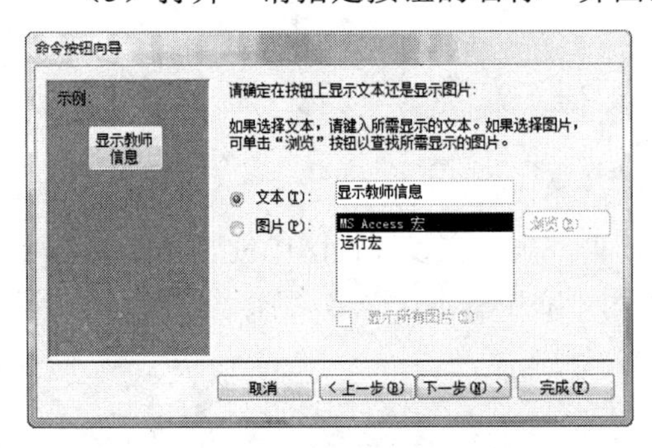

图 7.16　确定按钮上的标题文字

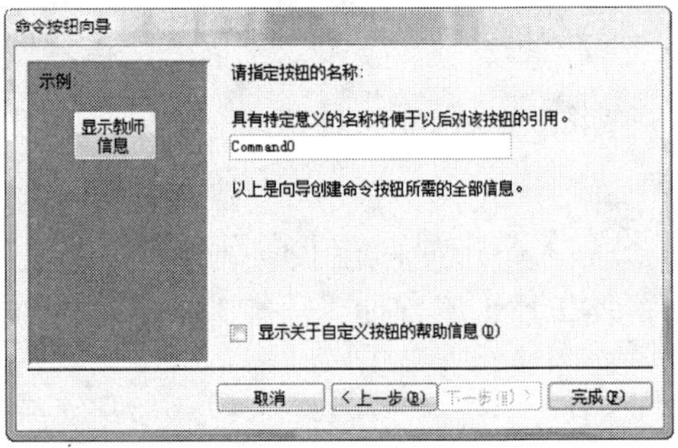

图 7.17　指定按钮的名称

（6）单击“完成”按钮，窗体的设计视图上将出现“显示教师信息”按钮，如图 7.18 所示。在窗体运行时，可以通过单击“显示教师信息”按钮来运行宏组“师生基本信息”中的“教师信息”宏。

（7）用同样的方法，可为窗体添加另一个命令按钮 Command1，使其运行宏组“师生基本信息”中的”学生信息”宏，按钮标题为“显示学生信息”，如图 7.19 所示，具体实现可参考“显示教师信息”按钮。

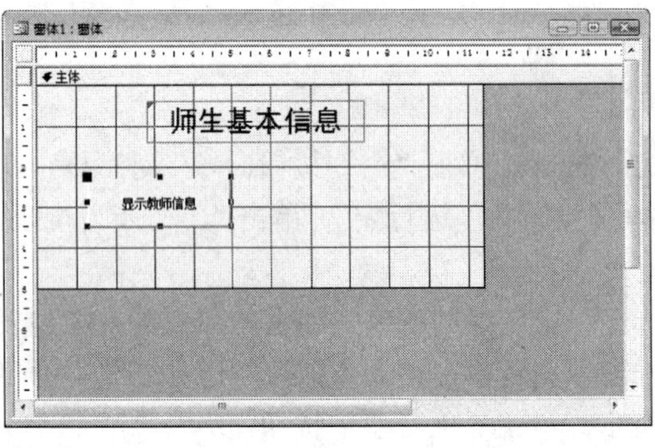

图 7.18　可运行宏的命令按钮

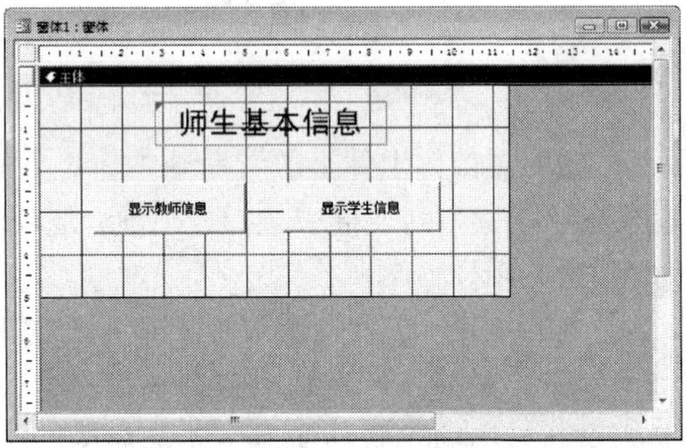

图 7.19　为窗体增加“显示学生信息”按钮

（8）单击 Access 主窗口工具栏上的“保存”按钮，弹出“另存为”对话框，如图 7.20 所示，保存本窗体名称为“师生基本信息”。此时可关闭窗体设计视图。

（9）完成窗体设计后，打开该窗体，如图 7.21 所示。单击“显示教师信息”按钮，Access 将运行宏组“师生基本信息”中的“教师信息”宏，如图 7.22 所示；单击“显示学生信息”按钮，将运行宏组“师生基本信息”中的“学生信息”宏，如图 7.23 所示。

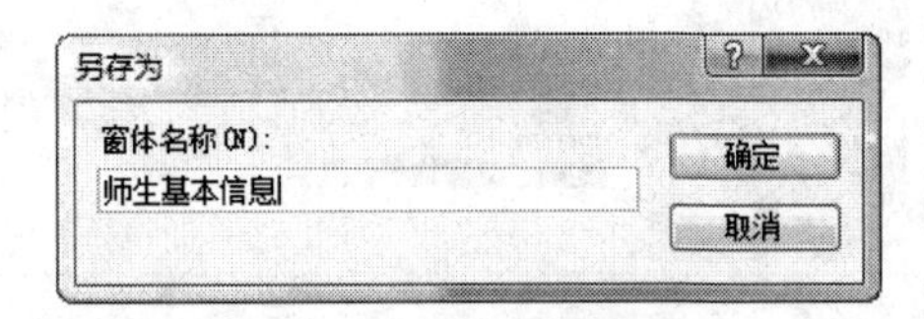

图 7.20　保存窗体

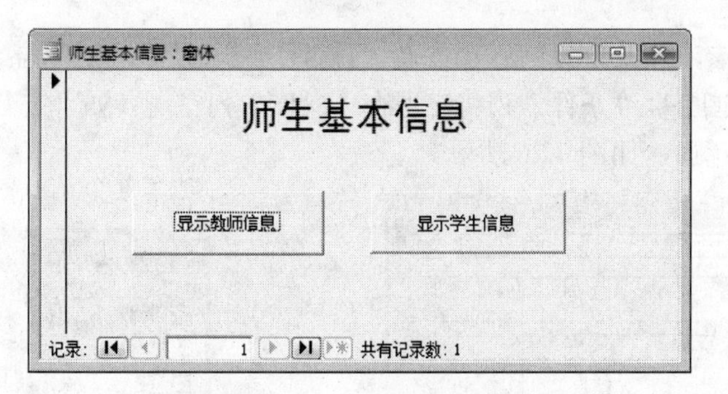

图 7.21 “师生基本信息”窗体

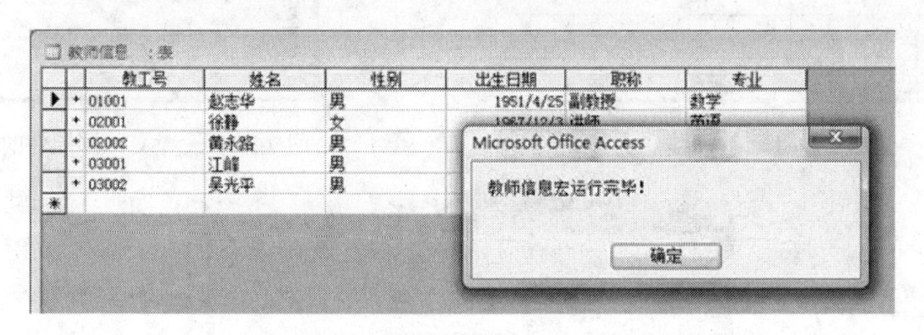

图 7.22 “教师信息”宏运行结果

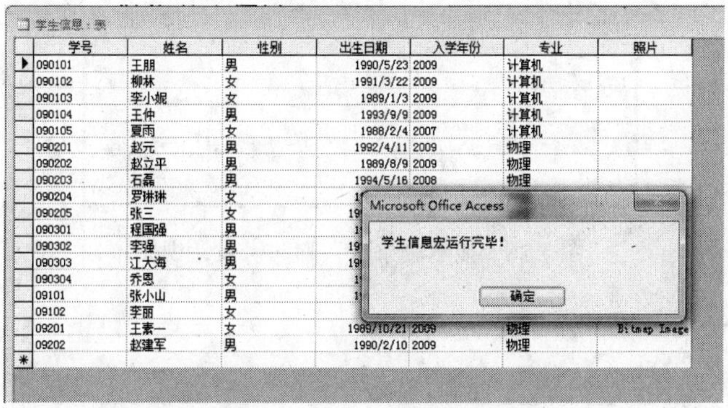

图 7.23 “学生信息”宏运行结果

除了窗体调用外，还可以通过其他方法来调用宏组中的宏，该内容将在“宏的运行”一节中进行介绍。

7.2.3 创建条件宏

在数据处理过程中，可以通过设定条件来控制宏的一个或多个操作的执行与否，也就是通常所说的对流程的控制。

【例 7.7】创建条件宏“教师信息”。操作步骤如下：

（1）在设计视图中创建窗体“教师信息窗体”，将一个文本框控件放置到主体部分，命名为 Text1，如图 7.24 所示。选中 Text1 控件，单击工具栏上的“属性”按钮，设置该控件默认值为 1，如图 7.25 所示。

（2）创建新宏，打开宏设计视图。若“条件”列未显示，则单击 Access 主窗口工具栏上的“条件”按钮，“条件”列将出现在“操作”列左侧（如“宏名”列也显示，则显示在“宏名”列右侧），如图 7.26 所示。

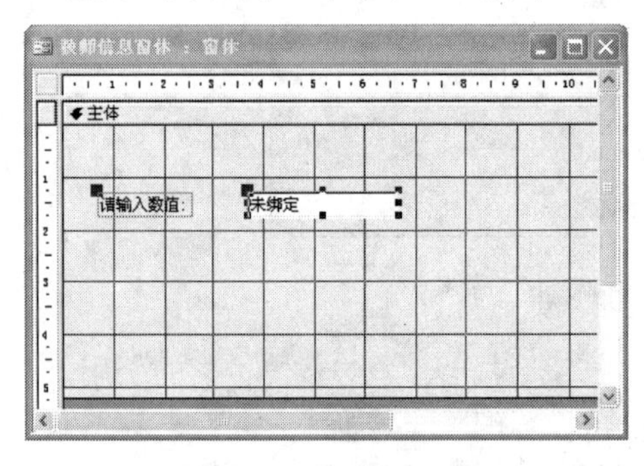

图 7.24　设计“教师信息窗体”

图 7.25　设置文本框控件的默认值

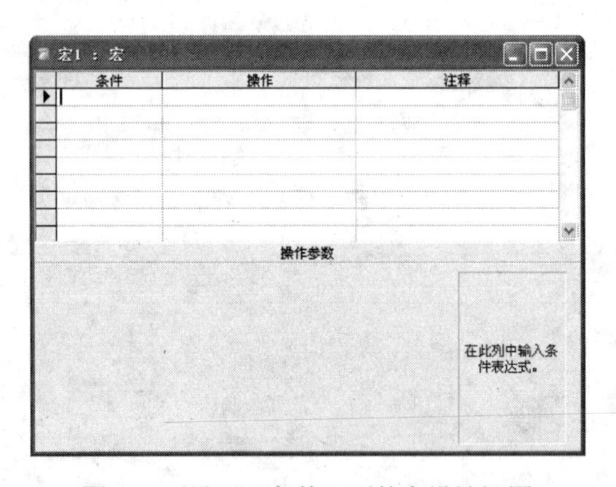

图 7.26　显示“条件”列的宏设计视图

（3）按图 7.27 所示设置该宏。

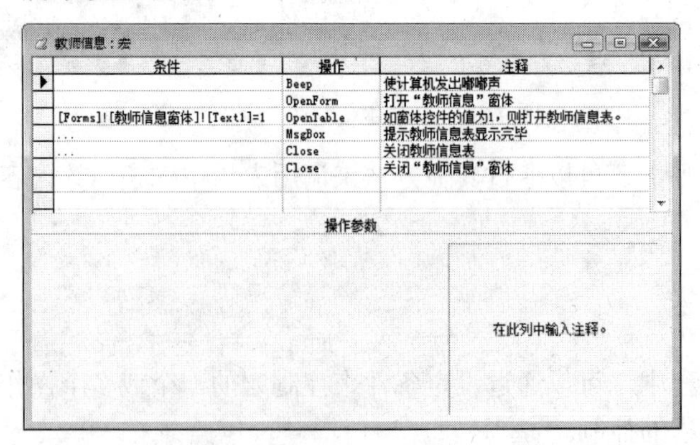

图 7.27　“教师信息”宏的设置

Access 运行第 1 行、第 2 行时，将使计算机发出嘟嘟声，并打开已创建的“教师信息”窗体。运行第 3 行时，Access 会判断“条件”列的条件表达式的结果，如结果为 True，就执行“操作”列设定的操作，否则将放弃运行本操作。

本例第 4 行和第 5 行的条件设为“…”，表示操作的条件和上一行一样。在第 4 行、第 5 行定义了 MsgBox 和 Close 操作，如第 3 行的条件为 True，将依次执行第 3 行、第 4 行和第 5 行，即打开教师信息窗体→提示信息→关闭教师信息窗体。假设第 3 行逻辑结果为 False，Access 将不运行本行的操作，继续往下执行，由于第 4 行和第 5 行的条件和第 3 行一致，因此也不会运行，而直接跳到第 6 行，运行关闭教师信息窗体的操作。

条件表达式可采用表达式生成器来生成，表达式生成器的调用方法是：右击第 3 行的“条件”列，在弹出的快捷菜单中选择“生成器”命令，如图 7.28 所示。

在表达式生成器中，依次双击“窗体”→“所有窗体”→“教师信息窗体”，生成器中部列表框就显示“教师信息”窗体上的所有控件，包括 Text1 控件。双击 Text1，使表达式文本框中出现“Forms![教师信息窗体]![Text1]”，该表达式就是对窗体控件的引用。

将表达式填写完整：[Forms]![教师信息窗体]![Text1]=1。这是一个条件表达式，当 Text1 控件的值为 1 时，表达式的结果为 True，如 Text1 的值不为 1，表达式结果则为 False。单击“确定”按钮，生成的表达式出现在“条件”列，如图 7.29 所示。

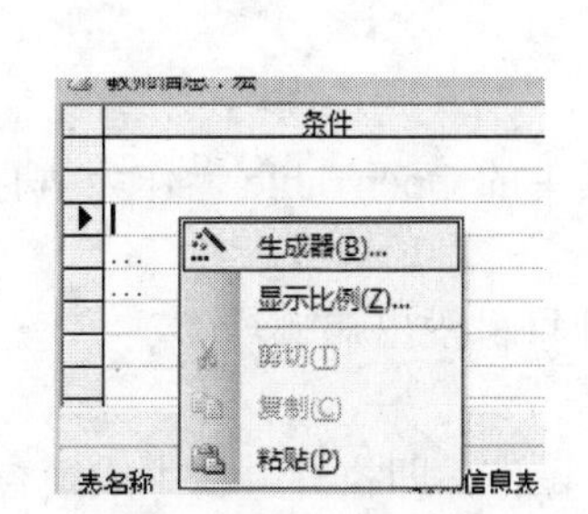

图 7.28 调用表达式生成器

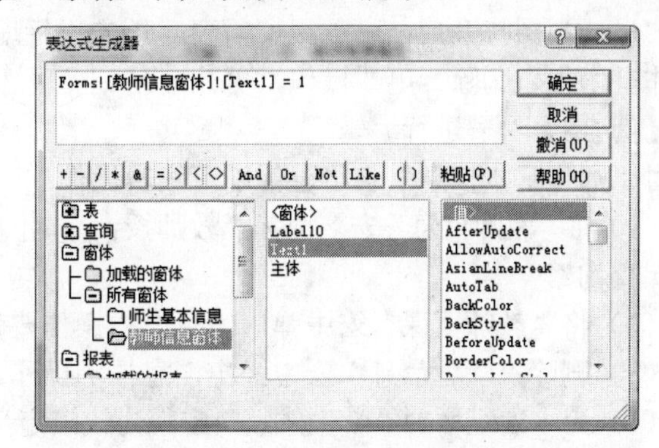

图 7.29 在生成器中填写表达式

（4）保存该宏，命名为“教师信息”。

运行该宏，可以观察到，由于教师信息窗体的 Text1 控件默认值为 1，每次运行宏都将会打开教师信息窗体，随后将自动关闭该表，这是因为第 3 行的条件表达式结果始终为 True，Access 每次都会运行第 3～5 行的操作。

可以试着修改 Text1 的默认值为 2，这样，每次运行宏，都只会打开教师信息窗体，并随之关闭，Access 不会打开“教师信息”表，即不会运行第 3～5 行的操作。

7.3 宏的编辑

随着需求的变化，通常会编辑、修改已存在的宏。例如，某图书管理系统有一个名为“图书归属地变更”的宏，作用是将满足条件的书籍的归属地从旧图书馆变更为新图书馆，由于馆藏规则的变化，书籍归属地的变更条件也将随之变化，因此就必须对原有的宏进行修改和更新。

从数据库主窗口中选择“宏”对象，Access 将显示所有存在的宏，如图 7.30 所示。

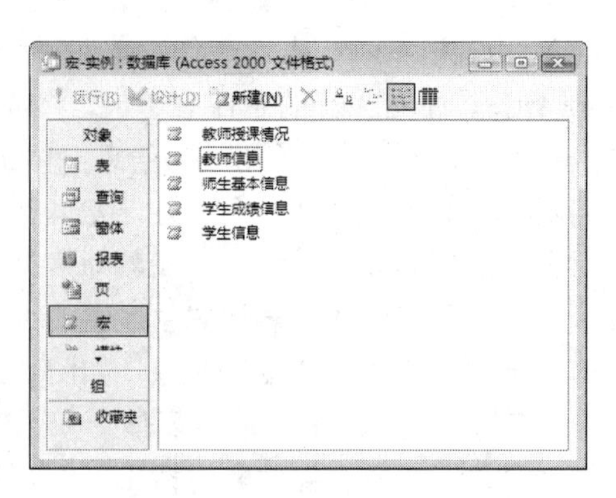

图 7.30　Access 数据库中已有的宏

单击选中要修改的宏，如选中“师生基本信息”，再单击数据库窗口中工具栏上的“设计”按钮，即可打开宏设计视图并对该宏进行编辑和修改操作。“设计”按钮在未选中任何宏的情况下，将表现为不可用状态，所以必须先选中某个宏。

宏设计视图打开后，可以根据需要对该宏进行编辑和修改。通常，针对宏的编辑和修改操作有增加、删除、更改操作，更改宏名，变更运行条件和修改注释。

【例 7.8】对宏进行编辑。

对“师生基本信息”宏组进行以下编辑操作：

（1）将“教师信息”宏名改为“教师授课”，并修改其中的 OpenTable 操作为执行“教师授课查询”。

（2）将“教师授课”宏中弹出消息框的操作改为使计算机发出嘟嘟声。

（3）删除“学生信息”宏中弹出消息框的操作。

（4）为本宏组增加“学生成绩”宏，为该宏定义一个操作，即执行“学生成绩查询”。

操作步骤如下：

① 从数据库主窗口中选择“宏”对象，选中“师生基本信息”，再单击数据库窗口中工具栏上的“设计”按钮。

② 将第 1 行“宏名”列中的“教师信息”改为“教师授课”，单击该行“操作”列右侧的下拉按钮，将 OpenTable 操作更改为 OpenQuery，在“操作参数”栏中指定“查询名称”为“教师授课查询”，“注释”列中的文字也做相应修改，如图 7.31 所示。

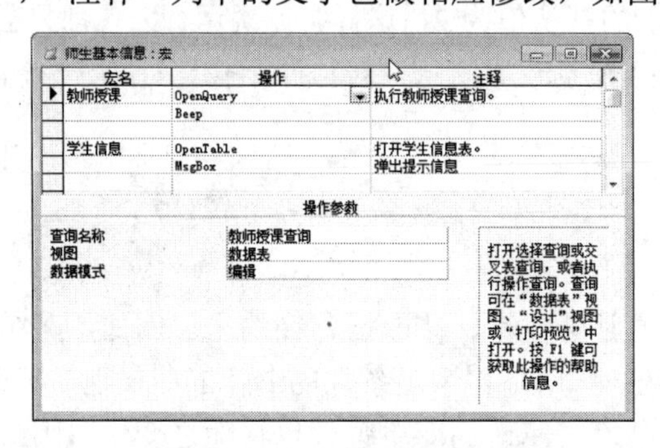

图 7.31　修改宏名和操作

③ 将第 2 行中的 MsgBox 操作改为 Beep，如图 7.32 所示。

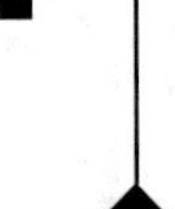

④ 右击“学生信息”宏中 MsgBox 操作所在的行，在弹出的快捷菜单中选择“删除行”命令，如图 7.33 所示，该操作将被删除。

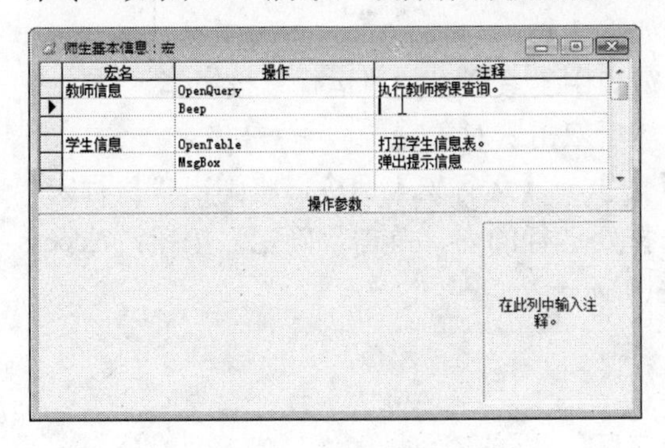

图 7.32　更改操作

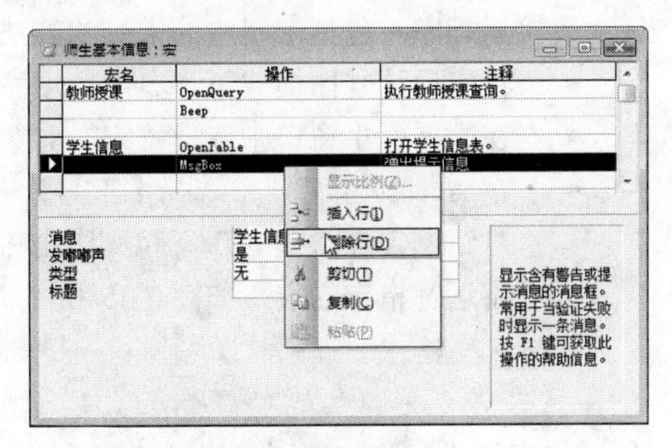

图 7.33　删除操作

⑤ 在“学生信息”下的第 2 个空行指定新宏的名称为“学生成绩”，“操作”为 OpenQuery，单击“操作参数”栏中“查询名称”右侧的下拉按钮，选择已存在的查询“学生成绩查询”，如图 7.34 所示。

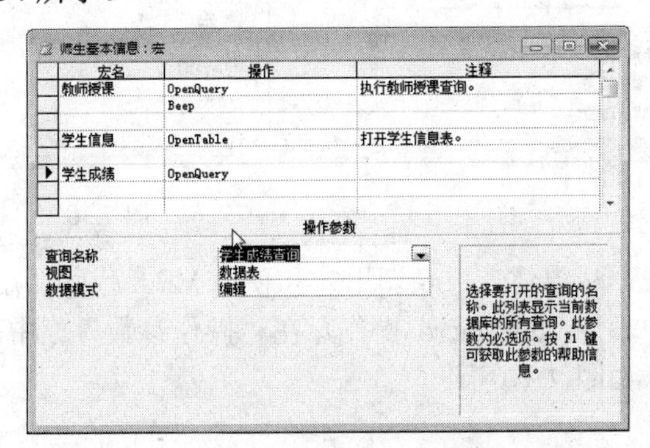

图 7.34　为宏组增加宏

⑥ 单击数据库主窗口中工具栏上的“保存”按钮，即可保存以上更改。至此，对本宏的修改、编辑工作全部完成。

宏设计视图与表设计器很相似，对宏的修改与表结构的修改操作也很相似，不同的是表设计器中修改的是字段名称、字段类型和相应的字段大小，而修改宏主要是通过变更宏中的宏名、操作和操作参数等设置来实现的。应当注意的是，如果原宏中的操作有注释，在修改完成后，也应当对原有注释进行调整，这样会方便以后进一步的修改和编辑。

7.4　宏的运行和调试

7.4.1　宏的运行

宏有多种运行和调用方式。在设计、调试阶段，可以直接运行某个宏，如果要在窗体、报表中运行宏，通常要对宏进行调用。在宏运行过程中，可以随时按 Ctrl+Break 键暂停当前宏。

直接运行宏（包括宏组中的宏）的方法有如下 3 种：

- 在宏设计视图模式下，单击数据库主窗口中工具栏上的“运行”按钮 ！。
- 在数据库主窗口中选择“宏”对象，然后双击宏对象。
- 在 Access 主窗口中选择【工具】→【宏】→【运行宏】命令，将弹出“执行宏”对话框，在“宏名”下拉列表框中选择要运行的宏，单击“确定”按钮，Access 将运行指定的宏，如图 7.35 和图 7.36 所示。

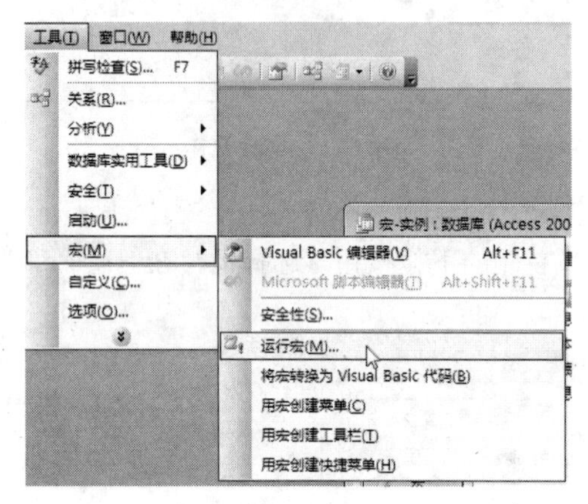

图 7.35　从 Access 主菜单运行宏

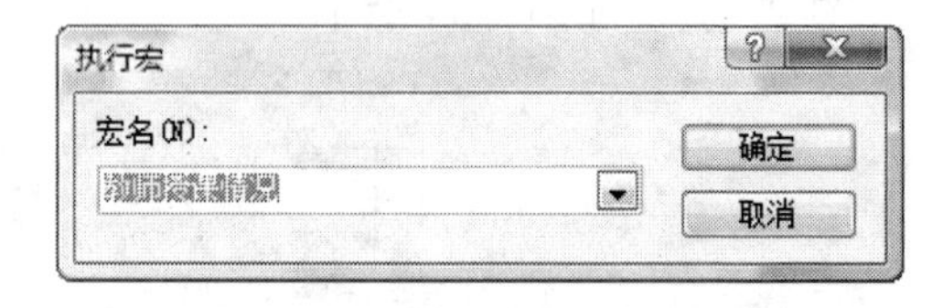

图 7.36　“执行宏”对话框

从另一个宏调用宏、从窗体、报表调用宏和使用 VBA 代码调用宏的方法如下：

- 在另一个宏中添加 RunMacro 操作，在“操作参数”栏中，将“宏名”设置为要调用的宏名，如图 7.37 所示。

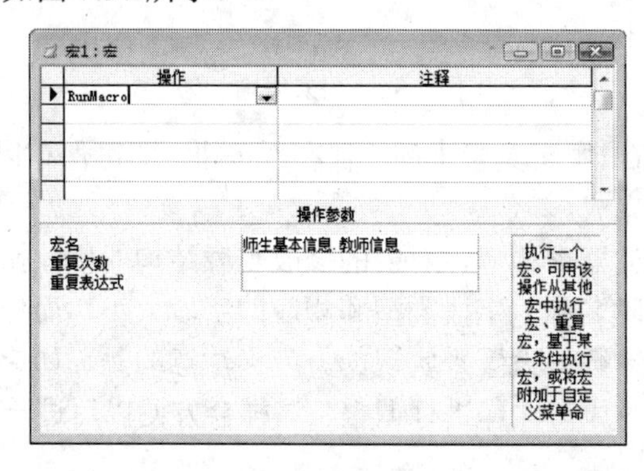

图 7.37　调用宏的操作

- 将窗体、报表上的控件的“事件”属性设置为宏的名称，以响应窗体、报表的控件事件。如果是宏组中的宏，调用格式是“宏组.宏名”。例 7.5 就是采用这样的方法调用宏的。
- 在 VBA 代码中，使用 Dmd 对象的 RunMacro 方法，把宏名作为 RunMacro 的参数传递给该方法。如果是宏组中的宏，调用格式是“宏组.宏名”。本方法的具体实现可参见“模块与 VBA”一章。

7.4.2 宏的调试

宏创建完成后，可以采用 Access 中提供的单步执行功能来调试宏。利用单步执行功能，可以观察到宏的运行流程和每一步的执行结果，并可从中发现并排除某些隐藏的问题和错误的操作。

【例 7.9】对例 7.3 创建的“学生成绩信息”宏进行调试。操作步骤如下：

（1）在数据库主窗口中选择“宏”对象，选中“学生成绩信息”选项，再单击数据库窗口中工具栏上的“设计”按钮。

（2）单击工具栏上的“单步”按钮，使其处于高亮的可用状态。该按钮为开关按钮，再单击一次可撤销可用状态。

（3）单击工具栏上的“运行”按钮，Access 将显示“单步执行宏”对话框，如图 7.38 所示。在该对话框中，显示了将要执行的宏操作的相关信息，包括宏名、条件、操作名称和参数，可以选择“单步执行”、“停止”或“继续”。

（4）单击对话框上的“单步执行”按钮，可执行本步操作；单击“停止”按钮，将停止宏的执行并关闭对话框；单击“继续”按钮，将关闭对话框，并继续执行宏的下一个操作。

如果宏的操作有误，Access 将出现“操作失败”对话框，这时可单击“停止”按钮中止当前宏的运行，修改完毕后再重新运行，如图 7.39 所示。

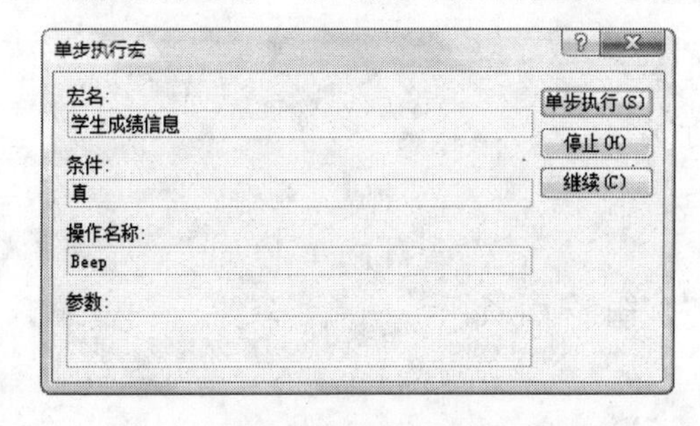

图 7.38 “单步执行宏”对话框

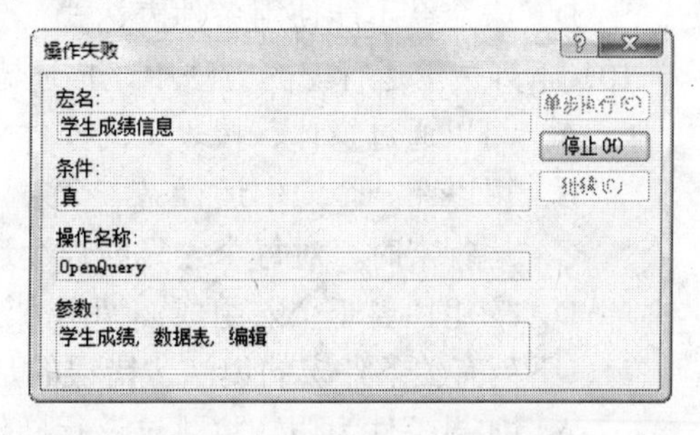

图 7.39 “操作失败”对话框

（5）根据需要，可以调试宏中的每一个操作，直至完成整个宏的调试为止。

要特别注意的是，一旦单击“单步”按钮，Access 将一直以“单步”方式执行所有的宏，直到“单步”状态被取消或 Access 被关闭，所以应该在完成所有的调试之后取消“单步”状态。

习题 7

一、选择题

1．宏命令 OpenReport 的功能是（　　）。

A．打开查询　　B．打开窗体　　C．打开报表　　D．打开报告

2．用于打开一个窗体的宏命令是（　　）。

A．OpenTable　B．OpenReport　C．OpenForm　D．OpenQuery

3．宏命令 OpenQuery 的功能是（　　）。

A．打开请求　B．打开窗体　C．打开报表　D．打开查询

4．用于打开一个表格的宏命令是（　　）。

A．OpenTable　B．OpenReport　C．OpenForm　D．OpenQuery

5．在 VBA 中运行宏的方法是（　　）。

A．RunApp　B．RunQuery　C．OpenMacro　D．RunMacro

6．宏命令（　　）用于关闭数据库对象。

A．Exit　B．Close　C．Close　D．Quit

7．宏命令（　　）用于显示消息框。

A．MessageBox　B．MsgBox　C．InputBox　D．Beep

8．下列宏命令中，不属于窗体控制的是（　　）。

A．Restore　B．Maximize　C．Minimize　D．HideForm

9．下列有关宏的说法，错误的是（　　）。

A．宏是 Access 的对象之一

B．宏在运行时转化为 VBA 模块代码以运行

C．宏操作有一定的编程功能

D．宏命令不能使用条件表达式

10．下列关于运行宏的方法中，描述错误的是（　　）。

A．可以通过窗体、报表上的控件来运行宏

B．可以在一个宏中运行另一个宏

C．运行宏时，对每个宏只能连续运行

D．宏组由若干个宏组成，调用方法是“宏组名.宏名”

11．下列有关条件宏的说法，错误的是（　　）。

A．如果条件为假，将跳过该行操作

B．宏在遇到条件为省略号时中止操作

C．条件为真时，将执行本行的宏操作

D．上述都不对

12．在条件宏设计时，对于连续重复的条件，可以代替的符号是（　　）。

A．…　B．,　C．;　D．=

13．在宏的表达式中要引用报表 report1 上控件 report1.Name 的值，可以使用的引用式是（　　）。

A．Report!txtName　B．Reports!report1!txtName

C．report1!txtName　D．Tables!txtName

14．下列关于宏操作的说法，正确的是（　　）。

A．RunApp 调用 VBA 的函数

B．RunMacro 可执行其他宏

C．StopMacro 可终止当前所有宏的运行

D．RunCommand 可以运行外部应用程序

15．下列有关宏操作的说法，错误的是（　　）。

A．使用宏可以启动其他应用程序

B．可以利用宏组来管理相关的一系列宏

C．所有宏操作都可以转化为相应的 VBA 模块代码

D．宏的条件表达式不能引用窗体或报表的控件值

16．在宏的操作参数中，不能设置成表达式的操作是（　　）。

A．Save　　B．PutTo　　C．Close　　D．以上全部

二、填空题

1．宏是一个或多个_____的集合。

2．运行宏组中的宏的命令格式是_____。

3．OpenForm 操作打开_____。

4．通过宏查找下一条记录的宏操作是_____。

5．有多个操作组成的宏，执行时是按_____执行的。

6．宏的设计区由 4 列组成，分别为“宏名”、“条件”、“操作”和“备注”列，其中不能省略的是_____。

7．在宏的表达式中要引用报表 abcReport 上控件 Name 的值，可以使用的引用式是_____。

8．宏操作 TransferDatabase 用于_____。

9．宏操作 OpenQuery 的“视图”的 5 种方式是：_____、_____、_____、_____、_____。

10．对创建的宏进行调试，最常用的方法是_____。

三、简答题

1．什么是宏？宏有什么作用？

2．宏有哪 3 种主要类型？如何创建它们？

3．简述宏组、宏名的作用。

4．简述运行宏的主要方法。

5．使用宏进行数据库的管理，相比于单独使用表、查询、窗体和报表等对象有何优势？

6．宏与 VBA 模块代码的关系如何？宏是否能完全取代编程，以完成更复杂的工作？

第 8 章　模块与 VBA

在 Access 系统中，利用宏对象可以完成一些简单事件的响应处理，如打开一个窗体或打印一个报表等。但宏的功能有限，不能直接运行 Windows 下的复杂程序，不能自定义一些复杂的函数，不能实现计算机中较复杂的操作，如循环、判断等宏都无法实现。由于宏的局限性，所以在给数据库设计一些特殊的功能时，需要用到“模块”对象处理，而“模块”对象是由一种称为 VBA 的语言实现的。

8.1　模块与 VBA 概述

8.1.1　模块概述

在 Access 中，模块是数据库的对象之一，它是用 VBA 语言编写的程序代码的集合，利用模块可以创建自定义函数、子程序或事件过程等。在 Access 中，模块可以分为标准模块和类模块两类。

1. 标准模块

标准模块包含的是通用过程和常用过程，用户可以像创建新的数据库对象一样创建包含 VBA 代码的通用过程和常用过程。这些通用过程和常用过程可以在数据库的其他模块中进行调用，但不与任何对象相关联。

2. 类模块

类模块是可以包含新对象定义的模块。在创建一个类实例时，也同时创建了一个新对象，此后，模块中定义的任何对象都会变成该对象的属性或方法。

窗体模块和报表模块都属于类模块。在窗体模块和报表模块中，包含了由指定的窗体和它所包含的控件的事件所触发的所有事件过程的代码。可以使用事件过程来控制窗体或报表的行为，以及它们对用户操作的响应。例如，用鼠标单击某个命令按钮等。在为窗体或报表创建第一个事件过程时，Access 将自动创建与之关联的窗体或报表模块。

8.1.2　VBA 概述

VBA（Visual Basic for Applications）是 Microsoft Office 系列软件的内置编程语言，是新一代标准宏语言，简单易懂。VBA 的语法与独立运行的 VB（Visual Basic）编程语言互相兼容，两者都来源于同一种编程语言 Basic。VBA 从 VB 中继承了主要的语法结构，但 VBA 不能在一个环境中独立运行，也不能使用它创建独立的应用程序，必须在 Access 或

Excel 等应用程序的支持下才能使用。

8.2 VBA 编程环境与编程方法

Access 系统为 VBA 提供了一个编程开发界面——VBE（Visual Basic Editor）。VBE 是以 VB 编程环境的布局为基础的，在 VBE 开发环境下，可以完成 Access 的模块操作。

8.2.1 VBE 编程环境

在 Access 中，启动 VBE 即进入了 VBA 的编程环境，在该环境下即可编写程序、创建模块。

Access 模块分为标准模块和类模块两种，它们进入 VBA 编程环境的方式也有所不同。

对于标准模块，有如下 3 种进入方法：

- 在数据库窗口中选择“模块”对象，然后单击“新建”按钮，启动 VBE 编辑窗口，并创建一个空白标准模块。
- 在数据库窗口中选择【工具】→【宏】→【Visual Basic 编辑器】命令或按 Alt+F11 键即可进入。
- 对于已存在的标准模块，只需从数据库窗体对象列表中选择“模块”对象，双击要查看的模块对象即可进入。

对于类模块，有如下 4 种进入方法：

- 在数据库窗口中单击“窗体”或“报表”对象，选择某个窗体或报表，单击工具栏中的“代码”按钮即可进入 VBA 窗口。
- 进入相应窗体或报表设计视图，右击窗体左上角的黑块，在弹出的快捷菜单中选择“事件生成器”命令，即可进入 VBA 窗口。
- 进入相应窗体或报表的属性对话框，选择“事件”选项卡，单击其中某个事件，即可看到该栏右侧的“…”引导标记，单击即可进入 VBA 窗口。
- 打开某个控件属性对话框，选择“事件”选项卡中的“进入”选项，再选择“事件过程”选项，单击属性栏右侧的“…”引导标记，单击即可进入 VBA 窗口。

8.2.2 VBA 编程方法

VBA 提供面向对象的设计功能和可视化编程环境。编写程序的目的就是通过计算机执行程序解决实际问题。创建用户界面是面向对象程序设计的第一步，在 Access 中，用户界面的基础是窗体以及窗体上的控件，编写程序一般是在设计窗体（或报表、数据访问页）之后，才编写窗体或窗体上某个控件的事件过程。下面通过一个具体实例说明 VBA 程序设计的方法及步骤。

【例 8.1】根据“学生成绩”表统计学生期末考试总评成绩，如图 8.1 所示。

学生成绩 ：表

成绩ID	学号	授课编号	平时成绩	考试成绩	总评成绩
1	090101	10201	86	80	
2	090101	30101	75	90	
3	090201	10102	85	55	
4	090201	10202	70	68	
5	090102	30102	60	96	
6	090102	30104	90	89	
7	090103	30101	95	83	
8	090102	10201	88	60	

记录：6 共有记录数：35

图 8.1 “学生成绩”表

（1）创建用户界面，即创建一个总评成绩窗体，如图 8.2 所示。

创建用户界面是面向对象程序设计的第 1 步，用户界面的基础是窗体及窗体上的控件，同时，要根据需要对它们进行属性设置。

（2）选择事件并打开 VBA。

① 在窗体设计视图中，右击“计算总评成绩”按钮，打开相应的“属性”窗口。

② 切换到“属性”窗口的事件项，选定“单击”事件行，显示 和 两个按钮。

③ 单击 按钮，并在弹出的下拉列表中选择“事件过程”选项。

④ 单击 按钮打开 VBA，或用其他方法打开 VBA。

（3）在 VBA 中编写程序代码。

打开 VBA 后，光标自动停留在所选定的事件过程框架内，第 1 行和最后一行是自动显示出来的事件过程框架，第 1 行中“总评成绩_Click”为事件过程名，最后一行 End Sub 为过程代码的结束标志，在其中输入 VBA 代码。本例的过程代码为：

```
总评成绩 = [平时成绩] * 0.3 + [考试成绩] * 0.7
```


如图 8.3 所示。

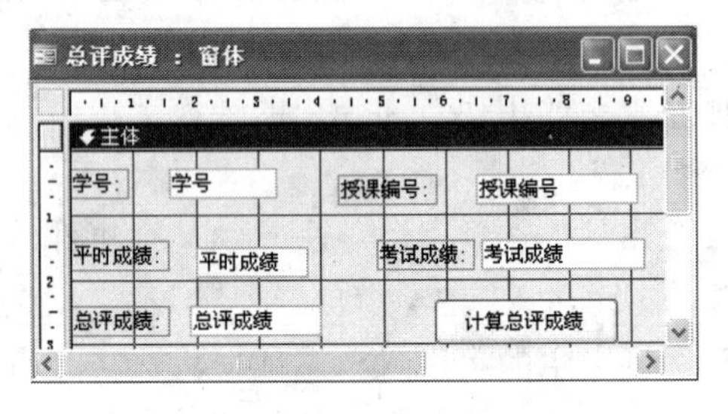

图 8.2 总评成绩窗体

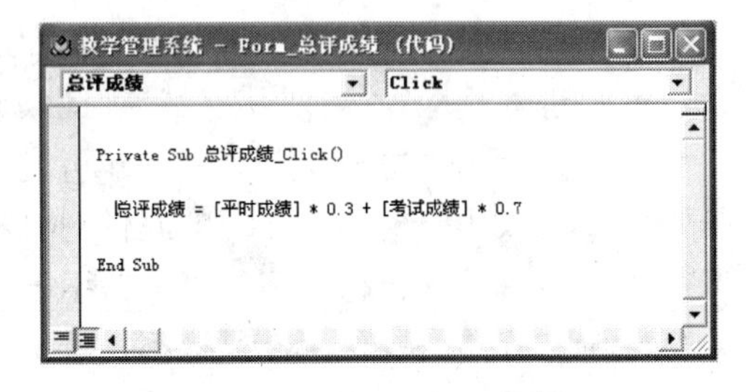

图 8.3 总评成绩过程代码

输入完所有代码之后，选择【文件】→【保存】命令，保存过程代码，然后关闭 VBA。

（4）运行程序。

单击工具栏中的 按钮，或选择菜单栏中的【视图】→【窗体视图】命令，即可进入窗体的运行状态，如图 8.4 所示。此时，要计算某条记录的总评成绩，只需单击“计算总评成绩”按钮即可。

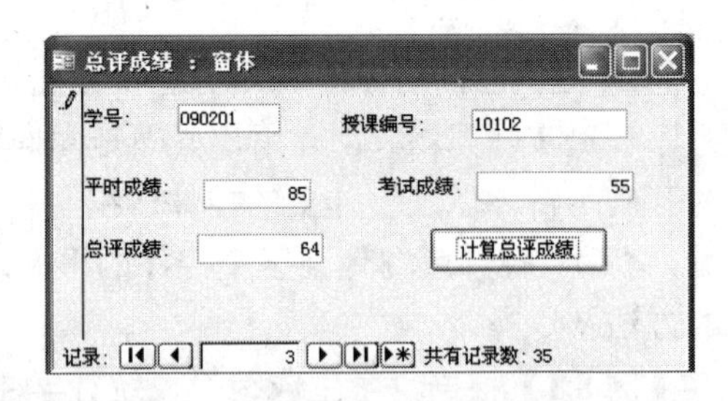

图 8.4 总评成绩过程运行界面

8.3 VBA 编程基础

VBA 应用程序包括两个主要部分，即用户界面和程序代码。其中，用户界面由窗体和控件组成，而程序代码则由基本的程序元素组成，包括数据类型、常量、变量、内部函数、运算符和表达式等。

8.3.1 数据类型

数据是程序的重要组成部分，也是程序处理的对象。为便于程序的数据处理，每一种程序设计语言都规定了若干种基本数据类型。在各种程序设计语言中，数据类型的规定和处理方法基本相似，但又各有特点。VBA 提供了较为完备的数据类型，Access 数据表中的字段使用的数据类型（OLE 对象和备注字段数据类型除外）在 VBA 中都有对应的类型。由 VBA 系统定义的基本数据类型共有 11 种，每一种数据类型所使用的关键字、占用的存储空间和数值范围是各不相同的，如表 8.1 所示。

表 8.1 VBA 基本数据类型

数据类型	关键字	类型符	占字节数	范围
字节型	Byte	无	1	0～255
逻辑型	Boolean	无	2	True 与 False
整型	Integer	%	2	-32768～32767
长整型	Long	&	4	-2147483648～2147483647
单精度型	Single	!	4	负数：-3.402823E38～-1.401298E-45 正数：1.401298E-45～3.402823E38
双精度型	Double	#	8	负数：-1.79769313486232D308～-4.94065645841247D-324 正数：4.94065645841247D-324～1.79769313486232D308
货币型	Currency	@	8	-922337203685477.5808～922337203685477.5807
日期型	Date(time)	无	8	01，01，100～12，31，9999
字符型	String	$	与字符串长度有关	0～65535 个字符
对象型	Object	无	4	任何对象引用
变体型	Variant	无	数字：16 字符：22+字符串长	0～20 亿

8.3.2 常量与变量

1. 常量

在程序运行过程中，其值不能被改变的量称为常量。在 VBA 中有两种形式的常量：直接常量和符号常量。

（1）直接常量

直接常量就是在程序代码中，以直接明显的形式给出的数据。根据使用的数据类型，直接常量分为数值常量、字符串常量、逻辑常量和日期常量。

例如，123、3.45、1.26E2 为数值常量；“12345”、“abcde”、“程序设计”为字符串常量；True 和 False 为两个逻辑常量；#10/01/2005#为日期常量。

（2）符号常量

如果在程序中经常用到某些常数值，或者为了便于程序的阅读或修改，有些常量可以用一个“符号名”来代替。这个“符号名”即称为符号常量，其定义形式如下：

Const 符号常量名[As 类型]=表达式

例如，“Const PI=3.14159”声明了符号常量 PI，在程序代码中代表 3.14159。

为了方便用户编程，VBA 系统预定义了 3 个符号常量 True、False 和 Null，用户可在对象的方法或属性设置中直接使用。

2. 变量

计算机在处理数据时，必须将其存储在内存中。机器语言是借助于内存单元的编号（称为地址）访问内存中的数据的。而在高级语言中，可将存放数据的内存单元命名，通过内存单元的标识名来访问其中的数据。这种内存单元的标识名，就是变量或符号常量。与常量不同，变量的值在程序运行过程中是可以改变的。

（1）变量的命名规则

在 VBA 中，命名一个变量的规则如下：

- 必须以字母或汉字开头，由字母、汉字、数字或下划线组成。
- 变量名的长度不得超过 255 个字符。
- 不能使用 VBA 中的关键字，不能包含空格、“@”、“$”、“&”、“*”、“！”等字符。
- VBA 中不区分变量名的大小写，如 abc、ABC、Abc 等都认为指的是同一个变量名。

（2）变量的声明

与其他程序设计语言不同，VBA 可以不经过特别声明而直接使用变量，这时变量类型被默认为 Variant 数据类型。在使用变量前，一般要先声明变量，给变量取个名字，指定变量的类型及其适用范围，以便系统为它分配存储单元。在 VBA 中可以用 Dim 来声明变量及其类型。

使用 Dim 声明变量有两种格式，分别如下：

格式 1：Dim 变量名[类型符]

格式 2：Dim 变量名[As 类型]

说明：

① 在格式 1 中，把类型说明符放在变量名的末尾，可以标识不同的变量类型。其中“%”表示整型；“！”表示单精度型；“#”表示双精度型；“@”表示货币型；“$”表示字符串。例如，“Dim A%,Sum!,Average#,Ch1$”，其中，一个 Dim 语句可以同时定义多个变量，各

项之间用逗号分隔。

② 在格式2中，As是关键字；“类型”可以是标准数据类型或用户自定义的数据类型。例如：

```
Dim Total As Integer,X As Single, Average As double,Ch2 As String
```

③ 在定义字符串变量时，使用格式1定义的是变长的字符串变量，而使用格式2既可以定义变长的字符串变量，又可以定义定长的字符串变量。例如：

```
Dim Ch1$                    'Ch1为变长的字符串变量
Dim Ch2 As String           'Ch2为变长的字符串变量
Dim Ch3 As String *10       'Ch3为定长的字符串变量，长度为10个字节
```

④ Dim语句适用于标准模块（Module）、窗体模块（Form）和过程（Procedure）声明变量。

⑤ 可以使用Dim语句声明一个数组变量。在本章8.5节中介绍。

⑥ 当默认“类型符”或“As类型”时，所定义的变量默认为变体类型。

8.3.3 运算符与表达式

程序中对数据的操作，其本质就是指对数据的各种运算。被运算的对象，如常数、常量和变量等称为操作数。运算符则是用来对操作数进行各种运算的操作符号，VBA中的运算符可分为算术运算符、字符串运算符、关系运算符和逻辑运算符4种。诸多操作数通过运算符连成一个整体后，就成为了一个表达式。

1. 算术运算符与算术表达式

算术运算符用来进行算术运算。VBA提供的算术运算符如表8.2所示。其中“-”运算符在单目运算（单个操作数）中作取负号运算，在双目运算（两个操作数）中作算术减运算，其余都是双目运算符。运算优先级指的是当表达式中含有多个运算符时，各运算符执行的优先顺序。现以优先级为序列表介绍各运算符（设a为整型变量，值为3）。

表8.2 算术运算符

运 算 符	含 义	优 先 级	算术表达式实例	运 算 结 果
^	幂运算	1	a^4	81
-	负号	2	-a	-3
*	乘	3	a*a	9
/	除	3	81/ a	27
\	整除	4	100\a	33
Mod	取模	5	200 Mod a	2
+	加	6	a+6	9
-	减	6	a-6	-3

说明：

（1）算术运算符两边的操作数要求是数值型，若是数字字符或逻辑型，则自动转换成

数值类型后再做相应的运算。例如：

```
8-True                '运算结果是 9，逻辑量 True 转为数值-1，False 转为数值 0
False+5+"3"           '运算结果是 8
```

（2）整除运算符“\”和取模运算符 Mod 一般要求操作数为整型数，当操作数带有小数时，系统首先将其四舍五入为整型数，然后进行整除运算或取模运算。例如：

```
25\6.66               '运算结果为 3
100 Mod 2.58          '运算结果为 1
```

2．字符串连接符与字符串表达式

VBA 中字符串连接符有两个：“&”和“+”，它们的作用都是将两个字符串连接起来。例如：

```
"This is a"&"Visual Basic"      '结果为“This is a Visual Basic”
"高级语言"+"程序设计"             '结果为“高级语言程序设计”
```

在 VBA 中，“+”既可用作加法运算符，也可用作字符串连接符，而“&”专门用作字符串连接。

3．关系运算符与关系表达式

关系运算符是双目运算符，用来对两个常数或表达式的值进行大小比较，比较的结果为逻辑值，即若关系成立，则返回 True，否则返回 False。在 VBA 中，True 用-1 表示，False 用 0 表示。VBA 共提供了 6 个关系运算符，如表 8.3 所示。

表 8.3 关系运算符

运算符	含义	优先级	关系表达式实例	运算结果
=	等于	相同	"abc"="ABC"	False
>	大于		"abc">"ABC"	True
>=	大于等于		"abc">="计算机"	False
<	小于		6<3	False
<=	小于等于		"123"<="abc"	True
<>	不等于		"abc"<>"ABC"	True

用关系运算符既可进行数值的比较，也可进行字符串的比较，在比较时应注意以下规则：

- 当两个操作数均是数值型时，则按其大小比较。
- 当两个操作数均是字符型时，则按字符的 ASCII 码值从左到右逐一比较，即首先比较两个字符串的第 1 个字符，其 ASCII 码值大的字符串大，如果第 1 个字符相同，则比较第 2 个字符，依此类推，直到出现不同的字符为止。例如：

```
"abcd">"abCD"                       '结果为 True
```

- 汉字字符大于西文字符。
- 所有关系运算符的优先级相同。

4．逻辑运算符与逻辑表达式

逻辑运算符的作用是对操作数进行逻辑运算，操作数可以是逻辑值（True 或 False）或关系表达式，运算结果是逻辑值 True 或 False。逻辑运算符除 Not 是单目运算符外，其余都是双目运算符。在 VBA 中，逻辑运算符共有 6 种。表 8.4 列出了 VBA 中的逻辑运算符和运算优先级等。

表 8.4 逻辑运算符

运算符	含义	优先级	说明
Not	取反	1	当操作数为假时，结果为真；当操作数为真时，结果为假
And	与	2	两个操作数为真时，结果才为真
Or	或	3	两个操作数中有一个为真时，结果为真，否则为假
Xor	异或	3	两个操作数不相同，即一真一假时，结果才为真，否则为假
Eqv	等价	4	两个操作数相同，结果才为真
Imp	蕴含	5	第 1 个操作数为真，第 2 个操作数为假时，结果才为假，其余结果均为真

下面给出各种逻辑运算的应用实例。

【例 8.2】设 a=2、b=5、c=8，则下列逻辑运算的过程及结果如下。

（1）Not(a>b)的值为 True。

具体运算过程为：

Not(a>b)→Not(2>5)→Not(False)→True

（2）a+b=c And a*b>c 的值为 False。

具体运算过程为：

a+b=c And a*b>c→2+5=8 And 2*5>8→False And True→False

（3）a<>b Or c<>b 的值为 True。

具体运算过程为：

a<>b Or c<>b→2<>5 Or 8<>5→True Or True→True

（4）a+c>a+b Xor c>b 的值为 True。

具体运算过程为：

a+c>a+b Xor c>b→2+8>2+5 Xor 8>5→True Xor True→True

8.3.4 常用内部函数

在程序设计语言中，函数是具有特定运算、能完成特定功能的模块。例如，求一个数的平方根、正弦值等；求一个字符串的长度、取其子串等。由于这些运算或操作在程序中会经常使用到，因此，VBA 提供了大量的内部函数（也称标准函数）供用户在编程时调用。内部函数按其功能可分成数学函数、转换函数、字符串函数、日期函数和格式输出函数等。下面介绍一些常用的内部函数。

1. 数学函数

数学函数与数学中的定义一致，用来完成一些基本的数学计算，其中一些函数的名称与数学中相应函数的名称相同。表 8.5 列出了常用的数学函数，其中，函数参数 N 为数值表达式。

表 8.5 常用的数学函数

函数名	含义	实例	结果
Abs(N)	取绝对值	Abs(−7.65)	7.65
Sqr(N)	平方根	Sqr(81)	9
Cos(N)	余弦函数	Cos(1)	.54030230586814
Sin(N)	正弦函数	Sin(2)	.909297426825682
Tan(N)	正切函数	Tan(1)	1.5574077246549
Exp(N)	以 e 为底的指数函数，即 e^x	Exp(3)	20.086
Log(N)	以 e 为底的自然对数	Log(10)	2.3
Rnd[(N)]	产生一个[0,1)之间的随机数	Rnd	0～1 之间的随机数
Sgn(N)	符号函数	Sgn(−3.5)	−1
Fix(N)	取整	Fix(−2.5) Fix(2.5)	−2 2
Int(N)	取小于或等于 N 的最大整数	Int(−2.5) Int(2.5)	−3 2
Round(N)	四舍五入取整	Round(−2.5) Round(2.5)	−3 3

2. 转换函数

在编码时可以使用数据类型转换函数将某些操作的结果表示为特定的数据类型。如将十进制数转换成十六制数、将单精度数转换成货币型、将字符转换成对应的 ASCII 码等。常用的转换函数如表 8.6 所示，其中，函数参数 C 为字符表达式，N 为数值表达式。

表 8.6 常用的转换函数

函数名	功能	实例	结果
Asc(C)	字符转换成 ASCII 码值	Asc("A")	65
Chr$(N)	ASCII 码值转换成字符	Chr$(65)	“A”
Hex[$](N)	十进制转换成十六进制	Hex(99)	63
Lcase$(C)	大写字母转换为小写字母	Lcase$("AaBb")	“aabb”
Oct[$](N)	十进制转换成八进制	Oct$(99)	143
Str$(N)	数值转换为字符串	Str$(123.456)	“123.456”
Ucase$(C)	小写字母转换为大写字母	Ucase$("abc")	“ABC”
Val(C)	数学字符串转换为数值	Val("123.456")	123.456

3. 字符串函数

字符串函数用来完成对字符串的一些基本操作和处理，如求取字符串的长度、截取字符串的子串、除去字符串中的空格等。VBA 提供了大量的字符串函数，给字符类型变量的处理带来了极大的方便。字符串函数如表 8.7 所示，其中，函数参数 C、C1、C2 为字符表达式，N、N1、N2 为数值表达式。

表 8.7　字符串函数

函 数 名	功　能	实　例	结　果
Len(C)	求字符串长度	Len("中国 China")	7
LenB(C)	字符串所占的字节数	LenB("AB 高等教育")	12
Left(C,N)	取字符串左边 N 个字符	Left("ABCDEFG",3)	"ABC"
Right(C,N)	取字符串右边 N 个字符	Right("ABCDEFG",3)	"EFG"
Mid(C,N1[,N2])	从字符串的 N1 位开始向右取 N2 个字符，默认 N2 到串尾	Mid("ABCDEFG",2,3)	"BCD"
Space(N)	产生 N 个空格的字符串	Space(3)	□□□
Ltrim(C)	去掉字符串左边空格	Ltrim("□□□ABCD")	"ABCD"
Rtrim(C)	去掉字符串右边空格	Rtrim("ABCD□□□")	"ABCD"
Trim(C)	去掉字符串两边的空格	Trim("□□□ABCD□□")	"ABCD"
InStr([N1,]C1, C2 [,M])	查找字符串 C2 在 C1 中出现的开始位置，找不到为 0	InStr("ABCDEFG","EF")	5
String(N,C)	返回由 C 中首字符组成的 N 个字符串	String(3,"ABCDEF")	"AAA"
*Join(A[,D])	将数组 A 各元素按 D（或空格）分隔符连接成字符串变量	A=array("123","ab","c") Join(A,"")	"123abc"
*Replace(C,C1,C2 [,N1][,N2][,M])	在 C 字符串中从 1（或[N1]）开始用 C2 替代 C1（有 N2，替代 N2 次）	Replace("ABCDABCD", "CD", "123")	"AB123AB123"
*Split(C[,D])	将字串 C 按分隔符 D（或空格）分隔成字符数组。与 Join 作用相反	S=Split("123,56,ab",",")	S(0)= "123" S(1)= "56" S(2)= "ab"
*StrReverse(C)	将字符串反序	StrReverse("ABCDEF")	"FEDCBA"

4. 日期和时间函数

日期和时间函数可以显示日期和时间，如求当前的系统时间、求某一天是星期几等。常用的日期函数如表 8.8 所示，其中函数参数 C 表示字符串表达式，N 表示数值表达式。

表 8.8　日期函数

函 数 名	说　明	实　例	结　果
Date[()]	返回当前的系统日期	Date$()	2005-5-25
Now	返回当前的系统日期和时间	Now	2005/5/25 10:50:30AM
Day(C|N)	返回日期代号（1～31）	Day("97,05,01")	1
Hour(C|N)	返回小时（0～24）	Hour(#1:12:56PM#)	13
Minute(C|N)	返回分钟（0～59）	Minute(#1:12:56PM#)	12
Month(C|N)	返回月份代号（1～12）	Month(97,05,01")	5

续表

函 数 名	说 明	实 例	结 果
MonthName(N)	返回月份名	MonthName(1)	一月
Second(C|N)	返回秒（0～59）	Second(#1:12:56PM#)	56
Time[()]	返回系统时间	Time	11:26:53AM
WeekDay(C|N)	返回星期代号（1～7） 星期日为 1，星期一为 2	WeekDay("2,06,20")	5 即星期四
WeekDayName(N)	将星期代号（1～7）转换为星期名称，星期日为 1	WeekDayName(5)	星期四
Year(C|N)	返回年代号（1753—2078）	Year(365)相对于（1899，12，30）为 0 天后 365 天的年代号	1900

8.4 程 序 语 句

程序是由语句组成的，语句是执行具体操作的指令，语句的组合决定了程序结构。VBA 与其他计算机语言一样，也具有结构化程序设计的 3 种基本结构，即顺序结构、选择结构和循环结构。

8.4.1 顺序结构

顺序结构就是按各语句出现的先后次序执行的程序结构，它是最简单、最基本的程序结构。在一般的程序设计语言中，顺序结构主要由赋值语句、输入/输出语句等构成。

1．赋值语句

赋值语句是任何程序设计中最基本的语句，它可以把指定的值赋给某个变量。赋值语句的格式为：

变量名=表达式

其中，“变量名”可以是普通变量，也可以是对象的属性；“表达式”可以是任何类型的表达式，但其类型一般要与“变量”的类型一致。例如：

```
Dim A%,Sum!,Ch1$
A=123
Sum=86.50
Ch1="Li Ming"
Command1.Caption="计算总评成绩"
```

使用赋值语句时需注意以下几点：

（1）执行赋值语句首先计算“=”号（称为赋值号）右边的表达式的值，然后将此值赋给赋值号左边的变量或对象属性。

例如，“语句 A=A+3”表示将变量 A 的值加 3 后的结果再赋给变量 A，而不表示等号两边的值相等。

（2）赋值号左边必须是变量或对象的属性。例如，“A+2=A”为错误的赋值语句，因为赋值号左边的“A+2”不是一个合法的变量名。

（3）变量名或对象属性名的类型应与表达式的类型相容。所谓相容是指赋值号左右两边数据类型一致，或者右边表达式的值能够转化为左边变量或对象属性的值。例如：

```
Dim  A  As Integer
A=56.789         '非整型数据赋值给整型变量，四舍五入后再赋给变量 A
A="123.45"       '将数字字符串赋值给整型变量，变量 A 中存放 123
A="12abc"        '错误，字符串“12abc”无法转换成数字，类型不匹配
```

（4）变量未赋值时，数值型变量的值默认为 0，字符串变量的值默认为空串“”。

（5）不能在一个赋值语句中同时给多个变量赋值。例如：

```
Dim  x%,y%,z%
x=y=z=1
```

执行该赋值语句前 x、y、z 变量的默认值为 0。VBA 在编译时，将右边两个“=”作为关系运算符处理，最左边的一个“=”作为赋值运算符处理。执行该语句时，先进行“y=z”比较，结果为 True，接着进行“True=1”比较（True 转换为-1），结果为 False，最后将 False（False 转换为 0）赋值给 x。因此，最后 3 个变量的值还为 0。正确写法应分别用 3 条赋值语句完成。

2．输入语句

程序进行数据处理的基本流程为：首先接收数据，然后进行计算，最后将计算结果以完整有效的方式提供给用户。因此，把要加工的初始数据从某种外部设备（如键盘）输入到计算机中，并把处理结果输出到指定设备（如显示器），这是程序设计语言所应具备的基本功能。在 VBA 中可以使用 InputBox 函数或文本框（TextBox）接收用户输入的数据。

（1）使用 InputBox 函数接收用户输入的数据

InputBox 函数的作用是产生一个对话框，并以该对话框作为用户输入数据的界面，等待用户输入数据或按下按钮，然后返回用户所输入的数据。其格式为：

InputBox(提示信息[,标题][,默认值][,x 坐标位置][,y 坐标位置])

格式说明如下。

- 提示信息：该项不能省略，是字符串表达式。在对话框中作为信息显示，可为汉字，提示用户输入数据的范围和作用等。
- 标题：该项为可选项，是字符串表达式。用作对话框标题栏的标题。如果省略，则在标题栏中显示当前的应用程序名。
- 默认值：该项为可选项，是字符串表达式。若对话框的输入区无输入数据，则以值作为输入数据，显示在对话框的文本框中。如果默认该参数，则文本框为空白，等待用户输入数据。
- “x 坐标位置,y 坐标位置”：该项为可选项，是整型表达式。作用是指定对话框左上角在屏幕上显示的位置。如果默认该参数，则对话框显示在屏幕中心。

【例 8.3】InputBox 函数应用举例。

```
Private Sub Form_Click()
    Dim a%
    Dim strName  As String * 30
    a = InputBox("请输入一个整数:")
    strName = InputBox$("请输入你的姓名:", "姓名输入框")
End Sub
```

当单击窗体每执行一个 InputBox 函数时，首先产生一个对话框，然后用户在对话框中输入数据，单击“确定”按钮即可，如图 8.5 和图 8.6 所示。

图 8.5　InputBox 函数输入框

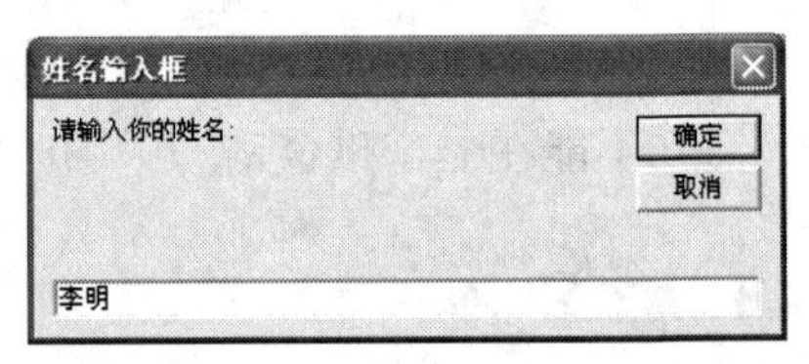

图 8.6　InputBox 函数输入框

（2）使用文本框（TextBox）输入数据

文本框控件在工具箱中的名称为 TextBox，在 VBA 中，可以使用文本框控件作为输入控件，在程序运行时接收用户输入的数据。文本框接收的数据是字符型数据，若要把其值赋给其他类型的变量或对象，则要通过类型转换函数。

3．输出语句

在程序设计中对输入的数据进行加工后，往往需要将数据输出，包括文本信息的输出和图形信息的输出。在 VBA 中可以使用 Print 方法、消息框（MsgBox）函数或语句、文本框（TextBox）控件和标签（Label）控件来实现输出。

（1）用 Print 方法输出数据

在 VBA 中，可以使用 Print 方法在立即窗口中输出数据。其格式如下：

Debug.Print [表达式列表][,|;]

例如：

```
Debug.Print  3+2              '在立即窗口中输出 3+2 的值“5”
Debug.Print  "欢迎学习 VBA"    '在立即窗口中输出“欢迎学习 VBA”
```

运行结果如图 8.7 所示。

（2）用消息框函数输出提示信息

VBA 提供的 MsgBox 函数可以输出提示信息，实现人机对话。MsgBox 函数的格式为：

MsgBox(提示信息[,按钮值][,对话框标题])

其中，提示信息为字符串表达式，表示要显示在对话框中的信息。例如：

```
MsgBox("成绩合格")
```

当程序执行该语句时，在屏幕上会弹出一个“成绩合格”消息框，如图 8.8 所示。

图 8.7 立即窗口

图 8.8 MsgBox 函数运行界面

（3）用文本框控件输出数据

在 VBA 中，文本框控件有简单的输出功能。下面通过一个简单的例子说明文本框还可以作为输出控件使用。

【例 8.4】使用文本框 Text0 输出两个数 a、b 之和。

```
Private Sub Command1_Click()
    a = InputBox("请输入 a: ")            '输入 123
    b = InputBox("请输入 b: ")            '输入 456
    Text0.SetFocus
    Text0.Text = Val(a) + Val(b)
End Sub
```

运行界面如图 8.9 所示。

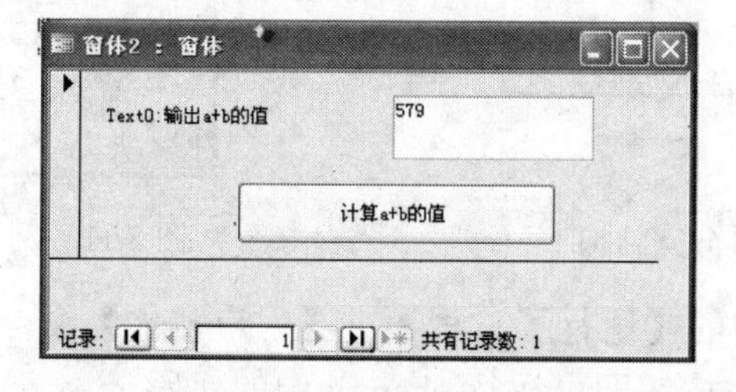

图 8.9 例 8.4 的运行界面

8.4.2 选择结构

选择结构是根据条件是否成立决定程序的执行方向，在不同的条件下进行不同的处理。在 VBA 中，实现选择结构是由 If 语句和 Select Case 语句来完成的。

1. If 语句

If 语句也称为条件语句，有 3 种基本语句形式：单分支条件语句、双分支条件语句和多分支条件语句。

（1）单分支条件语句 If…Then

单分支结构是根据给出的条件是 True 或 False 来决定执行或不执行分支的操作，该语句格式有两种：

① If<表达式>Then <语句>

② If<表达式>Then

<语句块>

End If

格式①称为行 If 语句，格式②称为块 If 语句。表达式可以是关系表达式、逻辑表达式或算术表达式。对于算术表达式，VBA 将 0 作为 False、非 0 作为 True 处理。

在 If 语句 Then 之后可以是一条语句或多条语句。若为多条语句，则必须写在一行上，且语句间必须用“:”分隔。语句块可以是一条语句或多条语句，可以写在一行或多行上。

If 语句执行过程为：首先计算表达式的值，若表达式的值为非 0（True）时，执行“<语句>”或“<语句块>”，否则执行该语句的后续语句。图 8.10 给出了执行单分支条件语句的流程。

【例 8.5】输入某个学生某科课程的考试成绩，输出“及格”或“不及格”的提示信息。

在数据库窗口中选择“模块”对象，单击“新建”按钮进入 VBA 编程窗口，在代码窗口中输入如图 8.11 所示的代码，以 chengji 为模块名保存代码。

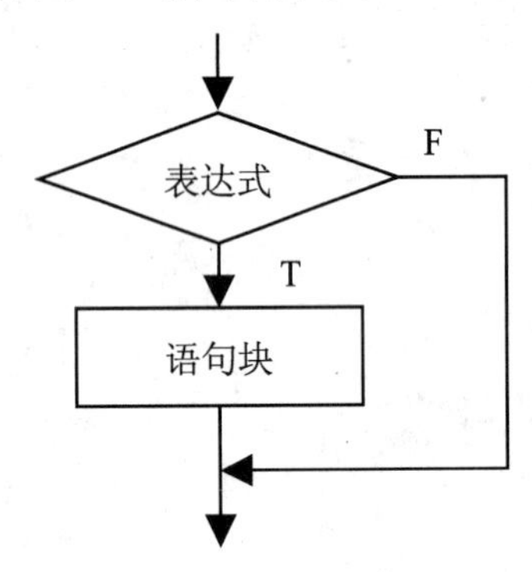

图 8.10　单分支结构

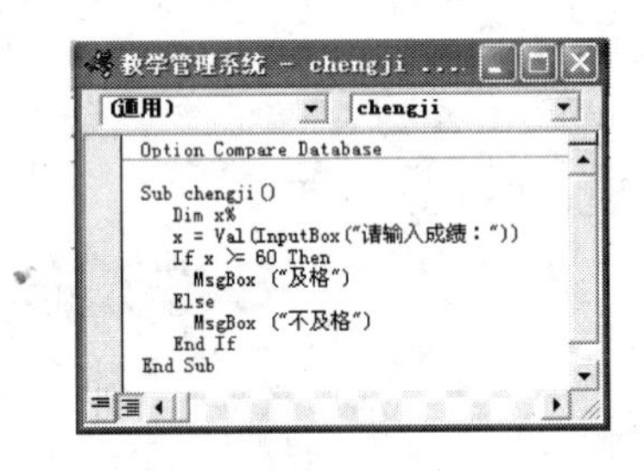

图 8.11　例 8.5 的程序代码

选择“运行”菜单中的【运行子过程】→【用户窗体】命令，在弹出的宏对话框中选择 chengji，单击“确定”按钮即可运行 chengji 中的代码。

当运行到 InputBox 函数时弹出如图 8.12 所示的对话框，程序要求用户输入一个成绩，如输入“86”后单击“确定”按钮则系统会弹出一个“及格”消息框，如图 8.13 所示。

图 8.12　输入考试成绩

图 8.13　输出考试信息

（2）双分支条件语句 If…Then…Else

双分支结构根据给出的条件是 True 或 False 来决定执行两个分支中的哪一个操作。该结构由 If…Then…Else 语句实现，其语句格式有两种：

① If<表达式>Then　<语句 1> Else　<语句 2>

② If<表达式>Then

　<语句块 1>

Else

　<语句块 2>

End　If

格式①称为行 If 语句，其内容必须写在一行上，格式②称为块 If 语句。

执行双分支条件语句时，首先计算表达式的值，若表达式的值为非 0（True）时，执行<语句 1>或<语句块 1>，否则执行<语句 2>或<语句块 2>。图 8.14 给出了执行双分支条件语句的流程。

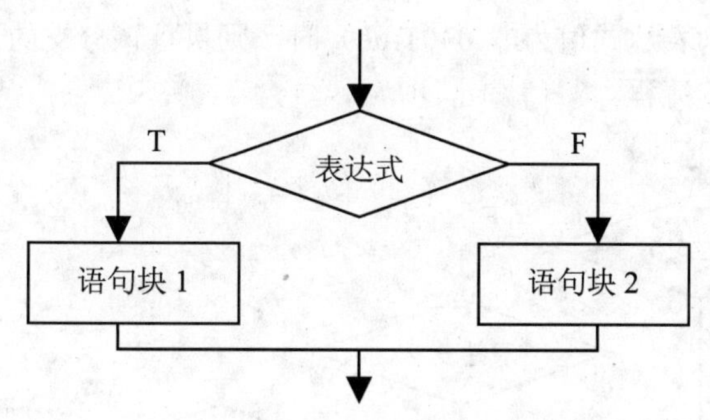

图 8.14　双分支结构

【例 8.6】编写一个程序，判断某一年是否为闰年。闰年的条件是：① 能被 4 整除，但不能被 100 整除的年份；② 或能被 400 整除的年份。

分析：任意输入一个年份 year，则能使表达式“(year Mod 4=0 And year Mod 100<>0) Or (year Mod 400=0)”的值为“真”的年份都是闰年。

程序代码如下：

```
    Dim year%
    Dim lean As Boolean
    Year=Val(Text1.text)
    Lean=( year Mod 4=0 And year Mod 100<>0) Or (year Mod 400=0)
    If lean Then
        MegBox("是闰年")
    Else
        MegBox("不是闰年")
    End If
End Sub
```

（3）多分支条件语句 If…Then…ElseIf

在实际应用中，处理问题常常需要进行多次判断或需要多种条件，并根据不同的条件执行不同的分支，这就要用到多分支结构。其语句格式如下：

```
  If      <表达式 1> Then
          <语句块 1>
ElseIf    <表达式 2> Then
          <语句块 2>
…
ElseIf    <表达式 n>   Then
          <语句块 n>
```

[Else <语句块 n+1>]

End If

多分支条件语句的作用是根据不同条件表达式的值确定执行哪一个语句块。首先测试<表达式 1>，如果其值为非 0（True）时，则执行<语句块 1>，否则按顺序测试<表达式 2>、<表达式 3>…一旦遇到表达式值为非 0（True）时，则执行该分支的语句块。图 8.15 表示执行多分支条件语句的流程。

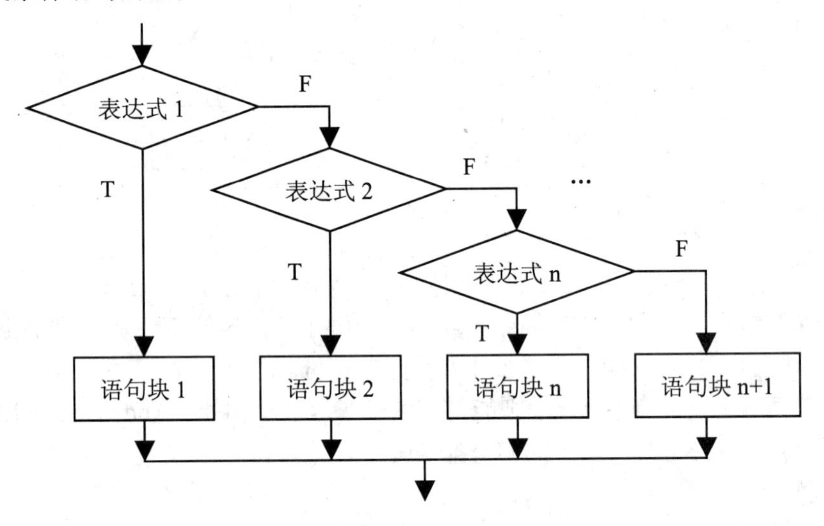

图 8.15 多分支结构

【例 8.7】为了节约用电，制定如下随用电量增加而逐级提高电费的收费办法，根据用电量的大小分段计费，标准如表 8.9 所示。

表 8.9 用电量与收费标准

用电量 X（度）	每度电收费（元）	用电量 X（度）	每度电收费（元）
X≤100	0.55	150<X≤175	1.00
100<X≤125	0.70	175<X≤200	1.15
125<X≤150	0.85	X>200	1.30

设计一个程序，输入一个用户的用电量后即计算出应交的电费。

分析：用户的总电费应分 6 个区段计算，即落在某个区间的用电量按该区间对应的标准计费，然后将各段电费汇总。为此，先判断用户的总用电量落在哪个区间，然后分段计算。

程序代码如下：

```
Dim X as Integer, Y as Single
X=Val(InputBox("请输入用电量 X: "))
If X<=100 Then
    Y=X*0.55
ElseIf X<=125 Then
    Y=100*0.55+(X-100)*0.70
ElseIf X<=150 Then
```

```
    Y=100*0.55+25*0.70+(X-125)*0.85
ElseIf  X<=175  Then
    Y=100*0.55+25*0.70+25*0.85+(X-150)*1.00
ElseIf  X<=200  Then
    Y=100*0.55+25*0.70+25*0.85+25*1.00+(X-175)*1.15
Else
    Y=100*0.55+25*0.70+25*0.85+25*1.00+25*1.15+(X-200)*1.30
End  if
End Sub
```

说明：题中的每个分支语句中的条件是互相排斥的，因此，第2个分支的条件表达式“X<=125”等价于“X>100 And X<=125”。

（4）If语句的嵌套

If语句的嵌套是指在一个If语句的语句块中又完整地包含另一个If语句。If语句的嵌套形式可以有多种，其中最典型的嵌套形式为：

```
If <表达式1> Then
    If <表达式11> Then
        …
    End If
        …
End If
```

另外，If语句嵌套还可发生在双分支If语句的Else语句块中或多分支If语句的ElseIf语句块中。在使用嵌套的If语句编写程序时，应该采用缩进形式书写程序，这样可使程序代码看上去结构清晰、可读性强，便于修改调试。另外还要注意，不管书写格式如何，Else或End If都将与前面最靠近的未曾配对的If语句相互配对，构成一个完整的If结构语句。

2. Select Case语句

Select Case语句也称为情况语句，是一种多分支选择语句，用来实现多分支选择结构。虽然可以用前面介绍过的多分支If语句或嵌套的If 语句来实现多分支选择结构，但如果分支较多，则分支或嵌套的If语句层数较多，程序会变得冗长而且可读性降低。为此，VBA提供的 Select Case 语句以更直观的形式来处理多分支选择结构。Select Case 语句的格式如下：

```
Select    Case<测试表达式>
          Case<表达式1>
               <语句块1>
          Case<表达式2>
               <语句块2>
…
          Case<表达式n>
               <语句块n>
```

```
        Case  Else
            &lt;语句块 n+1&gt;
End  Select
```

说明：

（1）Select Case 后的“测试表达式”可以是任何数值表达式或字符表达式。

（2）Case 后的<表达式>可以是如下形式之一。

① <表达式 1>[,<表达 2>][,<表达 3>]…

如“Case1,3,5”表示<测试表达式>的值为 1、3 或 5 时将执行该 Case 语句之后的语句组。

② <表达式 1>To<表达 2>

如“Case 2 To 15”表示<测试表达式>的值在 2 到 15 之间（包括 2 和 15）时将执行该 Case 语句之后的语句组。

又如“Case "A" To "Z"”表示<测试表达式>的值在“A”到“Z”之间（包括“A”和“Z”）时将执行该 Case 语句之后的语句组。

③ Is<关系运算符><表达式>

如“Case Is＞=10”表示<测试表达式>的值大于或等于 10 时将执行该 Case 语句之后的语句组。

以上 3 种方式可以同时出现在同一个 Case 语句之后，各项之间用逗号隔开。

如“Case1,3,10 To 20,Is＜0”表示<测试表达式>的值为 1 或 3，或在 10 到 20 之间（包括 10 和 20），或小于 0 时将执行该 Case 语句之后的语句组。

（3）<测试表达式>只能是一个变量或一个表达式，且其类型应与 Case 后的表达式类型一致。

（4）Select Case 语句也可以嵌套，但每个嵌套的 Select Case 语句必须要有相应的 End Select 语句。

（5）不要在 Case 后直接使用逻辑运算符来表示条件，例如，要表示条件 0≤X≤3：

方法一：

```
Select Case X
Case X＞=0 And X＜=3
…
End Select
```

方法二：

```
Select Case X
Case 0 To 3
…
End Select
```

方法三：

```
If X＞=0 And X＜=3 Then
…
End If
```

其中，方法一错误，方法二、方法三正确，从中可发现 Select Case 语句表达条件的方式比 If 语句更为简洁。

【例 8.8】用 Select Case 语句实现例 8.7。

程序代码如下：

```
Dim  X  As  integer, Y  As  Single
    X=Val(InputBox("请输入用电量X："))
    Select Case X
        Case Is <=100
            Y=X*0.55
        Case Is<=125
            Y=100*0.55+(X-100)*0.70
        Case Is<=150
            Y=100*0.55+25*0.70+(X-125)*0.85
        Case Is<=175
            Y=100*0.55+25*0.70+25*0.85+(X-150)*1.00
        Case Is<=200
            Y=100*0.55+25*0.70+25*0.85+25*1.00+(X-175)*1.15
        Case  Else
            Y=100*0.55+25*0.70+25*0.85+25*1.00+25*1.15+(X-200)*1.30
    End  Select
End Sub
```


8.4.3 循环结构

在实际应用中，很多问题的解决需要在程序中重复执行一组语句或过程。例如，要输入全校学生的成绩、求若干个数之和、统计本单位所有员工的工资等。这种重复执行一组语句或过程的结构称为循环结构。VBA 支持两种类型的循环结构：For 循环和 Do…Loop 循环。

1. For 循环语句

For 循环语句是计数型循环语句，用于控制循环次数已知的循环结构。其语句格式如下：

```
For  循环变量=初值  To  终值  [Step  步长]
    语句块
    [Exit  For]
Next  循环变量
```

说明：

（1）参数“循环变量”、“初值”、“终值”和“步长”必须为数值型。语句块称为循环体。

（2）“步长”为循环变量的增量，其值可正可负，但不能为 0。若步长为正，则只有当“初值”小于等于“终值”时执行“语句块”，否则不执行；若步长为负，则只有当“初值”大于等于“终值”时执行“语句块”，否则不执行。如果步长值为 1，Step 1 可以省略不写。

（3）Exit For 语句的作用是退出循环，可以出现在循环体中的任何位置。一般与一个条件语句配合使用才有意义。

（4）循环体被执行的次数是由初值、终值和步长确定的，其计算公式为“循环次数=Int((终值-初值)/步长+1)”。

（5）For 循环语句的执行过程是：① 把“初值”赋给“循环变量”；② 检查“循环变量”的值是否超过“终值”，如果超过就结束循环，执行 Next 后面的语句，否则执行一次“循环体”；③ 每次执行完“循环体”后，把“循环变量+步长”的值赋给“循环变量”，转到第②步继续循环。这里所说的“超过”有两种含义，即大于或小于。当步长为正值时，循环变量大于终值为“超过”；当步长为负值时，循环变量小于终值为“超过”。图 8.16 表示了执行 For 循环语句的流程。

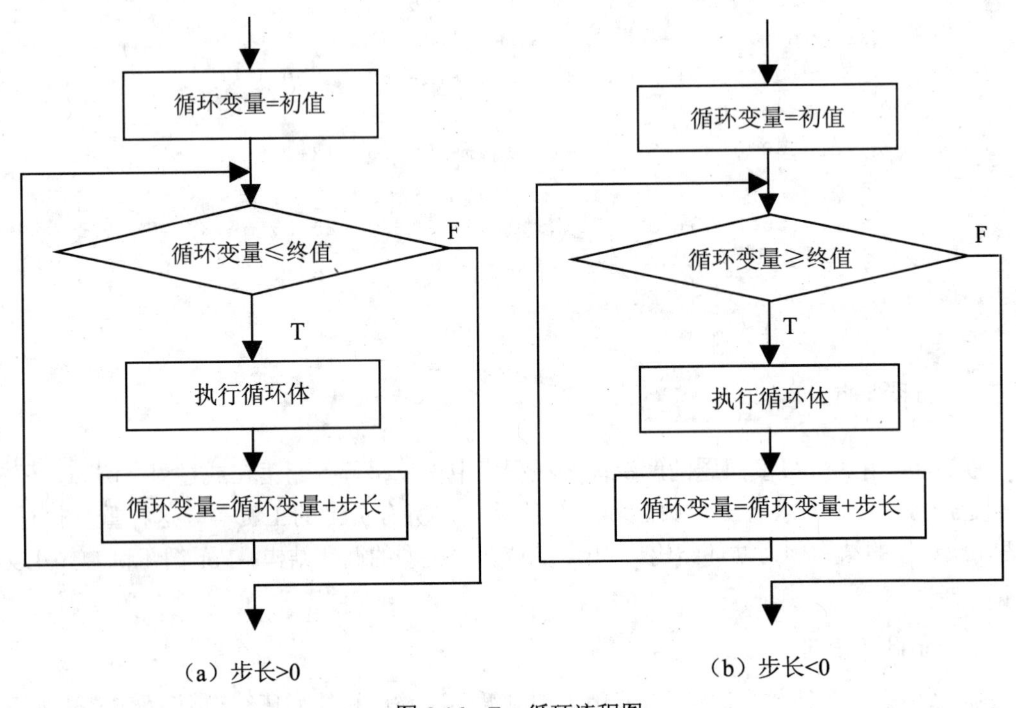

（a）步长>0　　（b）步长<0

图 8.16　For 循环流程图

【例 8.9】 求 1+3+5+…+99 的和。

模块代码如下：

```
Private Sub Sum( )
     Dim Sum As integer, n As Integer
     Sum=0
     For  n=1  To  99  Step  2
        Sum=Sum + n
     Next  n
End Sub
```

2. Do…Loop 循环语句

Do…Loop 循环语句是条件型循环语句，用于控制循环次数事先无法确定的循环结构，既可以实现当型循环，也可以实现直到型循环，是最通用、最灵活的循环结构。Do…Loop 循环语句有以下两种语句格式。

格式一：

Do [{While|Until}<条件>]

  语句块

Loop

格式二：

Do

  语句块

Loop [{While|Until}<条件>]

说明：

（1）“条件”可以是关系表达式、逻辑表达式或算术表达式。“语句块”即为循环体。

（2）“格式一”为先判断后执行，循环体有可能一次也不被执行；“格式二”为先执行后判断，循环体至少被执行一次。

（3）选用关键字 While 时，为当型循环，当条件为 Ture 时就执行循环体，为 False 时退出循环；选用关键字 Until 时，为直到型循环，当条件为 False 时就执行循环体，为 Ture 时退出循环。其执行的流程如图 8.17 所示。

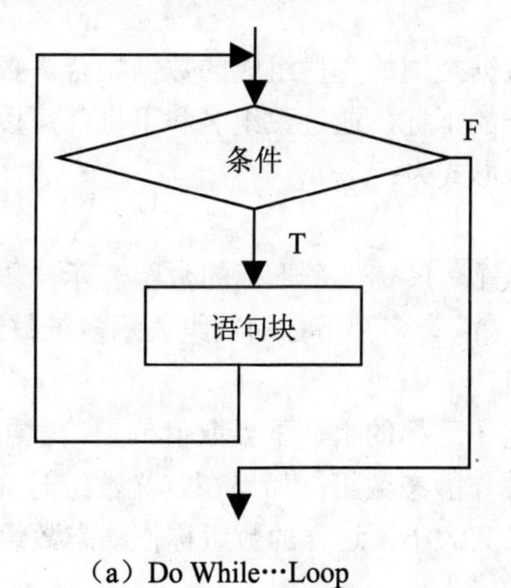

（a）Do While…Loop

（b）Do…Loop While

图 8.17 Do…Loop 循环流程图

（4）可以在循环体中任何位置放置 Exit Do 语句，其作用是退出循环。

【例 8.10】目前世界人口有 60 亿，如果以每年 1.4%的速度增长，多少年后世界人口达到或超过 70 亿。

模块代码如下：

```
Private Sub People( )
  Dim p As Double
```

```
    Dim r As Single
    Dim n As Integer
    p = 6000000000#
    r = 0.014
    n = 0
    Do While p < 7000000000#
        p = p * (1 + r)
        n = n + 1
    Loop
    Debug.Print n
End Sub
```

8.5 数　　组

在实际应用中，往往会有大量相关的、有序的、同一性质的数据需要处理。例如，要统计 50 个同学的数学成绩平均分，或要将 50 个同学的数学成绩按高到低排序，这样成批数据需要处理的问题就要用数组来解决。

8.5.1 数组的概念

数组是一个在内存中顺序排列的，由若干相同数据类型的变量组成的数据集合。数组的每个成员称为数组元素，每一个数组元素都有唯一的下标，通过数组名和下标，可以唯一标识和访问数组中的每一个元素。数组元素的表示形式为：

数组名(下标 1[,下标 2…])

其中，“下标”表示数组元素在数组中的顺序位置。只有一个下标的数组表示一维数组，如 a(3)；有两个下标的数组表示二维数组，如 b(2,6)；有多个下标的数组表示多维数组。下标的取值范围不能超出数组定义时的上、下界范围。

如果在定义数组时，确定了数组的大小，即确定了下标的上、下界取值范围，数组元素的个数在程序运行过程中固定不变，这样的数组称作静态数组；如果在定义数组时，暂时不能确定数组的大小，在使用时根据需要重新定义其大小，这样的数组称作动态数组。

8.5.2 静态数组

声明静态数组的形式如下：

Dim 数组名(下标 1[,下标 2…])　[As 数据类型]

说明：

（1）“数组名”必须是一个合法的变量名。

（2）“下标”必须为常数，不可以是表达式或变量。例如，数组声明：

```
Dim  x(10)  As  Single
```

是正确的，而数组声明：

```
n=10
Dim  x(n)  As  Single
```

则是错误的。

（3）下标的形式为：[常数 1 To] 常数 2。其中，“常数 1”称为下界，“常数 2”称为上界，下标下界最小可为-32768，上界最大可为 32767，若省略下界，则其默认值为 0。例如，以下数组声明均合法：

```
Dim  a(1  to  50)  As  Single
Dim  b(-2  to  3)  As  Single
```

（4） 一维数组的大小，即数组元素个数的计算公式为“上界-下界+1”。例如：

```
Dim  a(100)  As  Single
Dim  b(-2  to  3)  As  Single
```

数组 a 的大小为：100-0+1=101 个元素。数组 b 的大小为：3-（-2）+1=6 个元素。

（5）子句 As 类型说明数组元素的类型，可以是 Integer、Long、Single、Double、Boolean、String（可变长度字符串）、String*n（固定长度字符串）、Currency、Byte、Date、Object、Variant、用户定义类型或对象类型。如果省略该项，则与前述简单变量的声明一样，默认为变体类型数组。

使用 Dim 语句声明一个数组，实际上就是为系统编译程序提供了与数组相关的各种信息，如数组名、数组类型、数组的维数以及数组的大小等。例如：


```
Dim  s(50)  As  Integer
```

该语句声明了数组 s，s 的元素类型为整型，下标范围为 0～50，共有 51 个元素。若在程序中使用 s(-1)或 s(51)等，则系统会提示“下标越界”。

声明数组后，计算机为该数组分配存储空间，数组中各元素在内存中占一片连续的存储空间，且存放的顺序与下标大小的顺序一致。

【例 8.11】编写一程序，输入 50 名同学的数学成绩，求最高分、最低分和平均分。

分析：50 名同学的成绩可以设置一个一维数组 Score 来存储。求最高分、最低分实际上就是求一组数据的最大值、最小值问题；求平均分必须先求出 50 个数据之和，再除以 50 即可。

求 50 个数的最大值，可以按以下方法进行：

（1）设一个存放最大值的变量 Max，其初值为数组中的第 1 个元素，即 Max=Score(1)。

（2）用 Max 分别与数组元素 Score(2)、Score(3)…Score(50)进行比较，如果数组中的某个数 Score(i)大于 Max，则用该数替换 Max，即 Max=Score(i)，所有数据比较完后，Max 中存放的数即为所有数组元素的最大数。

求最小值的方法与求最大值的方法类似。

程序代码如下：

```
Option Base 1                    '在窗体模块的声明段设数组的默认下界为 1
Dim Score(50) As Integer         '声明数组 Score
Dim Max As Integer, Min As Integer, Average As Single, Total As Integer ,i
As Integer
Private Sub Form_Load()
    For i=1 To 50
    Score(i)=Val(InputBox("请输入学生成绩"))
    Next  i
    Total=0                      'Total 用于存放总成绩
    Max=Score(1)                 '设变量 Max 的初值为数组中的第一个元素
    Min=Score(1)                 '设变量 Min 的初值为数组中的第一个元素
    For i=1 To 50                '通过循环依次比较，求最大、最小值；求总和
        If Score(i)>Max Then Max=Score(i)
        If Score(i)<Min Then Min=Score(i)
        Total=Total+Score(i)
    Next  i
    Average=Total/50             '求平均值
    Text1.Text= Max
    Text2.Text= Min
    Text3.Text= Average
End Sub
```


8.5.3 动态数组

静态数组的大小在定义数组时通过指定上、下界确定。在解决实际问题时，所需要的数组到底应该定义多大才合适，有时可能事先无法确定，所以希望能够在运行程序时改变数组的大小。

动态数组是指在程序执行过程中数组元素的个数可以改变的数组。动态数组也称可变大小的数组。使用动态数组就可以在任何时候改变其大小，并且可以在不需要时消除其所占的存储空间。例如，可以在短时间内使用一个大数组，然后在不使用这个数组时，将内存空间释放给系统。因此，使用动态数组更加灵活、方便，并有助于高效管理内存。

建立动态数组需要分两个步骤进行：

（1）使用 Dim、Private 或 Public（公用数组）语句声明括号内为空的数组，即声明一个空数组。如：

```
Dim  Score()  As Integer
```

（2）在执行程序时，在过程代码中使用 ReDim 语句指明该数组的大小。ReDim 语句的形式为：

ReDim 数组名(下标 1[,下标 2…]) [As 类型]

说明：

（1）在静态数组声明中的下标只能是常量，在动态数组声明的 ReDim 语句中的下标可以是常量，也可以是有确定值的变量。“As 类型”可以省略，若不省略，必须与 Dim 声明语句保持一致。

（2）ReDim 语句只能出现在过程中，是一个可执行语句，在程序运行时执行，可以动态进行内存分配。

（3）在过程中可以多次使用 ReDim 语句来改变数组的大小，也可以改变数组的维数。

（4）每次执行 ReDim 语句时，当前存储在数组中的值会全部丢失。VBA 重新对数组元素进行初始化，即将可变类型数组元素值置为 Empty，将数值型数组元素值置为 0，将字符串类型数组元素值置为零长度字符串。

（5）可以在 ReDim 之后使用 Preserve 关键字，来保留动态数组中原有的数据，但这时只能改变最后一维的上界，前面几维大小不能改变，也不能改变维数。

【例 8.12】动态数组的应用实例。

```
Dim a( ) As Integer                     '声明一个空数组 a，即动态数组 a
Dim  Sum  As Integer,  i  As Integer
Sum=0
ReDim a(1 to 10)                        '第 1 次声明一维数组 a
For  i  =1  To  10
    a(i)=1
    Sum=Sum+a(i)
Next  i
ReDim  Preserve  a(1 To 15)             '第 2 次声明数组 a，增加 5 个元素
                                        '保留原来 10 个元素的数据不变
For  i=11 To 15
    a(i)=i
    Sum=Sum+a(i)
Next i
```

8.5.4 自定义数据类型

在实际应用中，常遇到这样的情况：一个对象往往有多种属性，而这些属性的数据类型又各不相同。例如，一个学生的属性有学号、姓名、性别、出生日期和学习成绩等，这些属性都与某一学生相联系，如果将每个属性分别定义为互相独立的简单变量，则难以反映它们之间的内在联系。因此有必要把它们组织成一个组合项，在一个组合项中包含若干类型不同的数据项。可以利用 VBA 的自定义数据类型来实现这种组合。

用户自定义数据类型是一组不同类型变量的集合，需要先定义，再做变量声明，然后才能使用。在有的高级语言中，这种数据类型被称为结构类型或记录类型。

在 VBA 中，自定义数据类型通过 Type 语句来实现。语法格式如下：

Type　自定义类型名

元素名 1[(下标)] As 类型名
元素名 2[(下标)] As 类型名
…
End Type

其中，“自定义类型名”是数据类型名，而不是变量名。“元素名”表示自定义数据类型的一个成员，即对象的属性。“下标”表示该成员是数组。

例如，以下语句定义了一个有关学生信息的自定义数据类型：

```
Type Students                        'Students 为自定义数据类型名
    num As Integer                   '学号
    name As String * 20              '姓名
    Sex As String * 1                '性别
    Mark(1 To 5) As Integer          '5 门课程成绩，用数组表示
    Total  As  Single                '总分
End Type
```

自定义数据类型定义好之后，即可在变量声明时使用该类型。如定义一个类型为 Students 的变量 Stu：

```
Dim Stu As Students
```

在声明了自定义数据类型变量以后，就可以引用该变量中的元素。引用的形式如下：

变量名.元素名

例如，Stu.num 表示 Stu 变量中的学号，Stu.name 表示 Stu 变量中的姓名，Stu.mark(3)表示 Stu 变量中的第 3 门课程的成绩。用赋值语句给它们赋值如下：

```
Stu.num=2008001
Stu.name="张三"
Stu.mark(3)=86
```

当成员元素太多时，这样写比较繁琐，可以用 With 语句对变量 Stu 进行简化，例如：

```
With  Stu
   .num=2008001
   .name="张三"
   .mark(3)=86
End  With
```

自定义数据类型一般在标准模块（.bas）中定义，默认为 Public。若在窗体模块中定义，必须是 Private。自定义数据类型的元素类型可以是字符串，但必须是定长字符串。

8.6 创 建 模 块

模块是数据库的对象之一，它是用 VBA 语言编写的程序代码的集合，利用模块可以创建函数过程（Function 过程）和子程序（Sub 过程）。所谓编写与运行程序，实际上就是编

写与运行模块中代码的过程。

创建模块的方法为：在数据库窗口中选择“模块”对象，单击“新建”按钮，在打开的模块编辑器中编写过程代码即可，如图 8.18 所示。

图 8.18 模块编辑器界面

8.6.1 Function 过程的定义及调用

1. Function 过程的定义

Function 过程又称函数过程，调用 Function 过程会得到一个返回值。例如，要求一个三角形的面积、求 n 个数中的最大数等，就适用于用 Function 过程来解决此类问题。Function 过程的定义格式如下：

[Private][Public][Static] Function 过程名([参数列表]) [As 类型]

  函数代码

End Function

说明：

（1）Private 表示 Function 过程为私有过程，只能被本模块的其他过程调用。Public 表示 Function 过程为公有过程，可以在任何模块中调用它。Static 表示 Function 过程中的局部变量在程序运行过程中能保持其值不变。

（2）“函数代码”中应包含一个赋值语句“过程名=表达式”，该语句的作用是把表达式的值作为函数的返回值。

（3）“参数列表”不为空时，每个参数的格式为：

[ByVal]变量名 As 类型

其中，选择 ByVal 时表示参数传递为值传递，否则为地址传递。

【例 8.13】编写一个求三角形面积的函数过程。

```
Function  Area(ByVal a!,ByVal b!,ByVal c!) As Single
  Dim  p!
  p=(a+b+c)/2
  Area=Sqr(p*(p-a)*(p-b)*(p-c))
End  Function
```

2. Function 过程的调用

调用 Function 过程就像调用 VBA 内部函数一样。例如，使用内部函数 Sqr(x)求 2 的平方根并把其值赋给变量 y 的调用语句为：

```
y= Sqr(2)
```

调用 Area 函数求边长分别为 3、4、5 的三角形的面积并把其值赋给变量 S 的语句为：

```
S=Area(3,4,5)
```

由于 Function 过程能返回一个值，因此可以把它看成是一个函数，它与内部函数的区别在于：内部函数是由系统提供，而 Function 过程是由用户根据需要来定义。

在调用一个函数过程时，一般都有参数传递，即把主调函数的实际参数传递给被调函数的形式参数。具体应用在 8.6.3 节中介绍。

8.6.2 Sub 过程的定义及调用

1. Sub 过程的定义

Sub 过程又称为子过程，调用 Sub 过程，无返回值。Sub 过程还可以分为通用过程和事件过程。通用过程可以实现各种应用程序的执行；而事件过程是基于某个事件的执行，如命令按钮的 Click（单击）事件的执行。

通用过程的定义格式如下：

```
[Private][Public][Static] Sub 过程名([参数列表])
        过程代码
End  Sub
```

【例 8.14】在立即窗口中输出“欢迎学习 VBA”。

Sub 通用过程代码如下：

```
Sub  star( )
    Debug.Print  "欢迎学习 VBA"
End  Sub
```

事件过程的定义格式如下：

```
[Private][Public][Static] Sub 对象名_事件名([参数列表])
        过程代码
End  Sub
```

其中，常用的对象有窗体（Form）、命令按钮（Command）和文本框（Text）等控件对象；常用的事件有鼠标单击（Click）、鼠标双击（DblClick）和窗体加载（Load）等事件。如前面出现过的单击窗体中的命令按钮统计学生期末考试总评成绩、单击窗体中的命令按钮在文本框 Text0 中输入两个数 a、b 之和等。

【例 8.15】单击窗体中的命令按钮 Command1 求 n!，并在立即窗口中输出其值。

Sub 事件过程代码如下：

```
Private Sub Command1_Click( )
    Dim n%, i%,s!
    n = InputBox("请输入 n：")
    s=1
```

```
    For i=1 To n
      S=s*i
    Next i
    Debug.Print s
End Sub
```

2. Sub 过程的调用

在过程代码中使用一个过程调用语句可以调用一个 Sub 过程。Sub 过程的调用格式有如下两种格式：

Call　过程名[(实参列表)]

或

过程名[(实参列表)]

【例 8.16】 Sub 过程的调用实例。

```
Public Sub Sort(ByVal a!,ByVal b!,ByVal c!)
       Dim t%
       If a>b Then t=a: a=b: b=t
       If a>c Then t=a: a=c: c=t
       If b>c Then t=b: b=c: c=t
       Debug.Print "a=";a,"b=";b,"c=";c
     End Sub
Private Sub Command1_Click( )
       Dim x%,y%,z%
       x= InputBox("请输入 x:")
       y= InputBox("请输入 y:")
       z= InputBox("请输入 z:")
       Call  Sort(x,y,z)
       Debug.Print"x="x,"y=";y,"z=";z
End  Sub
```

8.6.3 过程参数

过程参数分为形式参数（简称形参）和实际参数（简称实参）两种。在定义过程时出现在参数列表中的参数称为形参；在调用过程时出现在参数列表中的参数称为实参。例如，在例 8.16 中定义过程“Public Sub Sort(ByVal a!,ByVal b!,ByVal c!)”参数列表中的 a、b、c 属于形参；调用过程“Call Sort(x,y,z)”参数列表中的 x,y,z 属于实参。

在 VBA 中，实参传递给形参的方式有“值传递”和“地址传递”两种。在形参前使用关键字 ByVal 为值传递，使用关键字 ByRef 为地址传递，默认方式为地址传递。

值传递的方式是：当调用一个过程时，系统将实参的值复制给对应的形参，形参获得值后参与过程体（被调过程）的执行，而实参在主调过程中继续参与过程体的执行，此时，形参与实参断开了联系。实际上，形参和实参在程序运行过程中各自拥有不同的存储单元。

运行例 8.16 的过程“Command1_Click( )”，分别给 x、y、z 输入“20”、“15”和“10”，当执行到调用语句“Call Sort(x,y,z)”时，系统将实参 x、y、z 的值 20、15 和 10 分别赋值给对应的形参 a、b、c，形参 a、b、c 参与过程执行后，其值分别变为 10、15、20，而实参 x、y、z 的值保持不变。形参与实参输出对比如图 8.19 所示。

地址传递的方式是：当调用一个过程时，系统将实参的地址传递给对应的形参，传递完成后，形参和实参拥有同一个存储单元，此后，对形参的任何操作，其值如发生变化，对应的实参也随之发生变化。

在例 8.16 的 Sort 过程定义中，将参数列表中的关键字 ByVal 改为 ByRef 或省略关键字，然后运行过程“Command1_Click( )”，分别给 x、y、z 输入“20”、“15”和“10”，当执行到调用语句“Call Sort(x,y,z)”时，系统将实参 x、y、z 的地址分别传递给对应的形参 a、b、c，形参 a、b、c 参与过程执行后其值分别变为 10、15、20，而实参 x、y、z 也随之变为 10、15、20，形参与实参输出对比如图 8.20 所示。

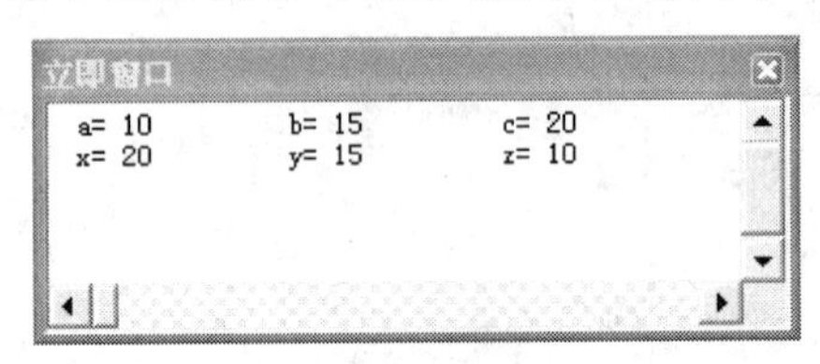

图 8.19　形参与实参输出对比

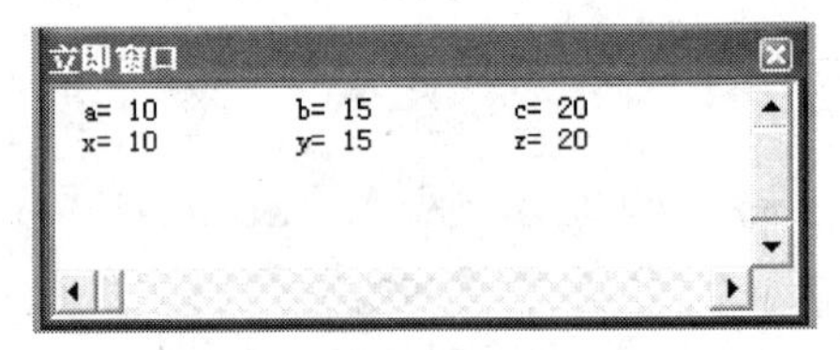

图 8.20　形参与实参输出对比

8.7　VBA 与数据库

在实际应用中，很多应用程序在运行过程中都会对数据库进行访问，以便检索数据库中的信息以及处理信息。VBA 对 Access 数据库的访问是通过 Microsoft Jet 数据库引擎工具来实现的。所谓数据库引擎实际上是一组动态链接库，当程序运行时，被链接到 VBA 程序而实现对数据库数据的访问。

8.7.1　数据库访问接口

在 VBA 中，主要提供了 3 种数据库访问接口：ODBC、DAO 和 ADO。

本章仅介绍使用 DAO 访问数据库的方法，参见 8.7.3 节。

8.7.2　VBA 访问数据库的类型

VBA 通过数据库引擎可以访问的数据库类型包括以下 3 种：

- 本地数据库，即 Access 数据库。
- 外部数据库，即指所有的索引顺序访问方法（ISAM）数据库。
- ODBC 数据库，即符合开放式数据库连接（ODBC）标准的客户/服务器数据库。

8.7.3 数据访问对象 DAO

数据访问对象 DAO（Data Access Object）也称为 DAO 数据访问接口，通过该接口可以访问本地和远程数据库中的数据和对象。

使用 DAO 访问数据库的步骤如下：

（1）声明 DAO 对象变量。

Dim 变量名 As DAO 对象类型

其中，DAO 对象类型主要有 WorkSpace（建立工作区）、DataBase（数据库对象）、RecordSet（记录集）、Fields（字段信息）、QueryDef（查询信息）和 Error（出错处理）等。

例如：

```
Dim wo As WorkSpace
Dim da As DataBase
Dim re As RecordSet
```

（2）通过 Set 语句引用 DAO 对象变量。

例如：

```
Set wo=Dbengine.WorkSpace(0)                  '打开默认工作区
Set da=wo.OpenDataBase(教学管理系统)           '打开数据库
Set re=da.OpenRecordSet(计算机期末考试)        '打开数据表
```

（3）关闭数据库及回收变量的内存单元。

关闭数据库使用 Close 方法，例如：

```
Da.Close
```

回收变量的内存单元使用 Set 语句，例如：

```
Set  re=Nothing
```

【例 8.17】根据学生“计算机期末考试”表（如图 8.21 所示）统计计算机考试成绩不及格的人数。

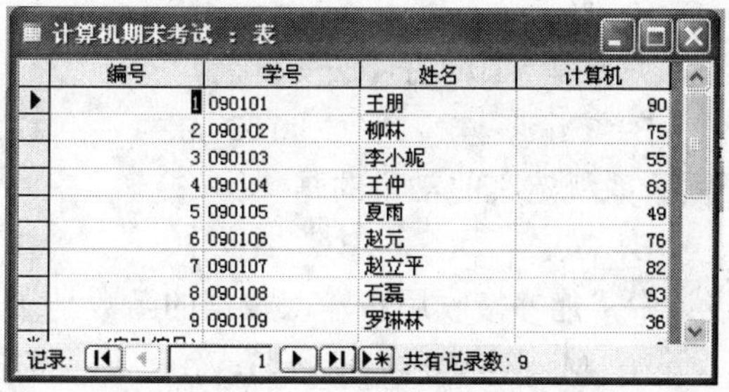

计算机期末考试 ：表

编号	学号	姓名	计算机
1	090101	王朋	90
2	090102	柳林	75
3	090103	李小妮	55
4	090104	王仲	83
5	090105	夏雨	49
6	090106	赵元	76
7	090107	赵立平	82
8	090108	石磊	93
9	090109	罗琳林	36

记录: 1 共有记录数: 9

图 8.21 “计算机期末考试”表

过程代码如下：

```
Public Sub Comp( )
    Dim n As Integer
```

```
    Dim wo As DAO.Workspace
    Dim da As DAO.Database
    Dim re As DAO.Recordset
    Dim x As DAO.Field
    Set da = CurrentDb()
    Set re = da.OpenRecordset("计算机期末考试")
    Set  x = re.Fields("计算机")
    n = 0
    Do While Not re.EOF
        If  x < 60  Then  n = n + 1
        re.MoveNext
    Loop
    Debug.Print  "不及格人数为:", n
    Da.Close
End Sub
```

运行过程 Comp，在立即窗口中会显示不及格人数，如图 8.22 所示。

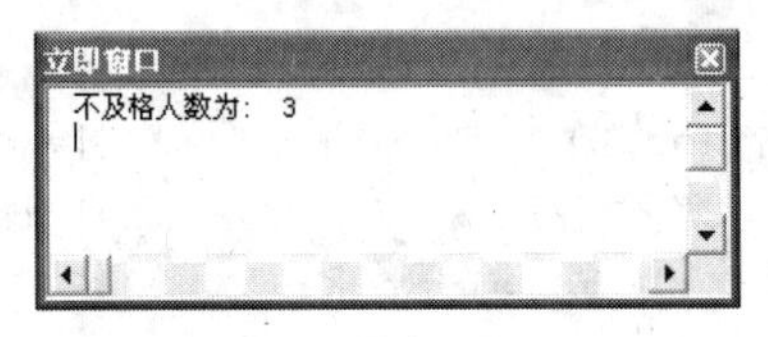

图 8.22　例 8.17 的运行结果

习题 8

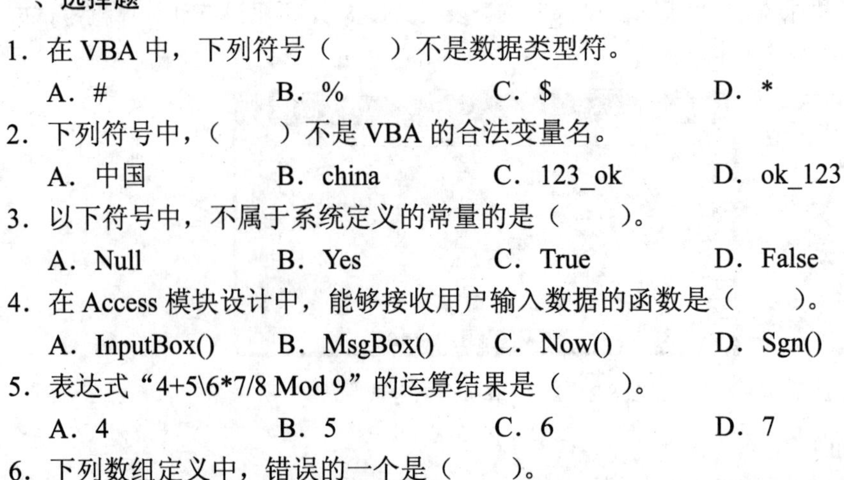

一、选择题

1. 在 VBA 中，下列符号（　　）不是数据类型符。
   A. #　　B. %　　C. $　　D. *
2. 下列符号中，（　　）不是 VBA 的合法变量名。
   A. 中国　　B. china　　C. 123_ok　　D. ok_123
3. 以下符号中，不属于系统定义的常量的是（　　）。
   A. Null　　B. Yes　　C. True　　D. False
4. 在 Access 模块设计中，能够接收用户输入数据的函数是（　　）。
   A. InputBox()　　B. MsgBox()　　C. Now()　　D. Sgn()
5. 表达式“4+5\6*7/8 Mod 9”的运算结果是（　　）。
   A. 4　　B. 5　　C. 6　　D. 7
6. 下列数组定义中，错误的一个是（　　）。
   A. Dim a(1 to 10) As Integer　　B. Dim a(10) As Integer

C．Dim a(1,10) As Integer　　　　D．Dim a(10)%

7．以下是一个过程中的程序段，执行该程序段后，A、B、C的值分别为（　　）。

```
A=3 : B=6
If A<B Then
C=A : A=B :  B=C
End If
```

A．3、3、6　B．3、6、3　　C．6、3、3　　D．6、6、3

8．以下是一个过程中的程序段，执行该程序段后，Sum的值为（　　）。

```
Sum=0
For i=1 To 10 Step 2
Sum=Sum+i
Next i
```

A．25　　　B．35　　　C．45　　　D．55

二、填空题

1．VBA是Microsoft Office系列软件的________编程语言，其语法与独立运行的______编程语言互相兼容。

2．在VBA中，定义符号常量使用关键字______，定义变量使用关键字______。

3．在Access的模块设计中，能够输出信息的函数是________。

4．结构化程序设计的3种基本结构是______、______、______。

5．在For循环结构中，步长可以是______，也可以是______，默认为______。

6．模块中的过程以______开头，以______结束。

7．模块中的函数过程以______开头，以______结束。

8．声明了二维数组Dim Array(2,30) As Integer，则该数组的元素个数为______。

三、简答题

1．什么是模块？如何创建模块？

2．VBA和Access有什么关系？

3．过程与模块是什么关系？

4．如何定义函数过程？如何调用函数过程？

5．如何在窗体上运行VBA程序代码？

四、设计题

1．设计一个查找窗体，当输入一个学生的学号时，显示该学生的考试成绩。

2．按要求完成下列设计：

（1）编写一个过程函数求N!。

（2）编写一个过程调用（1）中的函数过程求1!+2!+3!+…+N!。

第9章　数据安全

数据安全对于任何一个数据库管理系统来说都是至关重要的。数据库中通常存储了大量的数据，这些数据可能包括个人信息、客户清单或其他机密资料。有时，因系统或人为操作不当的原因会造成数据丢损；也会有人未经授权非法侵入数据库，并查看或修改数据，那么将会造成极大的危害，特别是在银行、金融等系统中更是如此。

9.1　数据备份

在 Access 中，数据备份主要是指数据库文件及其对象的备份。数据库系统中的数据是用户管理和使用的核心，为了防止数据的丢失和损坏，数据备份是最重要的安全保障手段。

9.1.1　数据丢损的主要原因

数据丢损的主要原因有以下几点：

（1）系统硬件故障。如系统磁盘的损坏导致数据不能访问，突然停电或死机也可能导致数据的丢失或被破坏。

（2）应用程序或操作系统出错。由于操作系统或应用程序中可能存在不完善的地方，当遇到某种突发事件时，应用程序非正常终止或系统崩溃。

（3）人为错误。一些人工的误操作，如格式化、删除文件、终止系统或应用程序进程，也可能导致数据的丢失或被破坏。

（4）电脑病毒、黑客入侵。由于目前的大多数计算机系统均连接在网络上，若缺少有效的防范机制，很容易遭受病毒的感染或黑客的入侵，轻者数据被损坏，重者系统瘫痪。

9.1.2　数据库文件的备份

Access 数据库将所有对象都集中存放在一个 mdb 文件中，要实现 mdb 文件的备份很方便。在 Access 中，可以通过菜单命令备份数据库，也可以通过复制或压缩复制的方式将数据库文件存放到其他盘中。

通过菜单命令备份数据库的方法如下：

（1）打开需要备份的数据库，然后选择【工具】→【数据库实用工具】→【备份数据库】命令。

（2）打开“备份数据库另存为”对话框，在其中选择存放的位置，然后输入备份数据库文件的文件名，单击“保存”按钮，即可完成对数据库文件的备份。

【例 9.1】将“教学管理系统”数据库文件备份到 F 盘中。操作步骤如下：

（1）打开“教学管理系统”数据库，选择菜单中的【工具】→【数据库实用工具】→【备份数据库】命令，如图 9.1 所示。

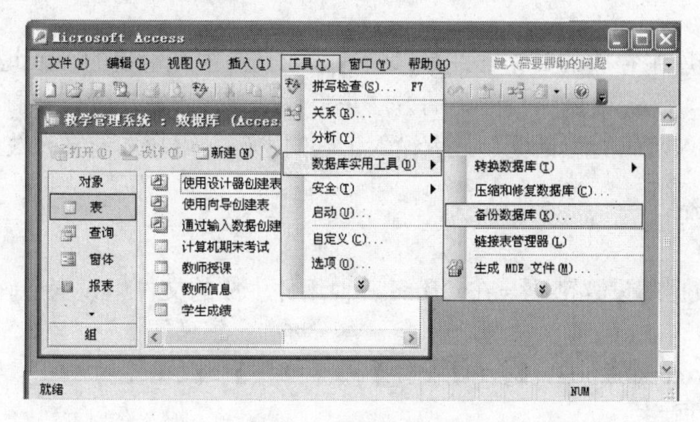

图 9.1　备份数据库

（2）打开“备份数据库另存为”对话框，在“保存位置”下拉列表框中选择“本地磁盘（F：）”选项，“文件名”下拉列表框中的文件名保持默认，然后单击“保存”按钮，即可将“教学管理系统”数据库保存到 F 盘中。

9.1.3　数据库对象的备份

数据库是由基本表、查询、窗体、报表、数据访问页、宏和模块 7 种对象组成的。在对某个对象进行操作、编辑、修改时，有时因系统故障或人为误操作使数据丢损，为了保护好原有数据及新增加和修改的数据，对数据库对象进行备份是很有必要的。

在 Access 中可以通过打开数据库，选择数据库中的某个对象，然后选择【文件】→【另存为】命令或【文件】→【导出】命令来实现对数据库对象的备份。

【例 9.2】将“教学管理系统”数据库文件中的基本表“教师信息”备份。操作步骤如下：

（1）打开“教学管理系统”数据库。

（2）单击“表”对象，选取“教师信息”表。

（3）选择菜单中的【文件】→【另存为】命令，打开“另存为”对话框。

（4）在“另存为”对话框中，可以指定文件名和保存类型，如图 9.2 所示。

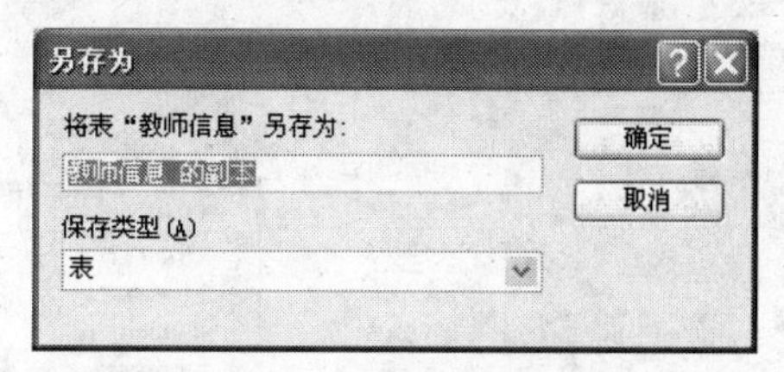

图 9.2　基本表备份

选择【文件】→【导出】命令可以把表复制到其他数据库中。

9.2　设置数据库密码

Access 数据库中存放的数据往往是大量的，而且是很有价值的，因此，保护好数据库就显得非常重要。保护数据库最简单的方法是为数据库设置密码，即在打开数据库时系统首先弹出一个输入密码的对话框，只有输入正确的密码，用户才能打开数据库。

9.2.1　设置密码

为 Access 数据库设置密码与在 Office 其他组件生成的文件中设置密码的方法类似，方法如下：

（1）启动 Access 2003，选择【文件】→【打开】命令，在“打开”对话框中选择需要设置密码的数据库。

（2）单击对话框中“打开”按钮右侧的下拉按钮，在弹出的下拉列表中选择“以独占方式打开”选项来打开数据库，如图 9.3 所示。

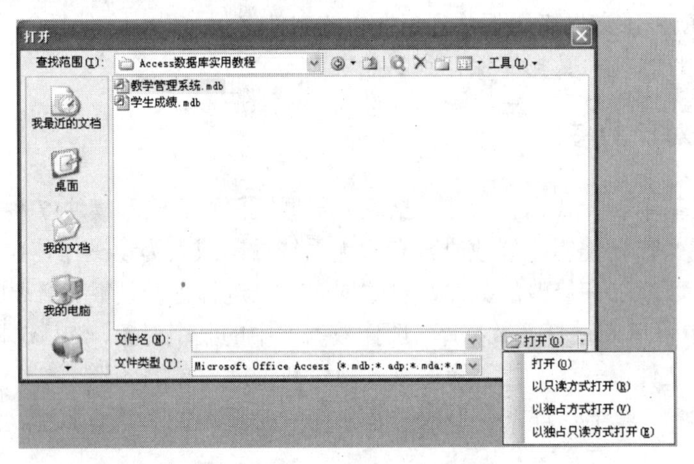

图 9.3　打开数据库

（3）在打开的数据库中，选择【工具】→【安全】→【设置数据库密码】命令，如图 9.4 所示。

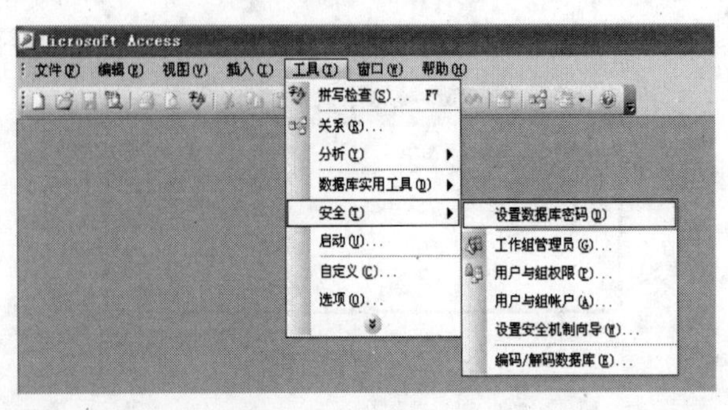

图 9.4　选择“设置数据库密码”命令

（4）在弹出的“设置数据库密码”对话框的“密码”文本框中设置密码，密码是区分大小写的；然后在“验证”文本框中输入相同的密码进行确认，如图9.5所示。

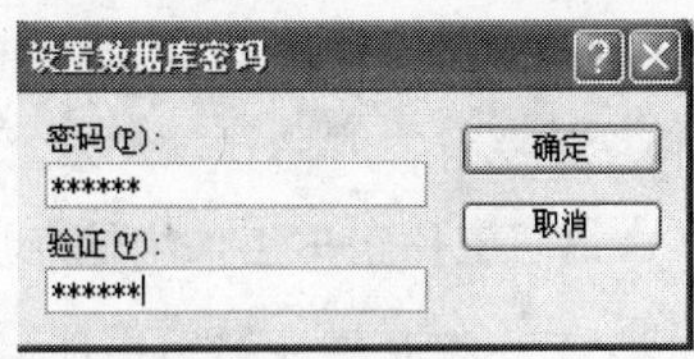

图9.5 设置数据库密码

（5）单击“确定”按钮，完成密码的设置。

9.2.2 撤销密码

如果要撤销数据库的密码，则按以下步骤操作即可：

（1）关闭数据库。

（2）选择【文件】→【打开】命令，在“打开”对话框中选择需要撤销密码的数据库。

（3）单击对话框中“打开”按钮右侧的下拉按钮，在弹出的下拉列表中选择“以独占方式打开”选项来打开数据库。

（4）输入密码打开数据库。

（5）选择【工具】→【安全】→【撤销数据库密码】命令，弹出“撤销数据库密码”对话框。

（6）在“撤销数据库密码”对话框中输入要撤销的密码，单击“确定”按钮，如图9.6所示。

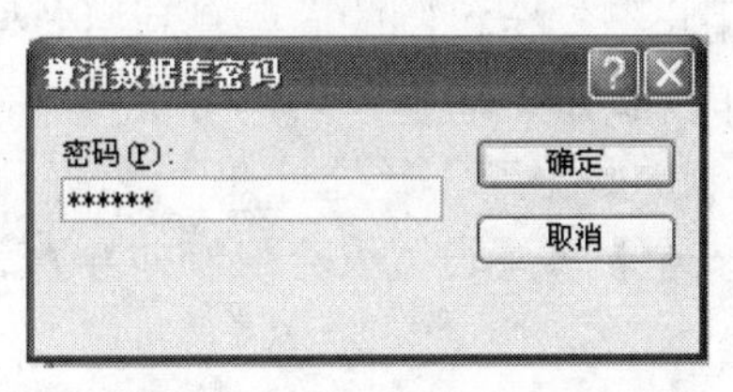

图9.6 撤销数据库密码

9.3 用户级安全机制

一个Access数据库往往有若干用户同时使用，数据库中的对象有些可以看成是公有的，有些可以看成是私有的；有些可以看成是普通用户级别的，有些可以看成是管理员级别的。为了数据库中数据的安全，对数据库中数据的管理与访问，可以根据不同的用户设置不同的访问密码和权限，并可以据此规定哪些用户可以访问数据库中的哪些对象，可以进行哪些操作。

9.3.1 用户级安全机制的概念

1. 用户与用户账户

用户是指普通用户，对数据库的操作往往受到系统管理员的限制。用户账户是指数据库为个人提供特定的权限，以便访问数据库中的信息资源。

2. 管理员与管理员账户

管理员是指对数据库拥有最大权力的用户，主要有“所有权”、“管理权”、“修改权”和“读取权”等。在最初建立数据库时，Access 将管理员账户默认为 Administrator。

3. 工作组与工作组信息文件

工作组是指在多用户环境下的一组用户，又分为用户组和管理员组，同一组成员共享数据和同一个工作组的信息文件。工作组信息文件存储了有关工作组成员的信息，该信息包括用户的用户名、用户账户及所属的组。在第 1 次安装 Access 时，系统会自动生成一个默认的工作组信息文件。

4. 权限与权限管理

权限是指用户对数据对象的操作权力。权限可以是一组属性，用于指定账户对数据库中的数据或对象所拥有的访问权限类型。权限管理主要是管理员组成员使用的，以给不同的用户分配相应的权限。

9.3.2 利用向导设置用户级安全机制

Access 提供了一个设置用户级安全机制的向导，利用向导通过对话方式可以建立新的账户和组，并分配权限。操作步骤如下：

（1）打开要设置安全机制的数据库。此处打开“教学管理系统”数据库。

（2）选择【工具】→【安全】→【设置安全机制向导】命令，弹出“设置安全机制向导”对话框，如图 9.7 所示。

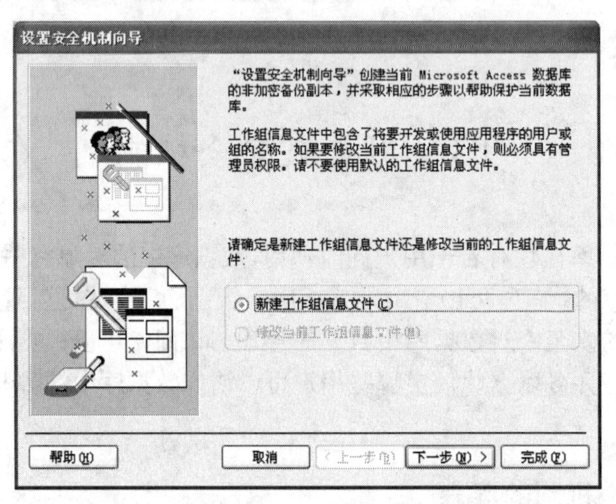

图 9.7 “设置安全机制向导”对话框

（3）选中“新建工作组信息文件”单选按钮，单击“下一步”按钮，弹出如图 9.8 所示的界面。在其中填写相关信息，包括工作组信息文件名、WID（即工作组 ID，可使用随机产生的）、姓名（为可选项）、公司（为可选项），选中“创建快捷方式，打开设置了增强安全机制的数据库”单选按钮。

（4）单击“下一步”按钮，弹出如图9.9所示的界面，在其中指定哪些对象为需要保护的对象，一般情况下，选择“所有对象”选项卡并单击“全选”按钮。

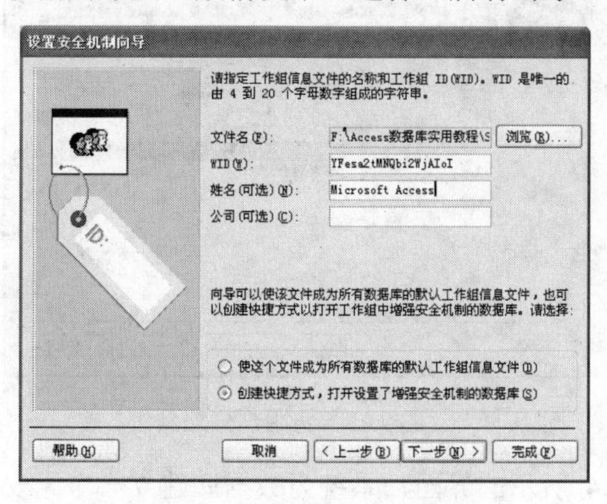

图9.8　指定工作组编号WID

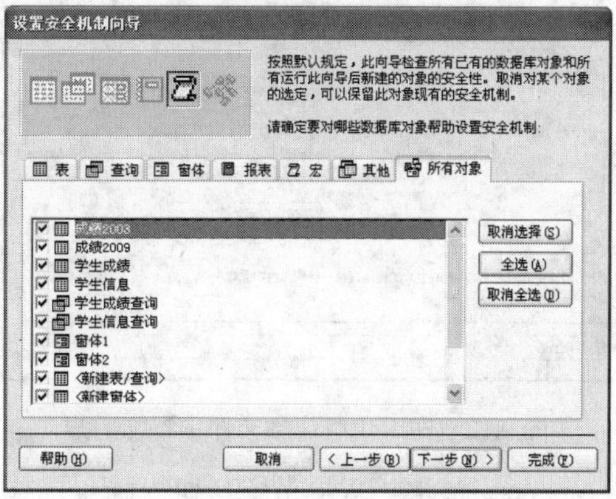

图9.9　选择设置安全机制的对象

（5）单击“下一步”按钮，弹出如图9.10所示的界面，在其中可以指定加入到组中的用户的特定权限，选中“完全权限组”复选框，该组对所有数据库对象具有完全的权限，但不能对其他用户指定权限。除了在该对话框中创建的组以外，向导还将自动创建一个管理员组和一个用户组。

（6）单击“下一步”按钮，弹出如图9.11所示的界面，选中“是，是要授予用户组一些权限”单选按钮，可以给新创建的组赋予一些权限，如数据库的打开、表的读取数据等。

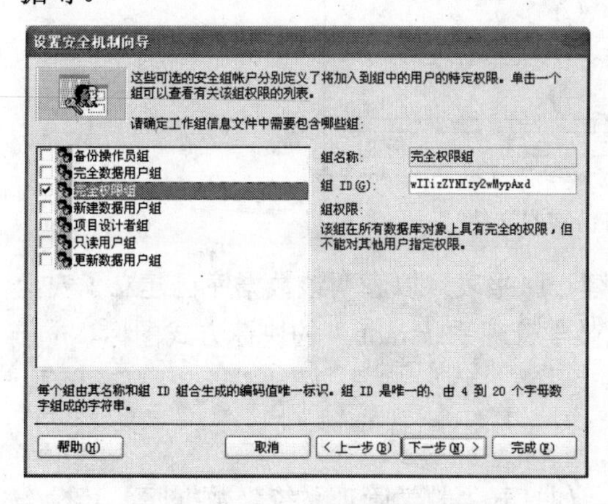

图9.10　指定用户所在的权限组

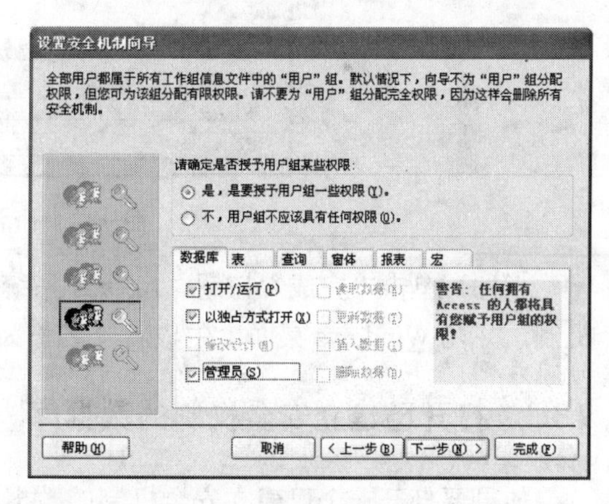

图9.11　将权限分配到各个用户组

（7）单击“下一步”按钮，弹出如图9.12所示的界面，指定工作组信息文件中的用户名和密码，单击“将该用户添加到列表”按钮。

（8）单击“下一步”按钮，弹出如图9.13所示的界面，选中“选择用户并将用户赋给组”单选按钮，在“组或用户名称”下拉列表框中选择所定义的组，在复选框中指定用户所属的组。

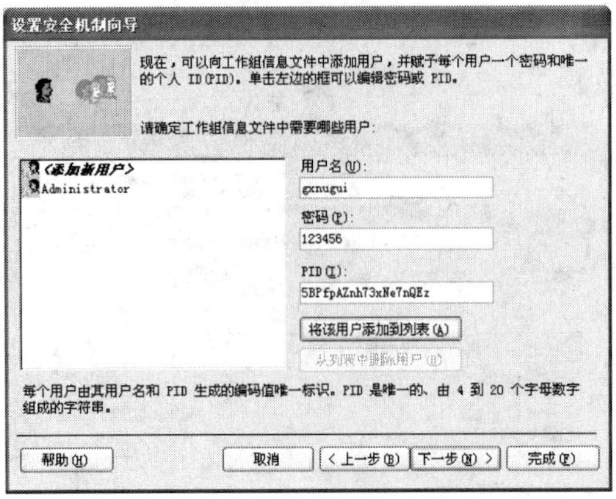

图 9.12　在工作组信息文件中添加用户

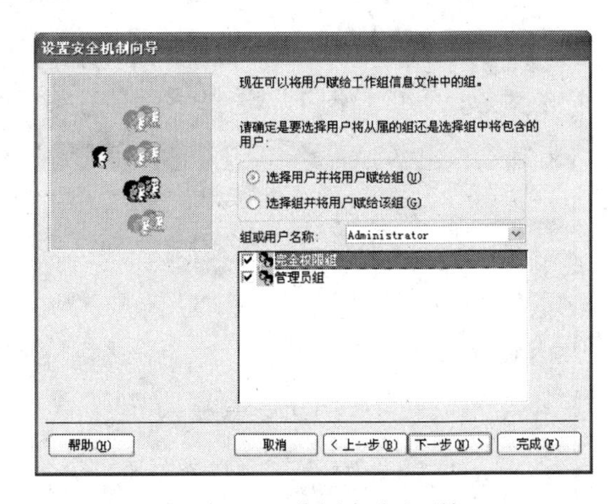

图 9.13　将用户分配到组

（9）单击“下一步”按钮，弹出如图 9.14 所示的界面，系统为数据库建立一个无安全机制的数据库备份副本，副本的文件名可以使用系统默认的数据库名。

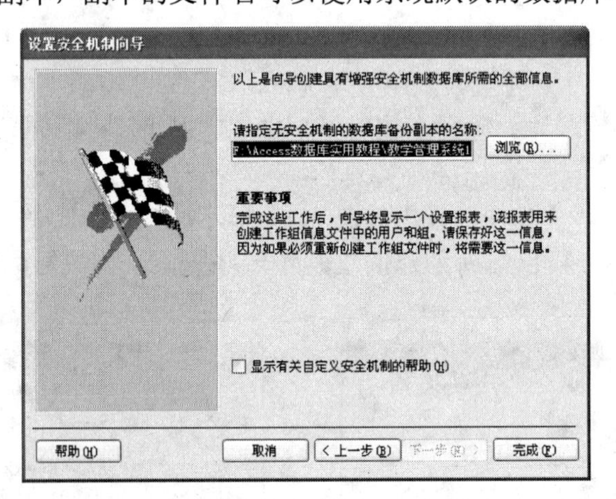

图 9.14　命名备份副本文件

（10）单击“完成”按钮，Access 系统创建一张报表，以表明该数据库已建立了安全机制，并在 Windows 桌面上生成一个名称为“教学管理系统.mdb”的快捷方式图标。

9.3.3　打开已建立安全机制的数据库

如果要打开一个已建立安全机制的数据库，如打开“教学管理系统”数据库，其操作步骤如下：

（1）双击桌面上的“教学管理系统.mdb”快捷方式图标，弹出如图 9.15 所示的“登录”对话框。

（2）输入用户名称和密码。

（3）单击“确定”按钮。

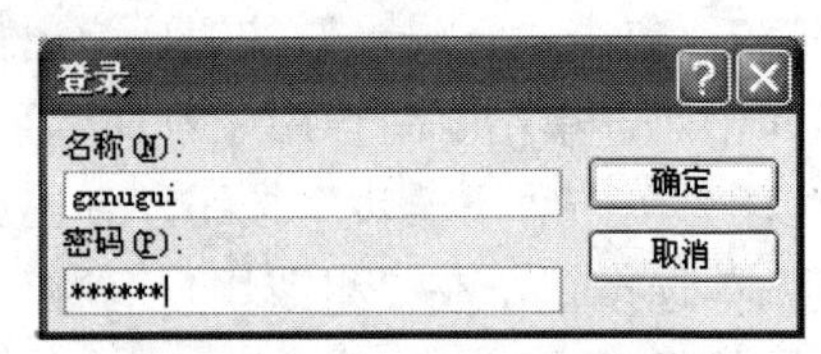

图 9.15　“登录”对话框

9.4 管理安全机制

Access 系统提供了管理安全机制的一些方法，如在已设置了安全机制的数据库中增加一个账户并设置其权限等。

9.4.1 增加账户

下面以“教学管理系统”数据库为例，说明在已设置安全机制的数据库中增加一个账户的方法。

【例 9.3】在“教学管理系统”数据库中增加一个名为 gxnulin 的账户。操作步骤如下：

（1）以管理员账号进入“教学管理系统”数据库。

（2）选择【工具】→【安全】→【用户与组账户】命令。

（3）在“用户”选项卡中单击“新建”按钮。

（4）弹出“新建用户/组”对话框，在“名称”和“个人 ID”文本框中分别输入名称和个人 ID，如图 9.16 所示。

（5）单击“确定”按钮。

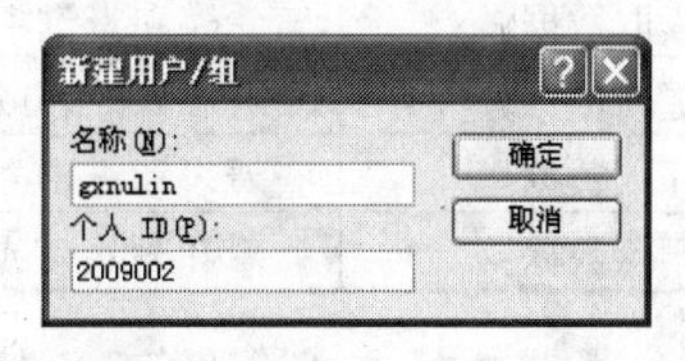

图 9.16 “新建用户/组”对话框

9.4.2 删除账户

管理员有权力删除已创建好的用户账户，而管理员账户是不允许删除的。删除用户账户的操作也比较简单。

【例 9.4】在“教学管理系统”数据库中删除已存在的 gxnulin 账户。操作步骤如下：

（1）双击桌面数据库文件的快捷方式图标，以管理员组成员的身份打开数据库。

（2）选择【工具】→【安全】→【用户与组账户】命令。

（3）在“用户”选项卡的“名称”下拉列表框中选择用户名 gxnulin，如图 9.17 所示。

（4）单击“删除”按钮，然后单击“是”按钮，gxnulin 账户即被删除。

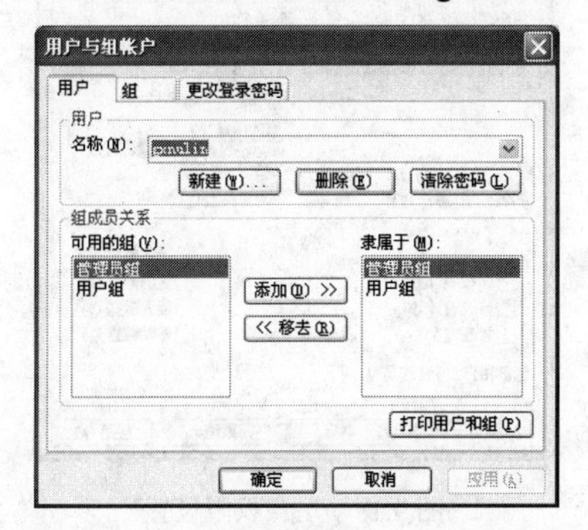

图 9.17 “删除用户/组”对话框

（4）单击“删除”按钮，然后单击“是”按钮。

9.4.3 更改账户权限

根据用户的需求变化及数据库的使用安全，管理员有权力对用户的操作访问权限进行更改。权限主要内容如表 9.1 所示。

表 9.1 权限

权　限	访　问
打开/运行	打开数据库、窗体或报表，或者运行数据库中的宏
以独占方式打开	以独占访问权限打开数据库
读取设计	在设计视图中查看表、查询、窗体、报表或宏
修改设计	查看和更改表、查询、窗体、报表或宏的设计，或进行删除
管理员	对数据库设置密码、复制数据库并更改启动属性。具有对表、查询、窗体、报表和宏这些对象和数据的完全访问权限，包括指定权限的能力
读取数据	查看表和查询中的数据
更新数据	查看和修改表或查询中的数据，但并不向其中插入数据或删除其中数据
插入数据	查看表和查询中的数据，并向其中插入数据，但不修改或删除其中的数据
删除数据	查看和删除表或查询中的数据，但不修改其中的数据或向其中插入数据

【例 9.5】在“教学管理系统”数据库中对 gxnugui 账户的权限进行更改。操作步骤如下：

（1）双击桌面数据库文件的快捷方式图标，以管理员组成员的身份打开数据库。

（2）选择【工具】→【安全】→【用户与组权限】命令。

（3）打开“用户与组权限”对话框，在“权限”选项卡中的“用户名/组名”列表框中选择 gxnugui 用户。

（4）在“对象名称”列表框中选择要授权的对象，如“学生成绩”表。

（5）在“权限”栏中授予权限，如“读取设计”和“读取数据”等，如图 9.18 所示。

（6）单击“确定”按钮。

图 9.18 用户权限设置

9.4.4 打印账户和组账户列表

在完成对数据库安全机制设置的修改后，可以打印一张用户账户和组账户列表，以备日后查询。具体操作步骤如下：

（1）选择【工具】→【安全】→【用户与组账户】命令。

（2）在“用户”选项卡中，单击“打印用户和组”按钮，弹出“打印安全性”对话框，如图9.19所示。

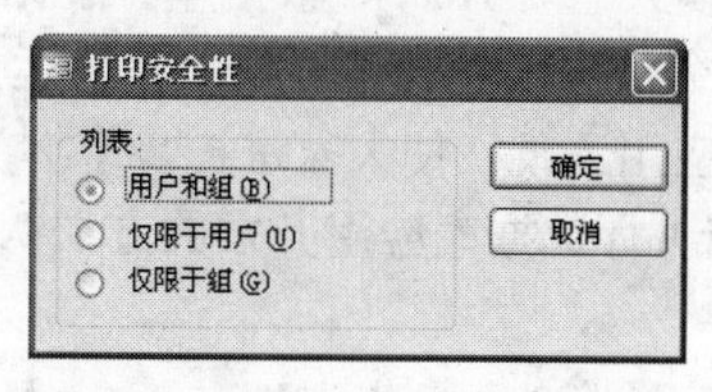

图9.19 “打印安全性”对话框

（3）用户在“列表”栏中可以选择打印内容，如选择“用户和组”。

（4）单击“确定”按钮。

系统将打印出符合要求的报表，报表列出了所有的组和组中的所有成员。

习题9

一、填空题

1．数据备份主要是指________及_______的备份。

2．保护数据库最简单的方法是________________。

3．在建立、删除用户和更改用户权限时，一定要先使用_______进入数据库。

4．为数据库设置密码，必须以_____方式打开数据库。

5．对数据库拥有最大权力的用户称为________，管理员账户在最初建立数据库时，Access默认为_________。

二、简答题

1．如何对数据库及数据库对象进行备份？

2．如何给数据库设置密码？

3．普通用户账户与管理员账户的区别是什么？

4．工作组信息文件包含哪些内容？

5．如何打开已建立安全机制的数据库？

第 10 章　数据库系统实例（师生信息管理系统）

前面的第 1～9 章介绍了 Access 数据库管理系统的具体功能和详尽的应用方法，并且在各章节中列举了大量实例，使大家对 Access 数据库有了比较全面的了解，但仍较零散而不够系统。本章将通过建立一个师生信息管理系统，综合运用前面所学的知识，设计和开发一个功能比较完善的数据库应用系统，使大家进一步掌握 Access 数据库知识，熟悉并掌握使用 Access 数据库管理系统进行数据库应用开发的方法。

10.1　师生信息管理系统设计

本章使用 Access 数据库管理系统开发一个功能较为简单的师生信息管理系统，本系统面向教学管理人员，能方便地对教师、学生、授课情况及成绩进行管理，包括信息的输入和编辑、信息查询、系统管理等模块。

至于本系统的功能，将要使用 Access 数据库管理系统的表、查询、窗体和报表等功能加以实现，可以让大家在系统实现过程中，进一步熟悉 Access 数据库的表、查询、窗体和报表等对象的设计与创建方法。

本系统的功能主要包括以下几个。

- 信息输入和编辑：提供友好的界面，让用户方便地输入和编辑各种数据信息，包括教师信息、学生信息和授课信息等。
- 信息查询：实现信息的浏览和查询功能，包括查询学生信息和教师信息等。
- 信息统计：主要实现本系统中各类信息的统计和打印功能，如打印学生信息卡、统计和打印学生信息卡、学生考试成绩和教师授课情况等。
- 系统管理：实现数据的导入、导出及数据库的备份，对一个成熟的数据库应用系统来说，这些功能都是必需的。

如图 10.1 所示为本系统的总体模块图。

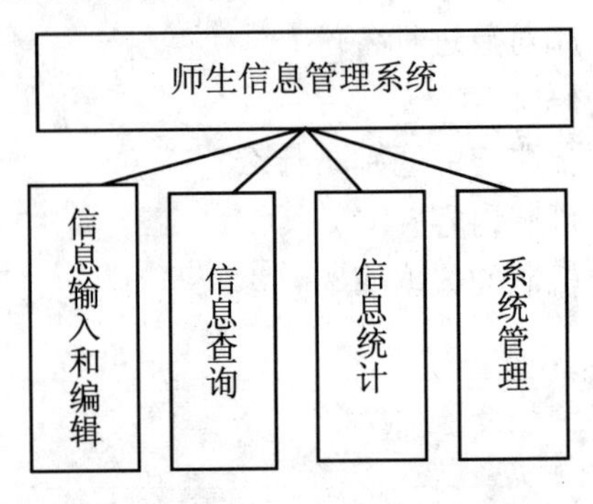

图 10.1　师生信息管理系统结构图

10.2 数据库设计

数据库设计主要是进行数据库的逻辑设计，即将数据按一定的分类、分组系统和逻辑层次组织起来，分析各个数据之间的关系，按照 DBMS 提供的功能和描述工具，设计出规范适当、正确反映数据关系、数据冗余少、存取效率高、能满足多种查询要求的数据模型。

数据库设计的步骤如下：

（1）数据库结构定义。

（2）数据表定义。

（3）存储设备和存储空间组织。

（4）数据使用权限设置。

（5）数据字典设计。

10.2.1 建立师生信息数据库

为了开发一个师生信息管理系统，在 Access 中建立一个“师生信息管理系统”数据库，该数据库包括教师信息表、学生信息表、教师授课表和学生成绩表。

10.2.2 建立数据表

1. 建立教师信息表

教师信息表结构如表 10.1 所示。

表 10.1 教师信息表结构

字 段 名	字 段 类 型	字 段 大 小	是 否 主 键
教工号	文本	5	是
姓名	文本	4	
性别	文本	1	
出生日期	日期/时间		
职称	文本	5	
专业	文本	10	

2. 建立学生信息表

学生信息表结构如表 10.2 所示。

表 10.2 学生信息表结构

字 段 名	字 段 类 型	字 段 大 小	是 否 主 键
学号	文本	6	是
姓名	文本	4	
性别	文本	1	

续表

字 段 名	字 段 类 型	字 段 大 小	是 否 主 键
出生日期	日期/时间		
入学年份	文本	4	
专业	文本	10	
照片	OLE 对象		

3．建立教师授课表

教师授课表结构如表 10.3 所示。

表 10.3　教师授课表结构

字 段 名	字 段 类 型	字 段 大 小	是 否 主 键
授课编号	文本	5	是
教工号	文本	5	
课程名	文本	10	
学生专业	文本	10	
学生年级	文本	4	
学期	文本	15	

4．建立学生成绩表

学生成绩表结构如表 10.4 所示。

表 10.4　学生成绩表结构

字 段 名	字 段 类 型	字 段 大 小	是 否 主 键
成绩 ID	自动编号	长整型	是
学号	文本	6	
授课编号	文本	5	
平时成绩	数字	整型	
考试成绩	数字	整型	

10.2.3　建立表间关系

在多个表之间建立关系，前提是相关字段在一个表中必须作为主键或主索引，并在相关的另一个表中作为外键（外部关键字）存在，这两个表的索引字段的值必须相等。

按照关系模型，相关字段的记录在两个表之间的匹配类型，也就是关系的类型有 3 种：一对一、一对多和多对多。

两个相关的表通过其两者之间的相关字段建立了关系之后，还应当对该关系实施“参照完整性规则”。当该规则被实施，删除和更新表中的记录时，数据库管理系统将参照并引用另一个表中的数据，以约束对当前表的操作，保证相关表中记录的有效性以及恰当的相容性。

单击“常用”工具栏上的“关系”按钮，可对数据库的相关表进行建立表间关系的操作。下面为“师生信息管理系统”数据库建立表间关系，注意所有表间关系都必须实施“参照完整性规则”，如图 10.2 所示。

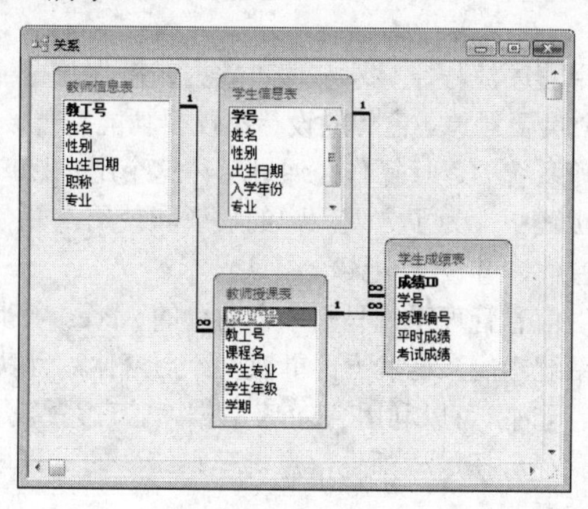

图 10.2　师生信息管理系统表间关系图

10.3　查 询 设 计

在一个完整的数据库应用系统设计中，查询并不是独立应用的，它不仅可以实现特定的功能，如按一定条件和规则显示表或多个相关表的数据，也可以为窗体、报表等对象充当数据源，这样能降低设计窗体、报表等的工作量。

可以通过设计视图、简单查询向导、交叉表查询向导、查找重复项查询向导和查找不匹配项查询向导 5 种方式进行查询的设计，其中设计视图、简单查询向导和交叉表查询向导是使用频度最高的选项。

1．建立教师授课查询

建立选择查询，名为“教师授课查询”。该查询包括教师信息表的“教工号”、“姓名”、“性别”、“专业”、“职称”字段，以及教师授课表的“课程名”、“学生专业”、“学生年级”和“学期”字段。

可以用设计视图或简单查询向导生成该查询。选择数据库窗口的“查询”选项，再单击数据库工具栏上的“新建”按钮，在弹出的窗口中选择“设计视图”或“简单查询向导”并单击“确定”按钮，Access 将启动查询向导或设计视图引导用户进行查询的建立。

“教师授课查询”创建完成后，可双击该查询对象执行该查询。

2．建立学生成绩查询

建立选择查询，名为“学生成绩查询”。该查询包括学生信息表的“姓名”、“学号”和“专业”字段，教师授课表的“学期”和“课程名”字段，以及学生成绩表的“平时成绩”和“考试成绩”字段。

10.4　窗　体　设　计

窗体是控制系统应用程序流程、显示与编辑数据、接收数据输入和打印数据的用户接口，是构成数据库的一个重要对象。窗体的设计不仅要功能完善，而且还要界面布局合理、外观漂亮。师生信息管理系统的运行操作是通过窗体这个用户接口进行的。

在软件系统开发的实践中，为了方便用户的理解和使用，并使系统功能清晰有序，通常会为每个系统设计主窗体，并设置主菜单。

鉴于目前设计的师生信息管理系统只是一个简单的 Access 应用系统，并不具有非常复杂的系统结构及重大的系统功能，这里不再单独设计主窗体，而以 Access 数据库主窗口作为本系统的主窗口。与此同时，可以利用 Access 数据库管理系统所提供的“自定义工具栏”功能，在自行建立的工具栏上摆放“师生信息管理系统”的主菜单，从而使系统界面清晰合理，用户操作也更加方便。

1．建立“学生信息编辑”窗体

使用窗体设计视图创建该窗体。本窗体数据源为学生信息表，“导航按钮”和“记录选择器”均不显示。该窗体设计效果如图 10.3 所示。

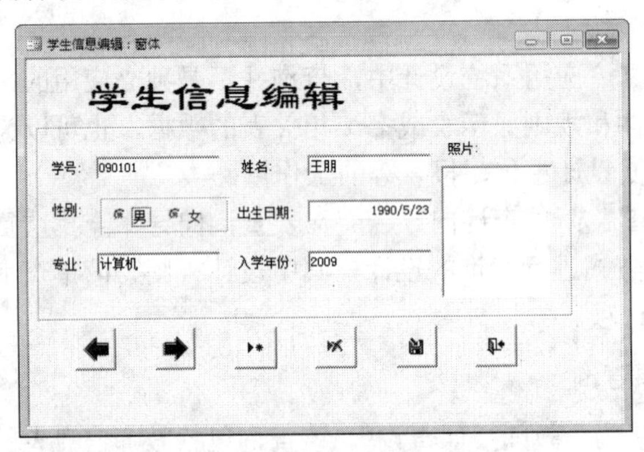

图 10.3　“学生信息编辑”窗体

2．建立“教师信息编辑”窗体

使用窗体设计视图创建该窗体。本窗体数据源为教师信息表，“导航按钮”和“记录选择器”均不显示。该窗体设计效果如图 10.4 所示。

3．建立“教师授课编辑”窗体

该窗体为“主/子窗体”结构，主表为教师信息表，子表为教师授课表。可使用窗体向导完成设计。

单击数据库工具栏上的“新建”按钮，在弹出的窗口中选择“窗体向导”选项。

（1）确定窗体上将使用的字段：教师信息表的“教工号”、“姓名”、“职称”和“专业”字段，教师授课表的“授课编号”、“课程名”、“学生专业”、“学生年级”和“学期”字段。

（2）选择窗体类型为“带有子窗体的窗体”，由于教师信息表为主表，应确定查看数据的方式为“通过教师信息表”，如图10.5所示。

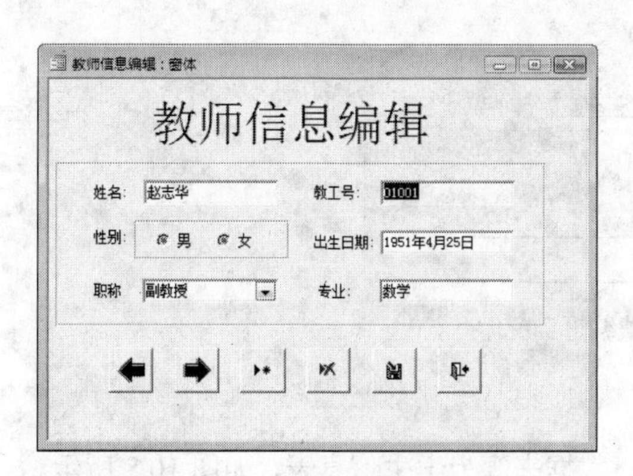

图10.4 “教师信息编辑”窗体

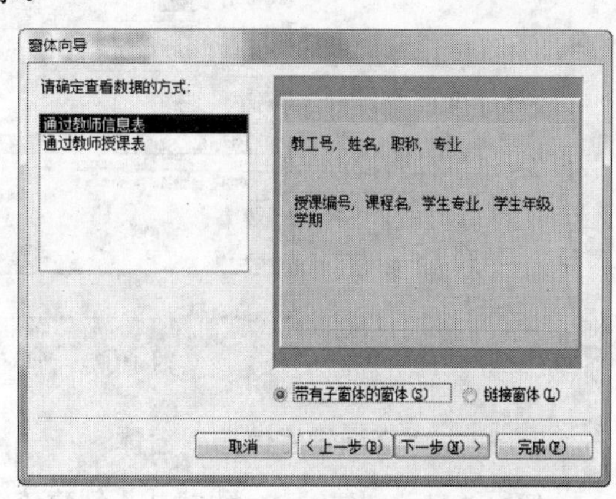

图10.5 确定主/子窗体显示数据的方式

（3）选择子窗体的布局为“数据表”。

（4）选择窗体的样式为“标准”。

（5）指定该窗体的标题为“教师授课编辑”，并选择“修改窗体设计”。

（6）在窗体设计视图中，设置主窗体的“导航按钮”和“记录选择器”均不显示，保留子窗体的“导航按钮”和“记录选择器”，并为窗体增加适当的导航按钮，如图10.6所示。

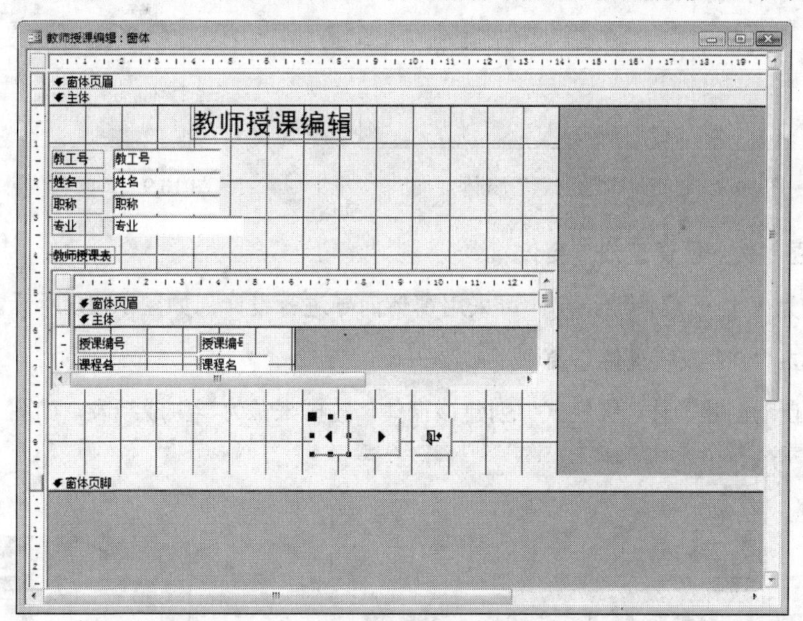

图10.6 “教师授课编辑”窗体的设计视图

4．建立“学生成绩编辑”窗体

该窗体也为“主/子窗体”结构，主表为学生信息表，子表为学生成绩表。可以参考“教师授课编辑”窗体的做法完成该窗体的设计，如图10.7所示。

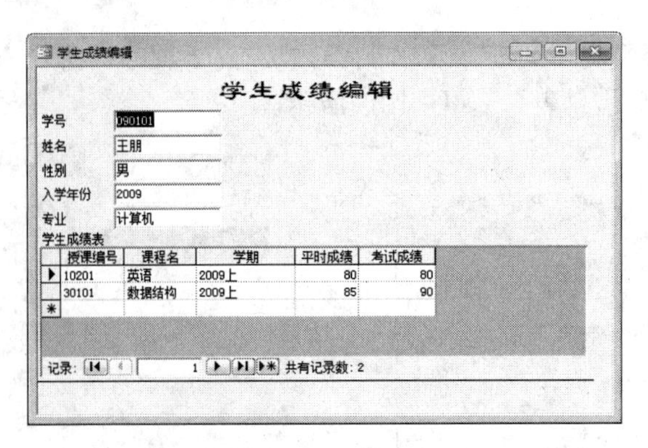

图 10.7　“学生成绩编辑”窗体

5．建立“查询学生信息”窗体

使用“自动创建窗体：纵栏式”创建该窗体，数据来源为学生信息表，如图 10.8 所示。

6．建立“教师信息查询”窗体

使用“自动创建窗体：纵栏式”创建该窗体，数据来源为教师信息表，如图 10.9 所示。

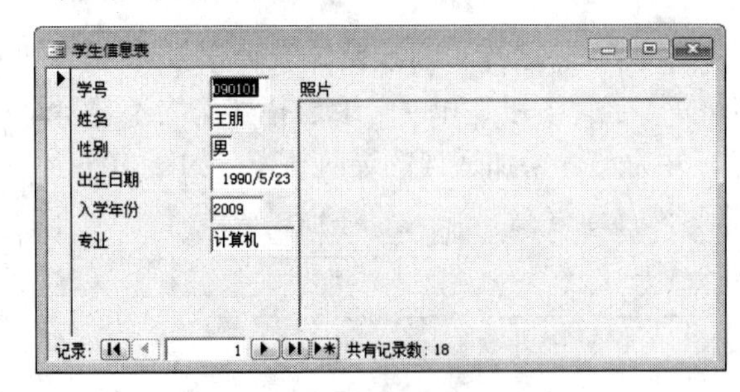

图 10.8　“查询学生信息”窗体

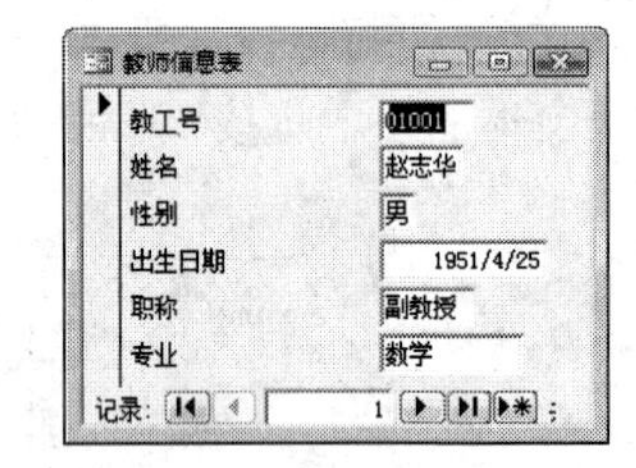

图 10.9　“教师信息查询”窗体

7．建立“教师授课查询”窗体

该窗体为“主/子窗体”结构，可采用窗体向导进行设计，如图 10.10 所示。

8．建立“学生成绩查询”窗体

使用“自动创建窗体：纵栏式”创建该窗体，数据来源为学生成绩表，如图 10.11 所示。

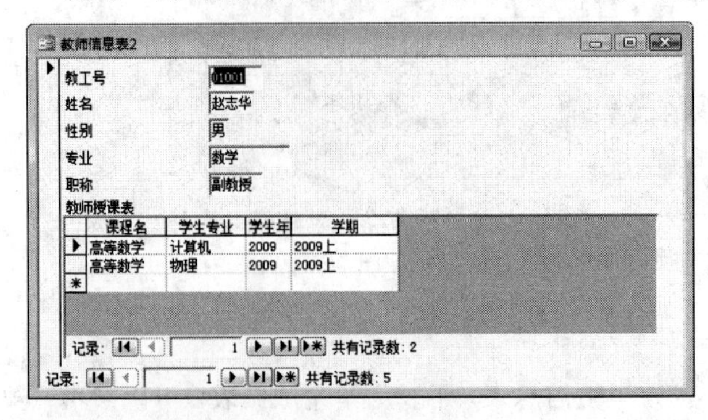

图 10.10　“教师授课查询”窗体

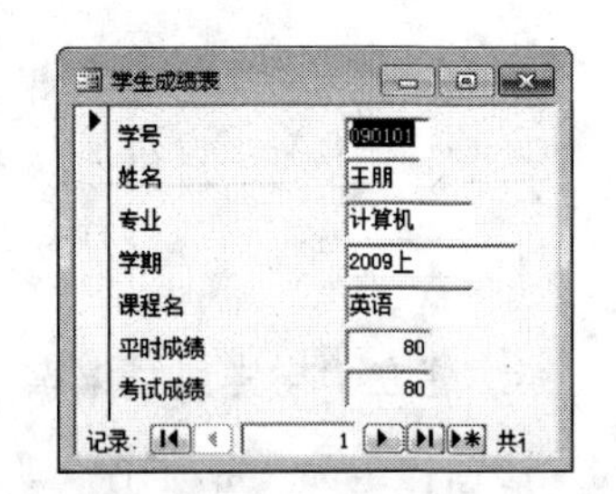

图 10.11　“学生成绩查询”窗体

10.5 报表设计

报表用于以一定的输出格式来体现数据，可以利用报表来控制数据内容的外观，并实现排序、汇总等功能。报表既可以将数据显示在屏幕上，也可以将数据输出到打印设备上。

报表的功能一般有格式化呈现数据，对数据进行分类汇总，显示子报表和图表，打印输出标签、信封等样式的报表，对数据进行统计（如计数、求和、求平均等），嵌入图形图像。

Access 提供了 6 种创建报表的方法：设计视图、报表向导、自动创建报表：纵栏式、自动创建报表：表格式、图表向导和标签向导。在实际应用中，为了提高工作效率，通常先使用向导或自动创建报表功能，以实现快速创建报表结构功能，再使用设计视图对该报表进行外观、功能的修改和完善。

1．学生信息卡

“学生信息卡”报表如图 10.12 所示，“学生信息卡”明细如图 10.13 所示。

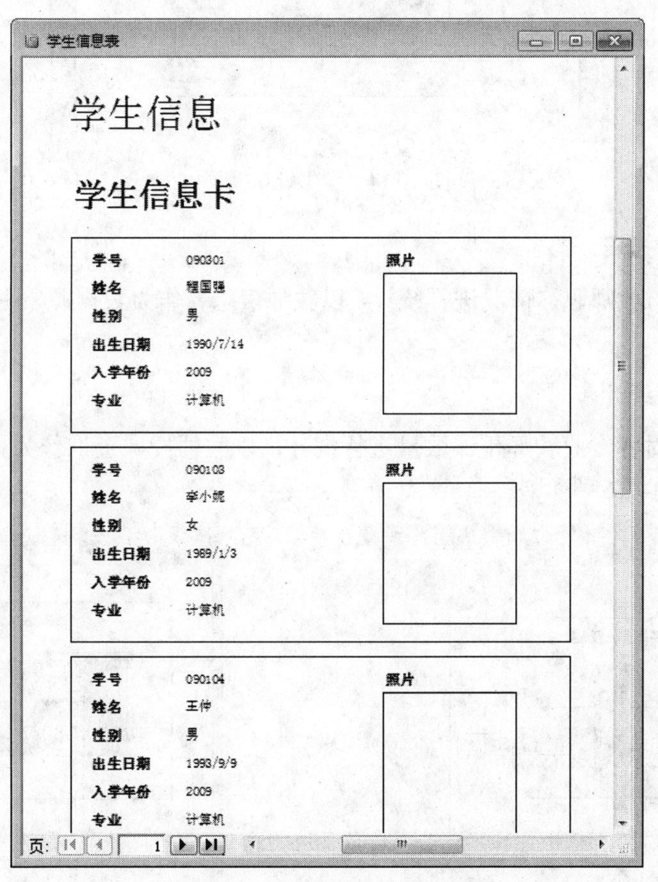

图 10.12 “学生信息卡”报表

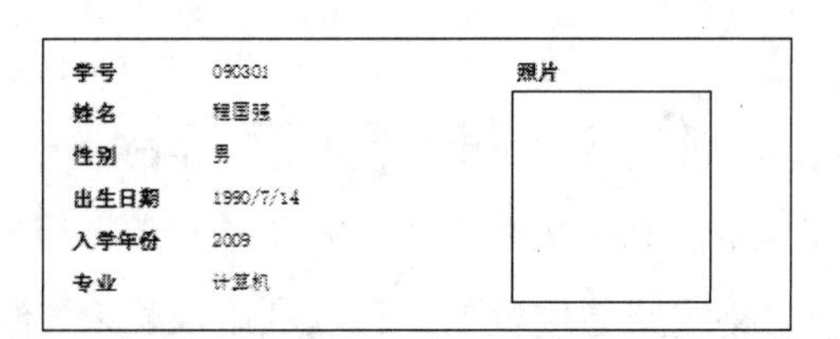

图 10.13 “学生信息卡”明细

2. 学生统计报表

本报表实现对学生专业人数的统计，以学生信息表作为数据源，使用图表向导实现，如图 10.14 所示。

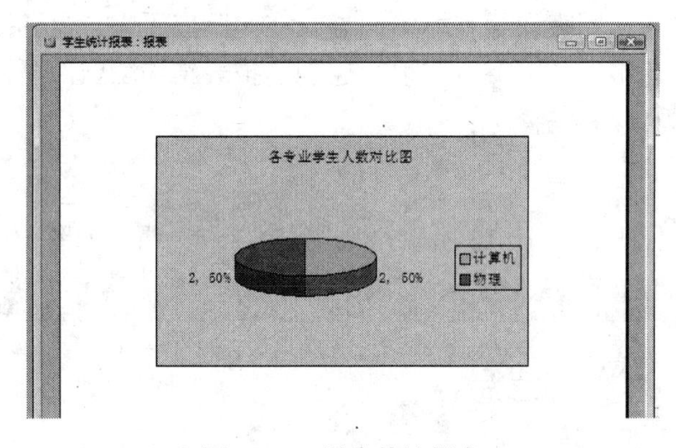

图 10.14 学生统计报表

3. 教师统计报表

本报表实现对教师职称情况进行统计，以教师信息表作为数据源，使用图表向导实现，如图 10.15 所示。

4. 教师授课统计

本报表实现对各专业教师授课数量进行统计，以教师授课查询作为数据源，使用图表向导实现，如图 10.16 所示。

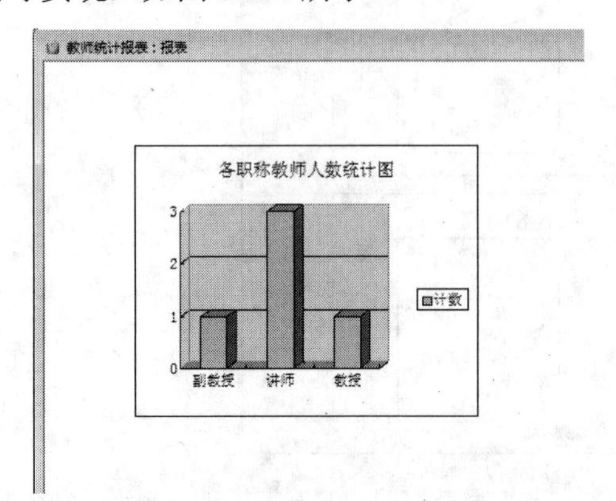

图 10.15 教师统计报表

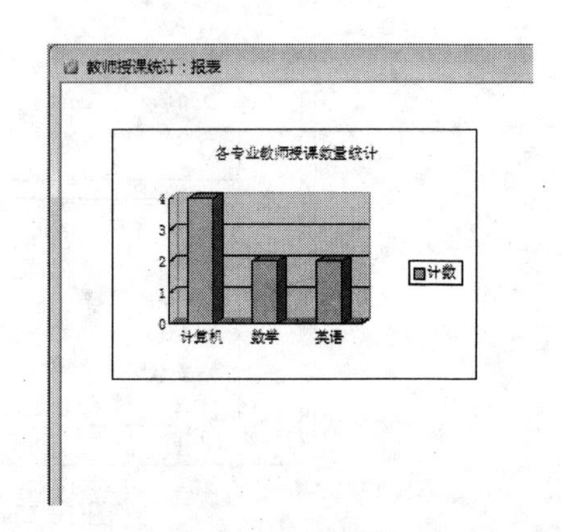

图 10.16 教师授课统计

5．学生成绩统计报表

本报表实现对各门课程的学生成绩进行统计，以学生成绩查询作为数据源，使用图表向导实现。由于是将所有学生的成绩按课程进行分组，在设计中要将教师姓名、课程名、学期和学生年级作为分组字段，如图 10.17 所示。

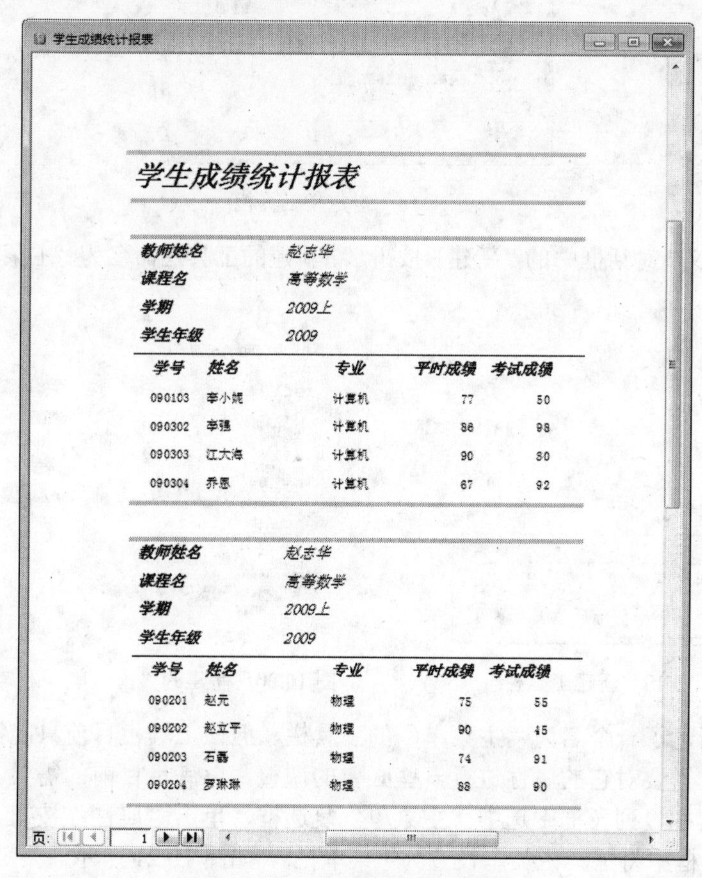

图 10.17　学生成绩统计报表

10.6　主菜单设计

本节将利用 Access 数据库管理系统所提供的“自定义工具栏”功能，在自行建立的工具栏上摆放“师生信息管理系统”的主菜单。

10.6.1　菜单栏设计

选择【视图】→【工具栏】→【自定义】命令，弹出“自定义”对话框，选择其中的“工具栏”选项卡，便可对工具栏进行自定义，如图 10.18 所示。

图 10.18 自定义工具栏

单击“自定义”对话框中的“新建”按钮，将新建的工具栏命名为“主菜单”，如图 10.19 和图 10.20 所示。

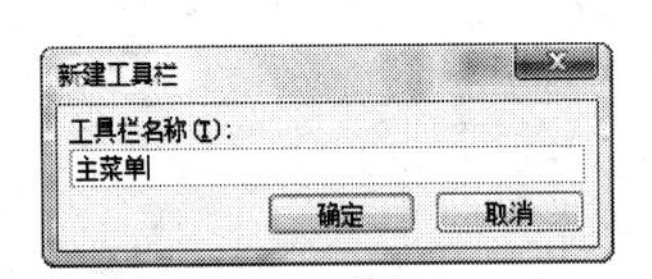

图 10.19 新建工具栏

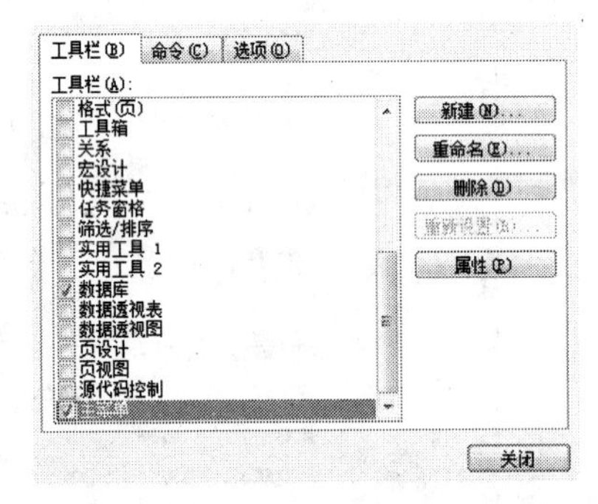

图 10.20 新建的“主菜单”工具栏

此时已经新建了一个名为“主菜单”的工具栏，但该工具栏目前只能摆放按钮，还不能承载菜单栏，需要对它的属性进行一些必要的调整，以满足目前的需要。在“自定义”对话框的“工具栏”列表框中选中“主菜单”复选框，单击“属性”按钮，在弹出的“工具栏属性”对话框中将工具栏类型设置为“菜单栏”，如图 10.21 所示。关闭该对话框，“主菜单”工具栏将成为菜单栏，接下来便可对菜单栏进行自定义。

选择“自定义”对话框中的“命令”选项卡，为菜单栏增加菜单，其类别为“新菜单”，命令为“新菜单”，如图 10.22 所示。

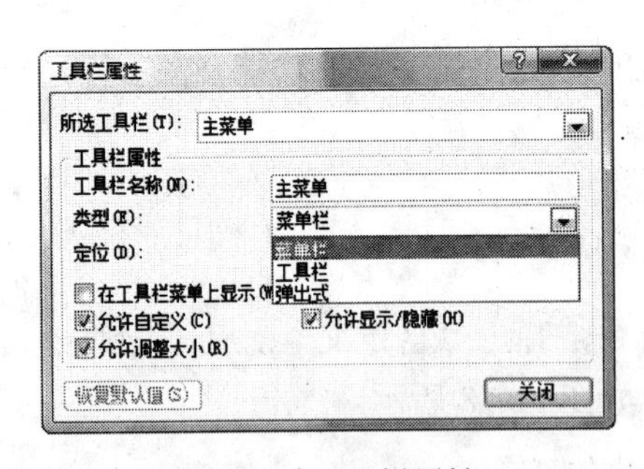

图 10.21 工具栏属性

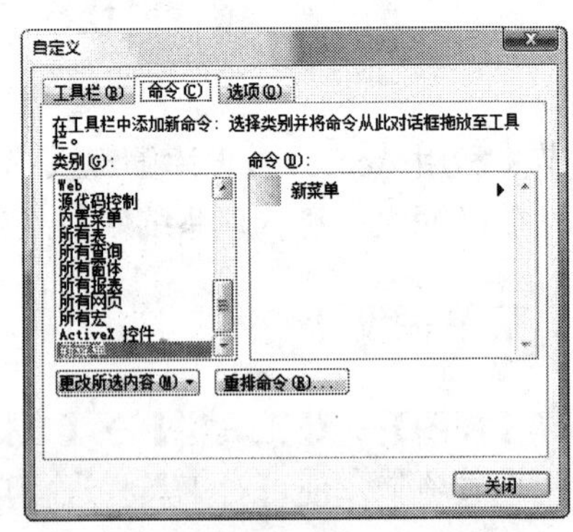

图 10.22 增加菜单

从“自定义”对话框中连续拖拽 4 个“新菜单”命令到新建工具栏的“主菜单”上，右击每个“新菜单”命令，分别重命名为“信息输入和编辑”、“信息查询”、“信息统计”和“系统管理”，如图 10.23 所示，最终的主菜单如图 10.24 所示。

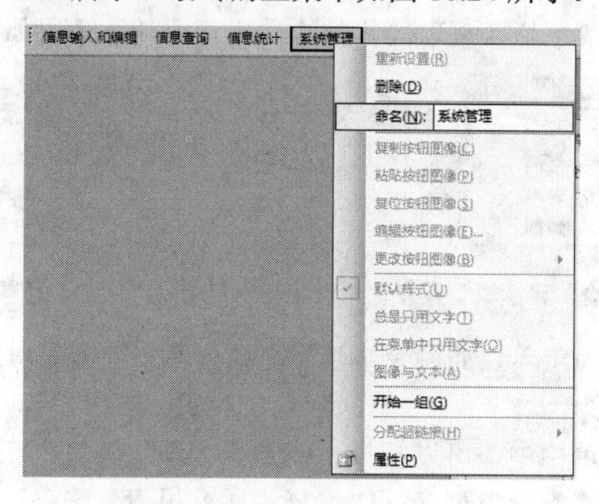

图 10.23 重命名“新菜单”命令

图 10.24 主菜单

10.6.2 菜单项设计

“主菜单”工具栏完成后，只是获得了菜单栏的总体框架，每个菜单栏下还没有设置任何可用的命令，可以为 4 个已有菜单栏设置不同的命令，让这些命令去调用数据库中的任何对象，如窗体、报表等。

首先为“信息输入和编辑”菜单栏设置命令。在“自定义”对话框中选择“命令”选项卡，在“类别”列表框中选择“所有窗体”选项，在“命令”列表框中将出现本数据库中所有设计好的窗体，这意味着所有窗体都可以作为菜单“命令”来使用，如图 10.25 所示。

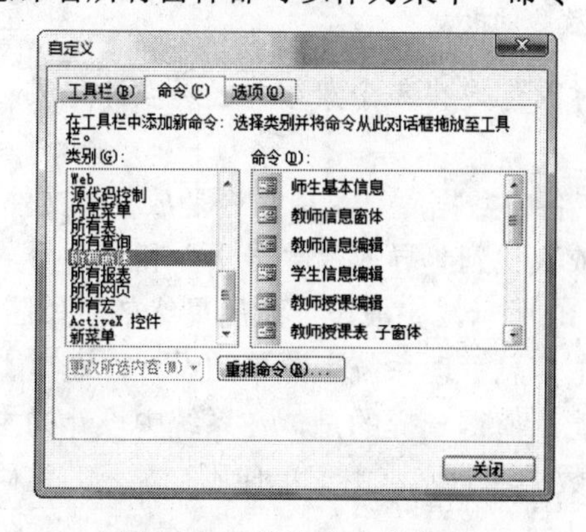

图 10.25 作为命令的窗体

依次将“学生信息编辑”、“教师信息编辑”、“教师授课编辑”和“学生成绩编辑”命令拖拽到“信息输入和编辑”菜单栏下，这就完成了对“信息输入和编辑”菜单栏的设计，如图 10.26 所示。

对于“信息查询”菜单栏，采取同样的方法进行设计，效果如图 10.27 所示。

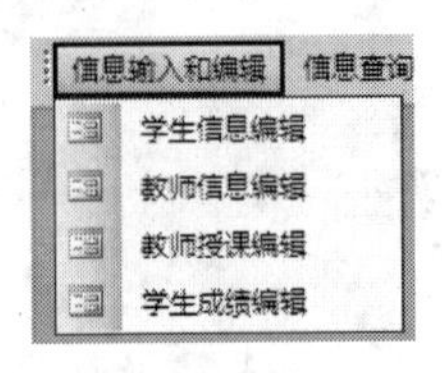

图 10.26 “信息输入和编辑”菜单栏

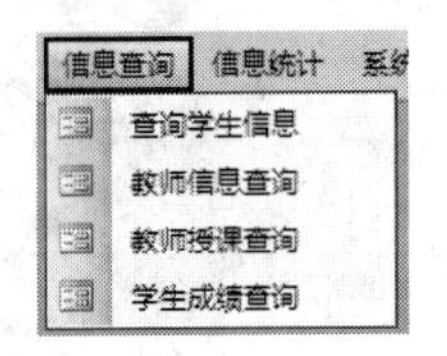

图 10.27 “信息查询”菜单栏

不仅是窗体可以作为菜单栏的命令来使用，数据库中的所有对象，如表、查询、报表、宏等都可以成为菜单命令。

在“信息统计”菜单栏中，可以把报表作为命令添加进来。在“自定义”对话框中选择“命令”选项卡，在“类别”列表框中选择“所有报表”选项，在“命令”列表框中将出现本数据库中所有设计好的报表，如图 10.28 所示。

将“学生信息卡”、“学生统计报表”、“教师统计报表”、“学生成绩统计报表”和“教师授课统计”5 个命令依次拖拽到“信息统计”菜单栏，便完成了对该菜单栏的设计，如图 10.29 所示。

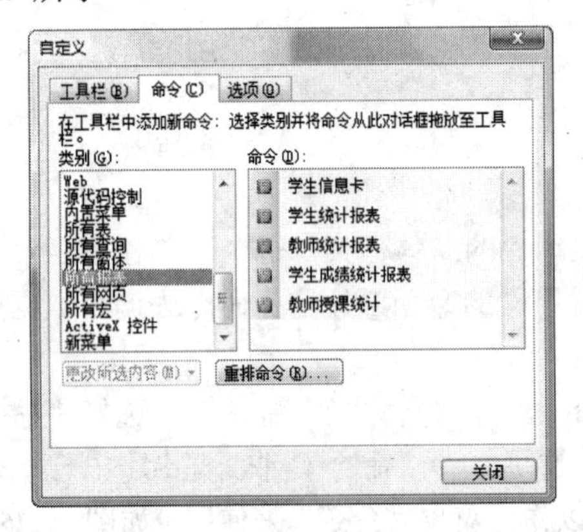

图 10.28 作为命令的报表

图 10.29 “信息统计”菜单栏

至此，和窗体、报表对象有关的 3 个菜单栏已经设计完成，下面将对“系统管理”菜单栏进行设计。

“导入”、“导出”和“备份数据库”菜单命令是放在“文件”类别中的。在“自定义”对话框中选择该类别后，依次找到“导入”、“导出”和“备份数据库”命令，拖拽到“系统管理”菜单栏，如图 10.30 所示，完成设计后的最终效果如图 10.31 所示。

至此，已经完成了师生信息管理系统主菜单的设计，通过主菜单，用户可以比较方便地使用本系统所提供的功能。值得一提的是，在系统中设计的主菜单只对本数据库有效，当用户打开另一个 Access 数据库时，该主菜单便不会显示，这确保了数据库和师生信息管理系统使用的安全性。

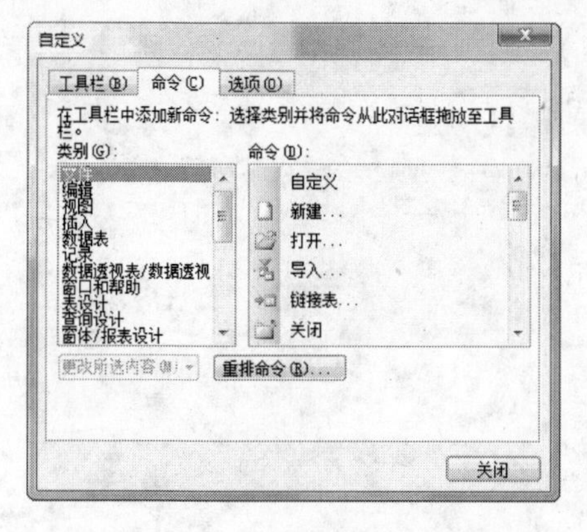

图 10.30 “文件”类别的命令

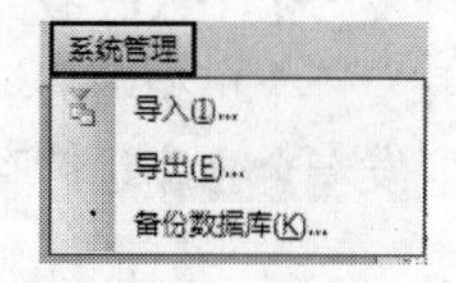

图 10.31 “系统管理”菜单栏

10.7 师生信息管理系统的使用

打开 Access 数据库“师生信息管理系统”，除了显示 Access 数据库本身所特有的数据库主窗口外，在工具栏上还增加了主菜单，其中有该系统的 4 个菜单栏，这是本系统所特有的，利用菜单栏就可以使用系统的信息输入、信息编辑、信息统计和信息查询等功能，如图 10.32 所示。

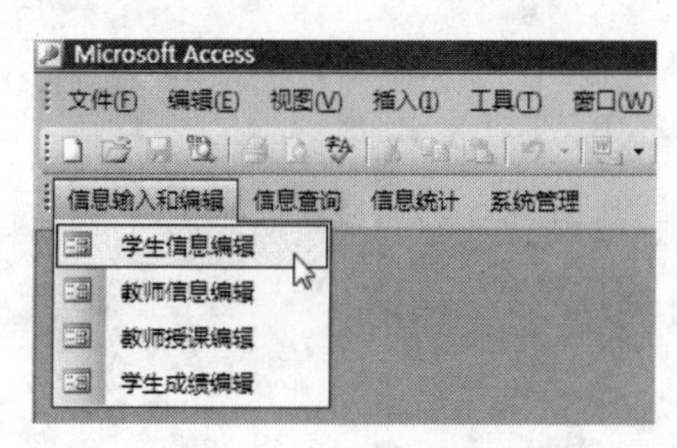

图 10.32 通过菜单使用师生信息管理系统

由于本系统使用窗体、报表等对用户较为友好的输入和输出界面，用户不再需要打开任何表或手工运行任何查询或其他对象来使用数据库中的数据资源，这对大多数未接受过数据库应用专业训练的使用者来说是个福音。

使用 Access 所开发的数据库应用系统，如本章介绍的师生信息管理系统，通常只能在单机状态下使用，但因其单一的文件存储以及良好的可扩展性，深受部分中小企业和单位部门的欢迎。

网络数据库是目前数据库系统应用的主流，如 SQL Server、Oracle、MySQL 等数据库管理系统都支持从网络上进行连接，Access 数据库管理系统本身并不具备这样的功能，但它支持将其数据库中的数据导出到其他数据库中，也支持把数据从其他数据源导入到当前数据库中，该系统的系统管理就可以将数据导出或导入，能满足用户的进一步需求。

习题 10

设计题

1. 开发一个个人收藏品管理系统。
2. 开发一个小型图书管理系统。
3. 开发一个仓库进销存管理系统。

参 考 文 献

1．卢湘鸿．数据库 Access 2003 应用教程．北京：人民邮电出版社，2007
2．陈恭和．数据库基础与 Access 应用教程．北京：高等教育出版社，2008
3．李春葆．Access 数据库程序设计．北京：清华大学出版，2005
4．教育部考试中心．二级考试：Access 数据库程序设计．北京：高等教育出版社，2004
5．何宁．数据库技术应用教程．北京：机械工业出版社，2009
6．张泽虹．数据库原理及应用：Access 2003．北京：电子工业出版社，2005
7．毕超．Access 课程设计案例精编．北京：中国水利水电出版社，2005
8．导向科技．Access 2003 办公应用快易通．北京：人民邮电出版社，2007
9．姚普选．数据库原理及应用（Access）（第 2 版）．北京：清华大学出版社，2006